上海合作组织环境保护研究丛书

上海合作组织
固废管理与行业发展研究

——中、吉、俄、乌篇

STUDY ON SOLID WASTE MANAGEMENT AND INDUSTRIAL DEVELOPMENT OF SCO

王玉娟　国冬梅　李 菲　谢 静　等　编著

社会科学文献出版社
SOCIAL SCIENCES ACADEMIC PRESS (CHINA)

前 言

本书是上海合作组织环境保护研究丛书之四《上海合作组织固废管理与行业发展研究》，重点选取中国、吉尔吉斯斯坦、俄罗斯、乌兹别克斯坦4个上海合作组织成员国，从固废管理体系和固废产生、处置，以及行业发展状况等几个方面进行梳理和分析。丛书第一本为《上海合作组织成员国环境保护研究》，介绍了上海合作组织概况及其5个成员国（哈萨克斯坦、吉尔吉斯斯坦、俄罗斯、塔吉克斯坦、乌兹别克斯坦）的国家概况、环境状况、环境管理和环保国际合作。第二本为《上海合作组织区域及国别环境保护研究（2015）》，重点选取上海合作组织区域重点环保国际合作机制（独联体、欧亚经济联盟、亚开行“中亚区域经济合作机制”、联合国“中亚经济专门计划”、南亚区域合作联盟、南亚合作环境规划署）进行整体梳理，并进一步对2个启动加入成员国程序的国家（印度和巴基斯坦）、3个观察员国（阿富汗、白罗斯、伊朗）、2个对话伙伴国（土耳其、斯里兰卡）的环境概况及环保国际合作进行阐述。第三本为《上海合作组织区域及国别环境保护研究（2016）》，重点选取上海合作组织区域重点环保国际合作机制，分别从组织机构、合作领域、在环保合作领域的进展及已签署的合作协议等方面进行整体梳理，并对上海合作组织新加入的2个对话伙伴国（亚美尼亚、阿塞拜疆）的环境概况及国际环保合作进行阐述。

本书由中国－上海合作组织环境保护合作中心、中国环境科学研究院相关人员共同编著完成。中国－上海合作组织环境保护合作中心周国梅、张洁清给予总体指导和支持。各章节分工情况如下：第一章，国冬梅、周炳炎、何小雷；第二章，王玉娟、王聃同、何小雷；第三章，李菲、王玉娟、谢静；第四章，谢静、何小雷、李菲。全书由国冬梅、王玉娟统稿，中国－上海合作组织环境保护合作中心刘婷、尚会君、刘妍妮、张玉麟、吕夏妮等为本书的完成提供了支持和保障。

本研究由中国环境保护部提供资金支持，并得到了中国环境科学研究院等单位的大力支持，在此深表感谢。

作者

2018 年于北京

CONTENTS 目录

第一章　中国固体废物管理与行业发展

中国固体废物管理与行业发展起步于20世纪80年代，从20世纪80年代到20世纪末是打基础的阶段；进入21世纪后，从“十五”计划时期到“十二五”规划时期的15年是全面发展的重要阶段，固体废物管理范围不断扩大，建立了比较完善的管理体系，建立了国家、省级、地市级和县级管理机构以及管理技术支持队伍，建立了各类固体废物利用和处理的技术体系，产业规模不断扩大；“十三五”规划时期是中国固体废物行业发展的重要机遇期，国家政策的大力支持和引导以及社会资本的大规模介入使固体废物行业焕发生机，具备了后发优势。

中国固体废物管理体制总体上是环保部门实施统一监督管理、各相关管理部门依法分工监督管理的综合管理体制。条块结合的组织机构网络，数量众多的各类法律和法规、政策和制度、标准和规范，构成了目前相对完整的固体废物管理体系。中国固体废物管理以控制环境污染和防范污染风险、改善环境质量、保障人民生命健康为根本目的和出发点，建立了全方位的环境污染防治控制技术体系，长期以来以危险废物为管理重点，还涉及生活垃圾、再生资源、大宗工业固体废物、进口废物、打击非法处置和走私固体废物等方面，相关管理能力和水平在实践中不断提高。

2015年，中国生活垃圾清运统计量为1.856亿吨，一般工业固体废物产生总量达到32亿吨，主要为尾矿、粉煤灰、煤矸石、冶炼废渣、燃烧炉渣、脱硫石膏、赤泥等大宗工业固体废物，工业危险废物统计产生量为3900多万吨，医疗废物统计产生量为70多万吨，废钢铁、废有色金属、废塑料、废纸、废轮胎、废汽车、废船舶、废电器电子产品等主要再生资源回收量达2.37亿吨，进口各类废物原料约3000万吨。

中国建成了各类固体废物处理处置和利用体系，工艺技术和装备从购买引进为主到消化转化、自主创新为主，传统的焚烧、安全填埋处置技术仍具有广泛的市场需求，新兴技术不断推广，污染防治技术水平不断提高。

“十二五”末固体废物产业投资达到0.8万亿元，污染者付费原则得到全方位落实，投融资模式呈现多元化格局，PPP示范项目不断涌现。目前，国家出台了一系列有利于固体废物产业发展的导向性文件，“十三五”规划时期，固体废物产业市场化仍将处在一个快速发展阶段，污染治理第三方运营大有可为，但固体废物行业准入条件不断提高，规模化、低污染、低能耗、资源利用最大化成为基本要求。

中国固体废物领域国际合作对促进固体废物管理水平提高和技术进步发挥了积极作用，其合作范围、途径方式、层级和深度多种多样，是中国参与全球和区域环境治理、国际多双边环境合作的重要方面。今后，还需要进一步拓展合作领域和方式，发挥中国固体废物管理、技术和资本的优势，为参与“一带一路”倡议发挥积极作用，也为沿线国家环境保护做出更大贡献。

当然，中国固体废物管理与行业发展也存在一些需要改进或引起重视的地方，比如，错综复杂的管理体系，一定程度上导致管理政策不稳定、政出多门、运行效率低下等；固体废物处理处置和利用的一些核心技术还较为缺乏，要打破发达国家技术壁垒，必须要加快国内技术研发，并形成产业优势，提高国际竞争能力；固体废物产业发展的政策创新方面还缺乏系统性的、前瞻性的、针对性的研究，国家投入很少、行业重视不够、高端人才少、高水平研究少是制约行业持续健康发展的瓶颈；固体废物领域的国际合作还处于初步发展阶段，缺乏顶层设计和项目考评机制等。

第一节　中国固体废物管理体系

中国固体废物管理最早可以追溯到20世纪50年代。1955年中华全国供销总社专门成立废品管理局，统一管理全国废旧物资回收工作，当时固体废物产生量小、种类少，综合利用企业也少。随着改革开放基本国策的推进，中国社会和经济步入了快速发展轨道，物质日益丰富，居民生活水平不断提高，同时也产生了数量不断增长的各类固体废物，其环境污染问题逐渐成为社会问题。30多年来，中国固体废物管理全面发展，建成了较为完整的污染防治管理体系，形成了多部门、多层级的管理体制。

一　中国固体废物管理体制

《固体废物污染环境防治法》（简称为《固废法》）是固体废物管理的

专门法律，明确规定了中国固体废物管理的体制是：国务院环境保护行政主管部门对全国固体废物污染环境的防治工作实施统一监督管理。国务院有关部门在各自的职责范围内负责固体废物污染环境防治的监督管理工作。县级以上地方人民政府环保部门对本行政区域内固体废物污染环境的防治工作实施统一监督管理。县级以上地方人民政府有关部门在各自的职责范围内负责固体废物污染环境防治的监督管理工作。国务院建设行政主管部门和县级以上地方人民政府环境卫生行政主管部门负责生活垃圾清扫、收集、贮存、运输和处置的监督管理工作。

中国固体废物管理体制是一个庞大复杂的、条块结合的管理体系，纵向管理上涉及国家环境保护部（简称“环保部”）、省级环境保护厅局、市（区）级环境保护局、县（区）级环境保护局，横向上涉及不同职能管理部门。环保部土壤环境管理司固体废物管理处（简称“固体处”）是负责全国固体废物污染防治管理的专职机构，主要职责有：①拟订固体废物管理政策、规划、法律、行政法规、部门规章、标准、规范、目录；②组织开展危险废物经营许可及出口核准、固体废物进口许可，以及危险废物、电子等工业产品废物申报登记；③监督电子废物、污泥等再生资源回收利用污染防治；④承担相关国际公约国内履约工作等。

“十五”环保计划以来，中国固体废物管理重点是工业危险废物，并突出医疗废物、废电池、电子废物、含铬废物、进口废物管理等重点领域的环境管理，重视环境质量的改善，加强环境监督和执法检查，建立固体废物环境管理体系，促进固体废物机构的组织建设，加快固体废物法律、法规、标准的建设，促进处置能力建设，推进医疗废物集中处置设施建设，推进区域性危险废物集中处置中心建设，规范进口废物和国内废物的加工利用行业，促进循环经济发展等。管理的目标是使中国固体废物的环境管理得到明显加强，环境污染得到有效控制，环境质量明显改善。近年来，防范固体废物污染风险、加强产生源规范化管理、报废汽车拆解管理、水泥窑协同处置危险废物、污泥处置利用、大宗工业废物利用、含汞废物、打击固体废物违法倾倒和走私进口等成为新的重点领域。

二　中国固体废物管理组织机构

中国固体废物管理组织机构可分为环保系统的管理机构和其他系统的管理机构。

（一）环保系统的管理机构

2008 年，环保部分别成立了固体废物管理处和化学品环境管理处，与国家环境保护机构、省级环境保护机构、地市级环境保护机构、县级环境保护机构相对应，中国也相应形成了固体废物环境管理的四级管理机构体系，有的经济发达地区的村镇或街道还设有专职或兼职固体管理机构和人员。2013 年，在原环保部固体废物管理中心基础上成立环保部固体废物和化学品管理技术中心，进一步强化了固体废物管理的技术支持。截至 2015 年 10 月，31 个省（区、市）成立了省级固体废物与化学品管理机构，还有 25 个省份的 187 个设区的市成立了地市级固体废物与化学品管理机构，全国地市级以上固体废物与化学品管理机构总编制人数大约 1500 人，4 个二噁英监测中心及 1 个危险废物处置技术和工程中心也已建成并投入运行，危险废物监管和技术支持体系初步形成。

（二）其他系统的固体废物管理机构

中国固体废物管理的责任机构不仅只有环保部系统的机构，还包括国家发展改革主管部门（简称为“发改委”）、商务主管部门（简称为“商务部”）、工业和信息化管理部门（简称为“工信部”）、建设主管部门（简称为“住建部”）、卫生行政管理部门、口岸进出口货物管理部门、公安缉私管理部门、交通管理部门等管理机构，这种多部门综合管理体制导致很多固体废物管理形成联合共管的局面。从表 1 -1 中可以看出固体废物管理的其他主要相关部门和机构及职责。

根据各部门的职责分工，固体废物在不同的环节由不同的部门行使管理权是中国固体废物管理体制的一个显著特点，纵横交错的多部门管理体系具有一定局限性，多头交叉管理导致相关政策容易出现不协调甚至互相掣肘的现象。例如，厂矿产生的固体废物由工信部门管理，其中危险废物划归环保部门管理；城市固体废物由环卫部门管理，其中的废品进入回收渠道，归商务部门管理，再进入加工利用环节，归发展改革部门管理；城市废物中的园林废弃物归园林部门管理，废电器归环保部门管理，报废汽车归商务部门管理；工商部门管注册，商务部门管备案，公安部门管安全，城管部门管回收网点。又如，商务部在这边大力开展回收体系试点建设，财政部在那边取消回收行业税收扶持，全额征收 17% 增值税，政府对固体废物回收、处置项目的准入条件、投资补助政策、税收优惠政策各不相同。再如，工信部、环保部等六部门发布《关于开展水泥窑协同处置生活垃圾试点工作的通知》，推进水泥窑协同处置城市生活垃圾，促进水泥行业降低能源资源消耗，建设资源节约型和环境友好型水泥企业，实现水泥行业转型升级和绿色发展。可见在中国推行一项新的固体废物处理处置项目或跨部门管理新政，要面临多部门之间复杂的协调工作。

表 1－1 固体废物管理的其他主要相关部门和机构及职责

部门和机构名称	固体废物管理主要职责（部分）	固体废物管理文件（举例）
发改委	（1）组织拟订并协调实施能源资源节约、综合利用和发展循环经济的规划和政策措施；拟订节约能源、资源综合利用和发展循环经济的法律法规和规章，履行《循环经济促进法》等规定的有关职责； （2）提出垃圾处理中央财政性资金安排意见以及能源资源节约、综合利用、循环经济和有关领域污染治理重点项目国家财政性补助投资安排建议； （3）开展资源节约、综合利用和循环经济宣传、国际交流与合作	（1）《粉煤灰综合利用管理办法》（发改委、科技部、工信部、财政部、国土资源部、环保部、住建部、交通运输部、国家税务总局、国家质检总局令第 19 号）； （2）《废弃电器电子产品处理目录（2014 年版）》
商务部	（1）规范商业领域投资的市场准入程序，引导国内外资金投向流通设施建设； （2）再生资源回收体系建设； （3）报废汽车回收管理； （4）拟订进出口商品管理办法和目录（包含进口废物）	（1）《再生资源回收管理办法》（商务部令第 8 号）； （2）《关于加快再生资源回收体系建设的指导意见》（商改发〔2006〕20 号）； （3）《关于进一步加强报废汽车回收拆解行业监督管理工作的通知》（商办建函〔2013〕59 号）
工信部	（1）拟订并组织实施工业、通信业的能源节约和资源综合利用、清洁生产促进政策； （2）参与拟订能源节约和资源综合利用、清洁生产促进规划和污染控制政策	（1）《工业和信息化部办公厅关于召开水泥窑协同处置固体废物工作座谈会的通知》（工信厅节函〔2016〕589 号）
住建部	生活垃圾（包括餐厨垃圾、大件垃圾、污水处理厂污泥、建筑垃圾等）收集、清运、无害化处置和管理	（1）《关于发布第一批城镇污水处理厂污泥处理处置示范项目的通知》（建办城〔2011〕78 号）； （2）《关于印发〈生活垃圾处理技术指南〉的通知》（建城〔2010〕61 号）
国家卫生和计划生育委员会	（1）医疗卫生机构和医疗废物集中处置单位落实医疗废物分类、收集、贮存、集中处置等全过程管理； （2）各级卫生计生行政部门和环保部门负责规范城乡的医疗废物管理处置体系	（1）《医疗废物管理行政处罚办法》； （2）《关于印发〈医疗废物分类目录〉的通知》（卫医发〔2003〕287 号）

续表

部门和机构名称	固体废物管理主要职责（部分）	固体废物管理文件（举例）
交通运输部	（1）海洋运输船舶固体废物管理； （2）内陆水域船舶运输固体废物管理； （3）报废船舶拆解管理； （4）公路建筑垃圾利用，民航垃圾无害化处置利用	（1）《防治船舶污染内河水域环境管理规定》（交通部令，2006 年 1 月 1 日实行）； （2）《防治船舶污染海洋环境管理条例》（国务院，2010 年 3 月 1 日实行）
国家质检总局	（1）固体废物检验检疫监督管理办法制定； （2）固体废物进出口检验检疫和通关管理； （3）检验规程制定等	（1）《进口可用作原料的固体废物检验检疫监督管理办法》（总局第 119 号令，2009 年 11 月 1 日起施行）； （2）《进口可用作原料的固体废物国外供货商注册登记服务指南》（2015 年 9 月 1 日实施）
海关总署（含缉私局）	（1）固体废物进出口监管； （2）打击违法走私固体废物； （3）固体废物海关商品归类公告和商品分类管理	（1）《海关总署关于再生塑料及有关废塑料监管问题的函》（监管函〔2014〕92 号）； （2）《关于对重点固体废物实施分类装运管理》（总署公告〔2010〕21 号）

三　中国固体废物管理主要法律法规和政策制度

（一）固体废物相关的国际公约

固体废物相关的国际公约主要有《控制危险废物越境转移及其处置巴塞尔公约》（简称《巴塞尔公约》）、《关于持久性有机污染物的斯德哥尔摩公约》（简称《POPs 公约》或《斯德哥尔摩公约》），目的都是控制和减少危险化学品和危险废物对人体健康和环境的危害。

1.《巴塞尔公约》

《巴塞尔公约》于 1989 年 3 月 22 日通过，1992 年 5 月 5 日生效，目的有两个：一是控制危险废物和其他废物的越境转移；二是对缔约国领土范围内产生的危险废物和其他废物进行有益于环境的管理，包括对这些废物的处置。受该公约控制的有 45 类工业生产中的危险废物，以及从家庭收集的其他废物和燃烧过程中产生的飞灰，共计 47 类废物。《巴塞尔公约》控制危险废物和其他废物转移的立法基础是采取事先知情同意程序。在危险废物和其他废物出口以前，出口国必须通知进口国和废物过境国有关当局，或者要求产生这些废物的单位或出口商经过该国有关当局通知进口国和废物过境国有关当局。其必须提供危险废物越境转移的情况及其他相关信息，如出口商和进口国废物处置者之间签订的合同。出口国有关当局在收到进口国和过境国有关当局书面同意的通知以前，有义务不允许这种废物的出口。出口国还有义务制定一个关于废物转移情况的文件。如果出口废物的运输和处理没有按照原来签订的协议进行，或者属于非法转移的话，出口国有义务将这些废物重新进口回国。

《巴塞尔公约》主要原则有：危险废物的越境转移应减少到最低的限度，并且要对它们进行有益于环境的管理；危险废物的处理和处置应当在尽量接近产生这些废物的地方进行；应当在源头最大限度地减少危险废物的产生等。中国是该公约的缔约国，全面参与了公约文件的制定起草过程，也积极履行公约规定的义务，制定了国际上较为严密完整的进口废物管理体系。

2. 《POPs 公约》

《POPs 公约》于 2001 年通过，于 2004 年 5 月 17 日生效。其目标是保护人类健康和环境免受持久性有机污染物的危害，主要目的是消除或者持续不断地最大限度地减少有机污染物的排放。《POPs 公约》有 3 个附件：附件 A 是要禁止的化学品（消除清单，包括艾氏剂、氯丹、狄氏剂、异狄氏剂、七氯、六氯苯、灭蚁灵、毒杀芬和多氯联苯）；附件 B 是限制的化学品（限制清单，DDT）；附件 C（非故意生产清单，包括二噁英和呋喃、六氯苯和多氯联苯）是要最大限度地减少的非故意的化学品。

根据《POPs 公约》，缔约方有义务采取措施消除或者减少列入附件的化学品的有意的生产和使用与无意的生产和使用产生的排放，以及采取立法措施，防止具有有机污染物特性的新的农药和工业化学品的生产和使用。《POPs 公约》生效后两年内，缔约方必须制订国家执行计划，对持久性有机污染物进行确认和定性，以及解决其排放问题。缔约方对现有的和新的污染源的治理应当采用最佳可行技术和环境保护措施。

《POPs 公约》第 6 条列出了 POPs 废物的范围，即由附件 A 或 B 所列化学品构成或含有此类化学品的库存，和由附件 A、B 或 C 所列某化学品构成、含有此化学品或受其污染的废物，包括即将变成废物的产品和物品。对库存化学品明确要求要以安全、有效和环境无害化的方式进行管理。

中国在 20 世纪 60 年代至 80 年代曾经工业化生产和大量使用的杀虫剂类 POPs 物质主要有 DDT、六氯苯、氯丹、灭蚁灵、毒杀芬以及以六氯苯为原料生产的五氯酚（钠）和以 DDT 为原料生产的三氯杀螨醇，多氯联苯类物质在中国也曾大量使用和存在，非故意产生的二噁英、呋喃主要存在于工业生产和废物处理过程。为了履行《POPs 公约》义务，2007 年 4 月，中国政府向《POPs 公约》秘书处递交了《中国履行〈关于持久性有机污染物的斯德哥尔摩公约〉国家实施计划》，给出了以 2004 年为基准年的二噁英排放控制清单，制定了中国的 POPs 污染场地和固体废物的无害化管理对策措施。

（二）固体废物管理的主要法律法规

1.《固体废物污染环境防治法》（简称《固废法》）

《固废法》是固体废物污染环境防治的专门法律，规定了固体废物的管理制度和体系，包括固体废物污染环境防治的监督管理、固体废物污染环境的防治、危险废物污染环境防治的特别规定、法律责任和附则等部分。该法提出很多管理措施，如国家有关部门制定防治工业固体废物污染环境的技术政策，组织推广先进的防治工业固体废物污染环境的生产工艺和设备；公布限期淘汰的产生严重污染环境的工业固体废物的落后生产工艺、落后设备的名录；列入限期淘汰名录被淘汰的设备，不得转让给他人使用；企业事业单位应当采用先进的生产工艺和设备，减少工业固体废物产生量，降低工业固体废物的危害性；产品的生产者、销售者、进口者、使用者对其产生的固体废物承担污染防治责任等。在危险废物污染环境防治的特别规定中对危险废物的产生、收集、运输、转移、包装、贮存、利用、处置、设施建设、监督管理等方面进行了详细规定。

2.《循环经济促进法》

《循环经济促进法》明确提出遵循减量化优先的原则，做到再利用和资源化；明确定位发展循环经济是国家经济社会发展的一项重大战略，应当遵循统筹规划、合理布局，因地制宜、注重实效，政府推动、市场引导，企业实施、公众参与的方针；明确企业事业单位应当建立健全管理制度，采取措施，降低资源消耗，减少废物的产生量和排放量，提高固体废物的再利用和资源化水平；提出了规划制度、生产者为主的责任延伸制度、定额管理制度、政策激励制度、责任分担制度等基本制度；提出加强废物产生和利用的统计和产品及包装物的设计的预防责任，限制一次性消费品的生产和销售，鼓励和推进废物回收体系建设，鼓励多种方式回收废物；国家建立完善矿产资源、产业废物和再生资源综合利用标准体系等。

3.《清洁生产促进法》

《清洁生产促进法》将可持续发展的环境保护核心思想贯穿到工业企业的生产过程和监督管理过程，是一部综合性的法律。法律明确规定：国家有关部门定期发布清洁生产技术、工艺、设备和产品导向目录。国家对浪费资源和严重污染环境的落后生产技术、工艺、设备和产品实行限期淘汰制度。国家制定限期淘汰的生产技术、工艺、设备以及产品的名录。有下列情形之一的企业，应当实施强制性清洁生产审核：①污染物排放超过国家或者地方规定的排放标准，或者虽未超过国家或者地方规定的排放标准，但超过重点污染物排放总量控制指标的；②超过单位产品能源消耗限额标准构成高耗能的；③使用有毒、有害原料进行生产或者在生产中排放有毒、有害物质的。生产、销售被列入强制回收目录的产品和包装物的企业，必须在产品报废和包装物使用后对该产品和包装物进行回收。国家对列入强制回收目录的产品和包装物，实行有利于回收利用的经济措施。

4.《环境影响评价法》

《环境影响评价法》是一部重要的法律，对规划和建设项目实施后可能造成的环境影响进行分析、预测和评估，提出预防或者减轻不良环境影响的对策和措施，提出监测和监管要求。环境影响评价必须客观、公开、公正，综合考虑规划或者建设项目实施后对各种环境因素及其所构成的生态系统可能造成的影响，为决策提供科学依据。所有涉及固体废物污染防治的建设项目都必须遵循环境影响评价法的要求。

5.《危险废物经营许可证管理办法》和《危险废物转移联单管理办法》

《危险废物经营许可证管理办法》（国务院令第408号）对从事危险废物收集、贮存、处置经营活动单位的资质提出了要求；对危险废物经营许可证分类进行了规定，分为危险废物收集、贮存、处置综合经营许可证和危险废物收集经营许可证；还规定了领取危险废物经营许可证的条件、监督管理、法律责任等内容。

《危险废物转移联单管理办法》（环境保护总局令第5号）是规范危险废物在国内转移的制度，即实行转移联单制度，产生单位在转移危险废物前须按规定报批危险废物转移计划，产生单位应当向移出地环保部门申请领取联单；危险废物转移要实行严格的转移交接记录并由国家环保部门实施统一监督管理。

6.《防治尾矿污染环境管理规定》和《固体废物进口管理办法》

《防治尾矿污染环境管理规定》（2010年12月22日修正版，环保部令第16号）明确规定：县级以上人民政府环保部门有权对管辖范围内产生尾矿的企业进行现场检查；产生尾矿的企业必须制订尾矿污染防治计划，建立污染防治责任制度，采取有效措施防治尾矿对环境的污染和危害；产生尾矿的企业必须按规定向当地环保部门进行排污申报登记；产生尾矿的新建、改建或扩建项目，必须遵守国家有关建设项目环境管理的规定；产生的尾矿必须排入尾矿设施，不得随意排放等。

《固体废物进口管理办法》（环保部、商务部、国家发改委、海关总署、质检总局令第 12 号）对允许进口可用作原料的固体废物的批准和监督管理进行了详细规定，建立了包括目录管理制度、许可审查制度、检验检疫制度、注册登记制度、圈区管理制度等进口废物的基本制度和管理模式。明确规定了中国禁止进口危险废物，禁止过境中国转移危险废物，禁止进口列入禁止进口目录的固体废物，禁止固体废物进境倾倒、堆放、处置，禁止固体废物转口贸易，禁止以热能回收为目的进口固体废物，禁止进口不能用作原料或者不能以无害化方式利用的固体废物，禁止进口境内产生量或者堆存量大且尚未得到充分利用的固体废物，禁止进口尚无适用国家环境保护控制标准或者相关技术规范等强制性要求的固体废物等。

7. 其他重要法规

还有其他许多重要法规，如《废弃危险化学品污染环境防治办法》、（国家环保总局令第 27 号）、《危险化学品安全管理条例》（国务院令第 591 号）、《化学品首次进口及有毒化学品进出口环境管理规定》（环管〔1994〕140 号）、《防止含多氯联苯电力装置及其废物污染环境的规定》（国家环保局、能源部〔91〕环管字第 050 号）、《国家危险废物名录》（2016 年 8 月，环保部令第 39 号）、《医疗废物管理条例》（国务院令第 380 号）、《海洋倾废管理条例》（2011 年 1 月修订，国务院）、《防止拆船污染环境管理条例》（1988 年 5 月，国务院）、《城市生活垃圾管理办法》（2007 年 7 月 1 日生效，建设部令第 157 号）、《危险废物出口核准管理办法》（国家环保总局令第 47 号）、《废弃电器电子产品回收处理管理条例》（国务院令第 551 号）、《废弃电器电子产品处理资格许可管理办法》（环保部令第 13 号）、《进口废物装运前检验管理办法（试行）》（国检验〔1996〕231 号）、《进口废物原料境外供货企业注册管理办法》（质检总局公告 2003 年第 115 号）、《粉煤灰综合利用管理办法》（国家发改委令第 19 号）、《废塑料加工利用污染防治管理规定》（环保部、国家发改委、商务部公告，2012 年第 55 号）等。

（三）固体废物管理主要政策制度

固体废物管理政策和制度是落实法律法规要求的必然措施和途径，中国固体废物管理的政策制度非常复杂，主要包括如下方面。

1. 危险废物管理制度

危险废物管理制度包括排污申报登记，危险废物名录制度，危险废物统一鉴别标准、鉴别方法和识别标志制度，危险废物产生者处置、强制处置和集中处置制度，危险废物排污和处置收费制度，收集、贮存、处置危险废物经营许可制度，危险废物转移联单制度，危险废物台账制度等。收集、贮存、处置危险废物经营许可证制度是影响比较广的一个制度，目前，全国持有危险废物经营许可证的单位已经超过1500个，2015年全国各省（区、市）共颁发288份医疗废物经营许可证，实际经营规模达76.3万吨。

2. 电子废物管理制度

《电子废物污染环境防治管理办法》（2007年，环保总局令第40号）明确规定：禁止任何个人和未列入名录（包括临时名录）的单位（包括个体工商户）从事拆解、利用、处置电子废物的活动。《废弃电器电子产品回收处理管理条例》（2009年，国务院令第551号）明确规定：对废弃电器电子产品处理实行资格许可制度，设区的市级人民政府环保部门审批处理企业资格；废弃电器电子产品应当由有废弃电器电子产品处理资格的处理企业处理。该条例同时还规定了目录制度、多渠道回收制度、集中处理制度、规划制度、基金补贴制度、生产者责任延伸制度等。《废弃电器电子产品处理资格许可管理办法》（2010年，环保部令第13号）规定国家对电子废物实行集中处理制度。电子废物管理的生产者责任制度或责任延伸制度在中国是执行比较成功的制度之一。

3. 工业固体废物管理制度

《固废法》还明确规定了以下管理制度：①环境监测制度，国家建立固体废物污染环境监测制度，制定统一的监测规范。②信息发布制度，大中城市环保部门应当定期发布固体废物的种类、产生量、处置状况等信息，2014~2016年环保部连续3年发布了大中城市固体废物相关信息。③环境影响评价制度和“三同时”制度，建设产生固体废物的项目以及建设贮存、利用、处置固体废物的项目，必须依法进行环境影响评价；固体废物污染环境防治设施，必须与主体工程同时设计、同时施工、同时投入使用，必须经环保部门验收合格后方可投入生产或者使用。④现场检查制度，环保部门及其他监督管理部门有权依据各自的职责对管辖范围内与固体废物污染环境防治有关的单位进行现场检查。⑤固体废物跨区转移申请制度，未经批准的，不得转移。⑥限期淘汰制度，国家有关部门定期公布严重污染环境的落后生产工艺、落后设备的名录，限期淘汰被列入名录中的落后生产工艺、落后设备。⑦工业固体废物申报登记制度，产生工业固体废物的单位必须按照规定向当地环保部门提供工业固体废物的种类、产生量、流向、贮存、处置等有关资料。⑧还有分类收集制度、排污收费制度、限期治理制度、公众参与制度等。

4. 生活垃圾管理制度

主要制度有：①地方负责制，城市生活垃圾污染源于地方，只会对地方的环境造成影响，因此，必须切实执行地方负责制；②征收垃圾处理费制度，早在2002年国家就出台了《关于实行城市生活垃圾处理收费制度，促进垃圾处理产业化的通知》（计价格〔2002〕872号），目前根据污染者付费的原则，全面开征垃圾处理费，以补偿垃圾收集、运输和处理的成本，并使垃圾处理企业有合理的利润；③市场准入和特许经营制度，放开城市生活垃圾无害化处理投资、建设、运营和作业市场，鼓励多种所有制企业和外资企业参与城市生活垃圾无害化处理设施建设和运营等。

5. 循环经济和再生资源的管理制度

①规划制度，《循环经济促进法》规定县级以上人民政府应当编制循环经济发展规划，《再生资源回收管理办法》规定商务主管部门负责制定和实施再生资源回收行业发展规划；②回收名录制度，《固废法》、《循环经济促进法》和《清洁生产促进法》都明确规定废物列名管理，生产列入强制回收名录的产品或者包装物的企业必须对废弃的产品或者包装物负责回收；③生产者责任制度和经济激励制度，这两项制度是很多与固体废物管理相关的法规都强调的重要管理制度；④符合标准和行业准入要求制度，如《循环经济促进法》规定在废物再利用和资源化过程中应当保证产品质量符合国家规定的标准，《固废法》规定从生活垃圾中回收的物质必须按照国家规定的用途或者标准使用，《商务部关于加快再生资源回收体系建设的指导意见》提出完善再生资源回收的法律、标准和政策，商务部《试点城市再生资源回收体系建设规范》中关于回收体系建设要按照“七统一、一规范”的要求进行建设等；⑤分类收集制度，《循环经济促进法》和《固废法》均规定了生活垃圾应分类收集和运输，2001年建设部组织制定了《垃圾分类收集方法与标识》、《垃圾分类收集名词术语》和《垃圾分类收集统计与评价指标》，为生活垃圾分类收集工作提供指导依据；⑥还有信息统计和信息发布等重要制度。

6. 进口废物管理制度

中国建立了完整的进口废物管理体系，设计了一系列的制度，主要有：①分类目录管理制度，《进口废物管理目录》采用动态调整管理模式，目录的形成经历了不断完善的过程，经过了多次调整，2015年环保部等五部门的第69号公告将原“自动许可进口类固体废物目录”修改为“非限制进口类固体废物目录”；②对限制进口类固体废物实行进口许可审查制度，其加工利用企业必须依法取得进口废物许可证，实行“一证一关”管理；③进口废物检验监管制度，包括实行国外供货商注册登记制度、国内收货人注册登记制度、装运前检验制度、口岸法定检验检疫制度等；④进口废物鉴别制度，2006年原国家环保总局发布了《固体废物鉴别导则（试行）》，2008年又发布了《固体废物属性鉴别机构名单》和《固体废物属性鉴别程序》，使固体废物鉴别成为进口废物管理中一项非常重要的制度。

7. 固体废物管理主要政策

中国固体废物管理除了法律规定的一些长效机制的管理制度外，还有很多执行层面的配套政策，例如：

固体废物综合利用鼓励政策，国家鼓励社会资本进入资源综合利用领域，鼓励工业污染源治理第三方运营，垃圾焚烧发电技术入选国家发改委公布的低碳技术目录。

近几年国家实行基金补偿政策，累计向废旧家电拆解处理企业拨付基金92.44亿元，2015年的处理量较制度实施前增长上百倍，个体私拆现象基本绝迹。2011年，依靠以旧换新政策，全国共回收处理电子废弃物6000万台。

国家鼓励限制进口的固体废物在设定的园区内加工利用，圈区管理政策在推进园区内污染防治设施和基础设施集中建设、污染集中治理等方面发挥了积极作用。

为了扶持企业发展，调动固体废物处置利用企业的积极性，引导行业走向正轨，国家通常会出台一些税收减免优惠政策，例如，利用水泥窑协同处置危险废物较早的企业享受减免税收的待遇。

中国还制定了《危险废物污染防治技术政策》（环发〔2001〕199号）、《废弃家用电器与电子产品污染防治技术政策》（环发〔2006〕115号）、《城镇污水处理厂污泥处理处置及污染防治技术政策》（建城〔2009〕23号）等。

四　中国固体废物环境保护标准和规范

固体废物环境保护标准和规范成为中国固体废物管理的技术支撑，大致可分为固体废物鉴别标准和规范、固体废物污染防治技术标准、其他环保标准等方面。

（一）固体废物鉴别标准和规范

1. 危险废物鉴别标准

中国于1996年和1998年分别制定了《危险废物鉴别标准》和《国家危

险废物名录》，并于2007年和2008年分别对鉴别标准和危险废物名录进行了较大的修改，修订和完善了危险废物鉴别浸出方法和固体废物分析方法，而且建立了危险废物鉴别程序和技术规程，从而形成了危险废物鉴别技术体系，如图1－1所示。

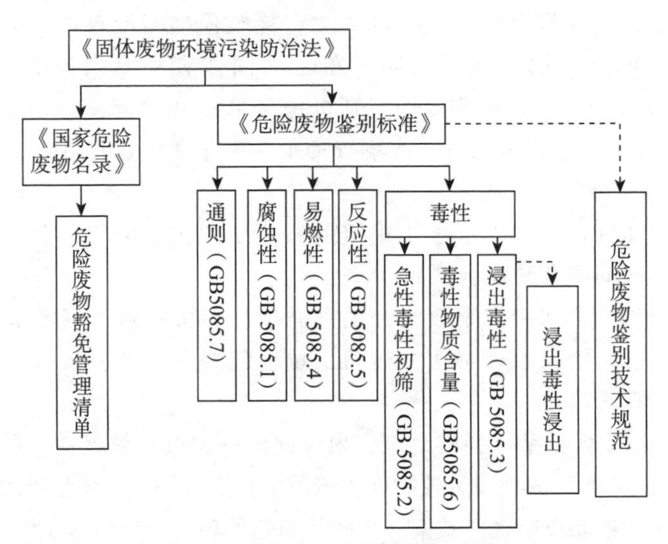

图1－1　中国危险废物鉴别技术体系

《国家危险废物名录》中明确了采用的危险特性形式，包括易燃性（I）、腐蚀性（C）、反应性（R）、感染性（In）、毒性（T）五种特性。鉴别标准则由易燃性、反应性、腐蚀性、浸出毒性、急性毒性初筛和毒性物质含量六个危险特性鉴别标准和一个鉴别通则标准组成。2016年8月1日新修订施行的《国家危险废物名录》中列出了危险废物的类别、编号、主要危害和产生来源，增加了《危险废物豁免管理清单》。

2. 固体废物鉴别标准和规范

《固体废物鉴别导则（试行）》（2006年第11号公告）是固体废物鉴别判断的最重要依据，目前环保部正在制定《固体废物鉴别标准通则》。

（二）固体废物污染控制标准

1. 危险废物污染控制标准

危险废物污染控制标准包括：①《危险废物焚烧污染控制标准》（GB 18484－2001），对焚烧厂选址原则、焚烧物、焚烧炉的技术条件、废物贮存、污染物的排放、环境监测等提出了要求，尤其对多氯联苯（PCBs）的焚毁去除率和二噁英类物质（PCDDs和PCDFs）的排放限值做出了规定；②《危险废物填埋污染控制标准》（GB 18598－2001），对废物的入场要求和条件、选址要求、填埋场设计与施工的环保要求、填埋场运行管理要求、填埋场污染控制要求、填埋场封场要求、监测要求等有详细的技术指标或原则要求；③《危险废物贮存污染控制标准》（GB 18597－2001），对废物的贮存容器、贮存设施的选址与设计、贮存设施的运行与管理、贮存设施的安全防护与监测等有详细的技术指标或要求；④《含多氯联苯废物污染控制标准》（GB 13015－91），规定了含 PCBs 废物污染控制标准值以及废物的处置方法，适用于含 PCBs 废物的收集、贮存、运输、回收等过程；⑤《医疗废物集中处置技术规范（试行）》（环发〔2003〕206 号）、《医疗废物焚烧炉技术要求（试行）》（GB 19218－2003）等。

2. 工业固体废物污染控制标准

主要有《一般工业固体废物贮存、处置场污染控制标准》（GB 18599－2001）、《工业固体废物采样制样技术规范》（HJ/T 20－1998）、《水泥窑协同处置固体废物污染控制标准》（GB 30485－2013）、《水泥窑协同处置固体废物环境保护技术规范》（HJ 662－2013）、《固体废物处理处置工程技术导则》（HJ 2035－2013）、《农用粉煤灰中污染物控制标准》（GB 8173－87）、《废塑料回收与再生利用污染控制技术规范（试行）》（HJ/T 364－2007）等。

3. 生活垃圾、污泥及类似废物的污染控制标准和规范

主要有《生活垃圾焚烧污染控制标准》（GB 18485－2014）、《生活垃圾填埋场污染控制标准》（GB 16889－2008）、《关于印发〈生活垃圾处理技术指南〉的通知》（建城〔2010〕61 号）、《城镇垃圾农用控制标准》（GB 8172－87）、《农用污泥中污染物控制标准》（GB 4284－84）、《地震灾区活动板房拆解处置环境保护技术指南》（公告 2009 年第 52 号）、《灾后废墟清理及废物管理指南（试行）》（环保部公告 2008 年第 15 号）、《生活垃圾填埋场稳定化场地利用技术要求》（GB/T 25179－2010）、《生活垃圾综合处理与资源利用技术要求》（GB/T 25180－2010）、《生活垃圾卫生填埋技术规范》（GB 50869－2013）、《生活垃圾焚烧处理工程技术规范》（CJJ 90－2009）、《生活垃圾焚烧厂评价标准》（CJJ/T 137－2010）、《建筑垃圾处理技术规范》（CJJ 134－2009）等。

4. 进口废物环境保护控制标准

中国允许进口部分境外固体废物作为原材料利用，进口废物必须符合环境保护标准要求。《进口可用作原料的固体废物环境保护控制标准》于 1996 年首次发布，2005 年第一次修订。2018 年，环境保护部会同国家质量监督检验检疫总局联合发布了修订后的《进口可用作原料的固体废物环境

保护控制标准》，新标准自2018年3月1日起正式实施。新标准共有11项，涵盖冶炼渣、木/木制品废料、废纸或纸板、废钢铁、废有色金属、废电机、废电线电缆、废五金电器、供拆卸的船舶及其他浮动结构体、废塑料、废汽车压件等方面，各标准控制的重点是夹杂物和放射性污染。

（三）其他相关标准和规范

明确了一些固体废物有害特性的鉴别分析方法，如《固体废物腐蚀性测定玻璃电极法》（GB/T 15555.12），《固体废物浸出毒性测定方法》（GB/T 15555.1－15555.11），固体废物中重金属、有机物、氟化物、氰化物等成分及含量的分析测试方法。

相关标准和规范还有《生活垃圾卫生填埋场环境监测技术要求》（GB/T 18772－2008）、《生活垃圾分类标志》（GB/T 19095－2008）、《大件垃圾收集和利用技术要求》（GB/T 25175－2010）、《生活垃圾采样和物理分析方法》（CJ/T 313－2009）、《大中城市固体废物污染环境防治信息发布导则》（国家环保总局公告2006年第33号）、《环境保护图形标志固体废物贮存（处置）场》（GB 15562.2－1995）等。

五　中国固体废物环境管理发展历程和发展趋势

（一）固体废物管理发展历程

20世纪80年代以前，中国固体废物长期采用直接堆放和简易处理方式，很多沿着江河湖海水岸、山谷沟壑、城郊村镇道路两旁等就近堆填，基本未进行无害化处理；1981年全国工业固体废物产生量3.77亿吨，到1995年增至6.45亿吨，产生量最大的是尾矿，其次是煤矸石、粉煤灰和炉渣。城市垃圾由1980年的3132万吨猛增到1995年的10748万吨，以每年8.98%的速度增长，城市垃圾中可燃物增多，利用价值增大。总体来说，这一时期固体废物管理的法规体系尚不健全、管理水平较低、资金投入不足、缺乏处理处置设施、基础非常薄弱、处理处置技术远不能满足需要。

中国固体废物管理和产业的全面发展是在20世纪90年代中期，也就是1995年10月《固废法》出台前后，此时国内经济快速增长，国内废物和境外进口废物问题日益突出。在17个城市试点的基础上，国家环保局于1994年开始在全国推行固体废物申报登记制度以及许可证试点。为推动固体废物资源化和无害化，国家环保局开展了废物交换试点和推动废物集中利用、处理、处置。为了对固体废物，特别是危险废物实行“全过程”管理，上海、沈阳、深圳、吉林等城市先后实行了危险废物转移报告单制度。国务院、国家环保局和建设部还颁布了有关条例、标准和规程，如《城市市容和环境卫生管理条例》、《有毒化学品进口环境管理办法》、《农用粉煤灰污染物控制标准》、《防治尾矿污染环境管理办法》、《关于防止铬化合物生产建设中环境污染的若干规定》、《废多氯联苯污染控制标准》、《有色金属工业固体废物污染控制标准》、《含氰废物污染控制标准》、《城市垃圾管理办法》、《城市建筑垃圾管理规定》、《防止含多氯联苯电力装置及其废物污染环境的规定》、《关于严格控制境外有害废物转移至我国的通知》、《排放污染物申报登记规定》、《城市垃圾卫生填埋标准》、《城市垃圾好氧静态堆肥处理技术规范》、《城镇垃圾农用控制标准》和《生活垃圾填埋场环境监测技术要求》等。许多城市还颁布了地方性的工业固体废物管理条例和城市环境卫生管理条例，作为地方固体废物监管依据。中国还积极参加《控制危险废物越境转移及其处置巴塞尔公约》的活动，国家环保局和海关总署发布了《关于严格控制境外有害废物转移到我国的通知》（〔1991〕环管字第098号），1994年11月国家环保局颁发了《关于严格控制从欧共体国家进口废物的通知》等，均明确规定禁止将危险废物转移到中国进行倾倒和处置。

以2004年12月新修订通过的《固废法》为标志，中国固体废物环境污染防治进入了全面快速发展的时期，有以下特点：一是固体废物环境标准和规范日益健全；二是固体废物产生源监督管理得到了高度重视和有效落实；三是司法介入打击固体废物违法犯罪活动；四是固体废物处理处置技术和资源综合利用技术得到进一步重视和发展，社会资本进入固体废物处理处置领域；五是固体废物污染防治能力得到加强，形成了全国四级固体废物环境管理的专业队伍；六是监督管理向精细化和规范化方向迈进。例如，2006年，成立了环保部固体废物管理中心，加强了技术支持单位的建设，中心人员不断增加，逐渐开展各类固体废物环境管理课题研究；2008年，环保部撤销原固体废物与有毒化学品管理处，分别成立了固体废物管理处和化学品环境管理处；2015年，环保部先后出台了多项政策文件及规范指南，促进了各地固体废物管理工作的规范，制定了《危险废物规范化管理指标体系》（环办〔2015〕99号）、《废弃电器电子产品拆解处理情况审核工作指南（2015年版）》（2015年第33号公告），发布了《固废法》第25条修订内容的公告（2015年第69号公告）及《限制进口类可用作原料的固体废物环境保护管理规定》（2015年第70号公告）等。

（二）固体废物管理发展趋势

1. 以绿色发展理念统领固体废物污染防治工作

党的十八届五中全会提出创新、协调、绿色、开放、共享的新发展理念，提出树立节约集约循环利用的资源观，为推动固体废物污染防治提供了难得的机遇。“十三五”规划期间应以落实产废者责任为核心，以重点企业、园区和城市为依托，以市场为导向，以科技为支撑，以机制政策创新为保障，推进工业固体废物源头减量、分类规模化、高值化利用和无害化处置。一是落实产废单位主体责任，推动减量化；二是强化经济调节，培育产业市场，促进分类资源化；三是以有毒物质全过程控制为重点，控制有毒物质环境风险，将固体废物环境管理要求前置于产生源，减少末端处置压力。

2016 年 3 月，工信部发布《2016 年工业节能与综合利用工作要点》指出，要着力抓好工业资源综合利用，明确大宗工业固体废物综合利用率进一步提高，为实现“十三五”工业绿色发展打下坚实基础。具体包括：①统筹推进绿色制造体系建设试点示范。推进绿色制造标准体系建设；引导开发绿色产品；编制绿色工业园区评价指标体系；推进生产者责任延伸制度，开展电器电子领域生产者责任延伸试点，完善相关标准规范体系。②强化工业资源综合利用。组织实施京津冀及周边地区工业资源综合利用产业协同发展重大示范工程，推进一批重点项目建设；开展水泥窑协同处置生活垃圾试点，推进水泥窑协同处置生活垃圾及污泥示范项目建设；继续开展国家资源再生利用重大示范工程建设；制定建筑垃圾综合利用规范条件，发布符合废钢铁、再生铜、再生铝、废旧轮胎、废塑料等综合利用行业规范条件的企业名单；制定新能源汽车动力电池回收利用管理办法，开展回收利用试点。大力推行清洁生产。③加强有毒有害污染控制；会同财政部继续实施高风险污染物削减计划等措施。

2. 固体废物污染防治是《“十三五”生态环境保护规划》的重要内容

2016 年 12 月国务院发布的《“十三五”生态环境保护规划》有关固体废物的内容主要包括：

实现城镇垃圾处理全覆盖和处置设施稳定达标运行。加快县城垃圾处理设施建设，实现城镇垃圾处理设施全覆盖。提高城市生活垃圾处理减量化、资源化和无害化水平，全国城市生活垃圾无害化处理率达到 95% 以上，90% 以上村庄的生活垃圾得到有效治理。大中型城市重点发展生活垃圾焚烧发电技术，鼓励区域共建共享焚烧处理设施，积极发展生物处理技术，合理统筹填埋处理技术，到 2020 年，垃圾焚烧处理率达到 40%。完善收集储运系统，设市城市全面推广密闭化收运，实现干、湿分类收集转运。加快建设城市餐厨废弃物、建筑垃圾和废旧纺织品等资源化利用和无害化处理系统。

继续推进农村环境综合整治，推进美丽宜居乡村建设。因地制宜开展治理，完善农村生活垃圾“村收集、镇转运、县处理”模式。

合理配置危险废物安全处置能力。各省（区、市）应组织开展危险废物产生、利用处置能力和设施运行情况评估，科学规划危险废物利用处置设施，将危险废物集中处置设施纳入当地公共基础设施统筹建设。鼓励大型石油化工等产业基地配套建设危险废物利用处置设施。鼓励产生量大、种类单一的企业和园区配套建设危险废物收集贮存、预处理和处置设施，引导和规范水泥窑协同处置危险废物。淘汰一批工艺落后、不符合标准规范的设施，提标改造一批设施，规范管理一批设施。

防控危险废物环境风险。开展全国危险废物普查；2020 年年底前，基本摸清全国危险废物产生、贮存、利用和处置状况。打击危险废物非法转移和利用处置违法犯罪活动，打击以原油、燃料油、润滑油等产品名义进口废油等固体废物。继续开展危险废物规范化管理督查考核。制定废铅蓄电池回收管理办法。制定危险废物利用处置二次污染控制要求及综合利用过程环保要求，明确利用产品中有毒有害物质含量限制。

推进医疗废物安全处置。扩大医疗废物集中处置设施服务范围，建立区域医疗废物协同与应急处置机制，因地制宜推进农村、乡镇和偏远地区医疗废物安全处置。实施医疗废物焚烧设施提标改造工程。严厉打击医疗废物非法买卖等行为，建立医疗废物特许经营退出机制，严格落实医疗废物处置收费政策等。

3. 建立完善的社会主义市场经济条件下的固体废物管理机制

①增加投入，保证城市和乡村生活垃圾处置设施的建设符合战略目标。加大投资力度，争取短期内使城市生活垃圾无害化处理率达到 100%，特别要加大国家对中西部地区城市生活垃圾处置设施的投资补助比例，根据当地条件促进城市生活垃圾的无害化处置，同时探索农村生活垃圾集中处置的模式和设施建设的投资模式，保证农村生活垃圾无害化处置的发展，尽快达到农村生活垃圾无害化处置的目标。

②制定城市生活垃圾处置费在城市基础设施运行维护费用或者城市财政总支出中的最低比例标准，制定国家对贫困地区城市、乡镇生活垃圾和农村生活垃圾处置费用补贴制度。

③开展“固体废物产生者责任制”和“生产者延伸责任制”的试点与示范，鼓励社会投资进入工业固体废物和危险废物再生利用和合理处置行业。

④通过强制收费和转移，鼓励和促进工业固体废物和城市固体废物的回收利用。

⑤通过市场整合，促进建设大型专业化固体废物管理企业。

4. 构建科学合理的固体废物管理目标体系

制定国家和地方固体废物管理规划，明确提出各种固体废物源头减量、再生循环和无害化管理的阶段性和长远目标，建立固体废物管理指标体系，重点提出固体废物减量化指标和资源再生循环指标，促进固体废物再生循环体系的全面建立。

将固体废物管理指标纳入国家和地方环境保护考核指标体系中。

第二节　中国固体废物产生状况

一　工业固体废物产生概述

工业固体废物来源非常广泛，所有与工业生产相关的活动都可能是工业废物的产生来源，主要行业有冶金、化工、煤炭、矿山、石油、电力、交通、轻工、机加工、机械制造、制药、汽车、通信和电子、建材、木材、玻璃、金属加工等。工业废物来源大致有以下三个方面：一是不具有原有使用价值或使用价值已经被消耗的原料或产品，包括过期或受污染的原料，报废或不合格的产品；二是来源于生产过程中产生的、不能作为产品和原料使用的副产物，这一过程特点是工业生产要符合物料平衡法则，除了产生的废水、废气和产品外，剩下的就是固体废物；三是来源于工业生产当中产生的污染物和报废设施设备等。

目前，中国工业固体废物每年统计产生量超过 32 亿吨，其中综合利用量约 20 亿吨，综合利用率约 60%，表 1 - 2 是 2011 ~ 2015 年中国一般工业固体废物产生及处置利用情况。

表 1 - 2　2011 ~ 2015 年中国一般工业固体废物产生及处置利用情况

单位：万吨，%

年份	产生量	综合利用量	处置量	贮存量	倾倒丢弃量	综合利用率
2011	322772	195215	70465	60424	433	59.9
2012	329044	202462	70745	59786	144	61.0
2013	327702	205916	82969	42634	129	62.2
2014	325620	204330	80388	45033	59	62.1
2015	327079	198807	73034	58365	56	60.3

二　危险废物产生状况

危险废物可分为工业源和社会源两大类。工业危险废物来源大致有以下三个方面：一是不具有原有使用价值或使用价值已经被消耗但保持原有基本形态的原料或产品；二是生产过程中产生的、不能作为产品和原料使用的副产物；三是来源于工业生产当中产生的危险废物和危害组分在泄漏、反应、存放等情况下的污染物。社会来源的危险废物种类多、成分复杂，有些废物整体也应被视为危险废物，有些废物的组成部件是危险废物，其来源大致也有三个方面：一是家庭和类似机构产生源，如废电池、喷雾剂、油漆等；二是农业生产中产生的危险废物，主要包括杀虫剂、除草剂等废弃农药；三是医疗过程中产生的危险废物。

工业生产是危险废物的主要来源。2016 年 8 月国家发布了新修订的《国家危险废物名录》，新版名录有几个显著的新特点，一是环保部、国家发改委、公安部联合发布；二是将有色金属冶炼废物和废催化剂单列出来；三是将原名录中分类不合理的合并处理，如对原名录中 HW06 有机溶剂废物和 HW41 废卤化有机溶剂合并处理，危险废物大类为 46 类；四是删掉星号，减少因名录废物属性的不确定性引起的争议；五是增加危险废物豁免管理清单，从而使危险废物名录更加合理、更加有效。

2011 ~2015 年中国工业危险废物产生及处置利用情况见表 1 – 3。中国工业危险废物产生量已从 2000 年 830 万吨增加到 2015 年的近 4000 万吨，危险废物处理利用率约 80%。

表 1 – 3　2011 ~2015 年中国工业危险废物产生及处置利用情况

单位：吨，%

年份	危险废物产生量	危险废物综合利用量	危险废物处置量	危险废物贮存量	危险废物倾倒丢弃量	危险废物处置利用率
2011	34312203	17730522	9164762	8237304	96	76.5
2012	34652427	20046450	6982060	8469139	16	76.1
2013	31568910	17000926	7012005	8108791	0	74.8
2014	36335236	20617989	9290192	6906195	9	81.2
2015	39761077	20497158	11739760	8102981	2	79.9

三　医疗废物产生状况

2003 年“非典”疫情暴发前，中国 663 座城市每日产生的医疗废物约为

1300～2000吨，大部分随生活垃圾处理和单位内部焚烧炉焚烧。2013～2015年中国大中城市医疗废物产生及处置情况见表1－4，绝大部分城市的无害化处置率达到了100%，2015年大中城市中医疗废物产生量最大的是上海市，产生量为4.1万吨，其次是北京市3.0万吨，第三是广州市2.1万吨。

表1－4　2013～2015年中国大中城市医疗废物产生及处置情况

单位：万吨

年份	产生量	处置量	大中城市个数	产生量排前三名的省份
2013	54.75	54.21	261	浙江、广东、山东
2014	62.2	60.7	244	广东、浙江、河南
2015	69.7	69.5	246	广东、浙江、江苏

2013年12月，国家卫生计生委与环保部联合印发了《关于进一步加强医疗废物管理工作的通知》（国卫办医发〔2013〕45号），进一步加强医疗废物管理工作，强调医疗卫生机构和医疗废物集中处置单位落实医疗废物分类、收集、贮存、集中处置等全过程管理；对非法排放、倾倒、处置医疗废物涉嫌犯罪的情况加大处罚力度；加强基层医疗卫生机构医疗废物管理能力建设，防止因医疗废物导致疾病传播和环境污染事故等。

四　大宗工业固体废物产生状况

中国大宗工业固体废物是指工业领域在生产活动中年产生量在1000万吨以上、对环境和安全影响较大的固体废物，主要包括尾矿、煤矸石、粉煤灰、冶炼渣、工业副产石膏、赤泥和电石渣。大宗工业固体废物综合利用尚存在许多技术瓶颈，尤其缺乏大规模、高附加值利用且具有带动效应的重大技术和装备，综合利用的基础性、前瞻性技术研发投入不够，技术支撑能力明显不足，制约了产业发展。2015年246个大中城市大宗工业固体废物产生量22.16亿吨，主要类别产生和利用状况如下。

①尾矿。2015年，重点调查工业企业尾矿产生量为9.6亿吨，占重点调查工业企业一般固体废物产生量的30.7%，综合利用量为2.7亿吨（其中利用往年贮存量314.1万吨），综合利用率为28.5%。尾矿产生量最大的两个行业是黑色金属矿采选业和有色金属矿采选业，其产生量分别为4.7亿吨和3.5亿吨，综合利用率分别为28.6%和23.8%。

②粉煤灰。2015年，重点调查工业企业的粉煤灰产生量为4.4亿吨，占比14.1%，综合利用量为3.8亿吨（其中利用往年贮存量为353.3万

吨），综合利用率为 86.4%。粉煤灰产生量最大的行业是电力、热力生产和供应业，其产生量为 3.5 亿吨，综合利用率为 85.3%；其次是非金属矿物制品业、化学原料和化学制品制造业、有色金属冶炼和压延加工业、黑色金属冶炼和压延加工业，其产生量分别为 2270.1 万吨、1984.7 万吨、1092.0 万吨和 919.4 万吨，综合利用率分别为 97.6%、85.2%、79.6%和 93.8%。

③煤矸石。2015 年，重点调查工业企业的煤矸石产生量为 3.9 亿吨，占比 12.4%，综合利用量为 2.6 亿吨（其中利用往年贮存量 674.1 万吨），综合利用率为 65.5%。煤矸石主要由煤炭开采和洗选业产生，其产生量为 3.7 亿吨，综合利用率为 64.3%。

④冶炼废渣。2015 年，重点调查工业企业的冶炼废渣产生量为 3.4 亿吨，占比 10.9%，综合利用量为 3.1 亿吨（其中利用往年贮存量 108.1 万吨），综合利用率为 91.5%。冶炼废渣产生量最大的行业是黑色金属冶炼和压延加工业，产生量为 2.9 亿吨，综合利用率为 93.7%；其次是有色金属冶炼和压延加工业，产生量为 3217.5 万吨，综合利用率为 75.6%。

⑤炉渣。2015 年，重点调查工业企业的炉渣产生量为 3.2 亿吨，占比 10.2%，综合利用量为 2.8 亿吨（其中利用往年贮存量 133.8 万吨），综合利用率为 88.2%。炉渣产生量最大的行业是电力、热力生产和供应业，其产生量为 1.5 亿吨，综合利用率为 86.9%；其次是黑色金属冶炼和压延加工业，产生量为 5873.8 万吨，综合利用率为 95.8%；排在第三位的行业是化学原料和化学制品制造业，产生量为 3693.7 万吨，综合利用率为 80.4%。

⑥脱硫石膏。2015 年，重点调查工业企业的脱硫石膏产生量为 8678.0 万吨，占比 2.8%，综合利用量为 7512.7 万吨（其中利用往年贮存量 47.6 万吨），综合利用率为 86.1%。脱硫石膏产生量最大的行业是电力、热力生产和供应业，其产生量为 7269.6 万吨，综合利用率为 86.3%；其次为黑色金属冶炼和压延加工业、有色金属冶炼和压延加工业、化学原料和化学制品制造业，其产生量分别为 467.8 万吨、357.3 万吨和 297.0 万吨，综合利用率分别为 83.4%、82.6%、84.2%。

五　生活垃圾产生状况

城市生活垃圾是中国固体废物管理的重点。根据《“十二五”全国城镇生活垃圾无害化处理设施建设规划》，到 2015 年，直辖市、省会城市和计划单列市生活垃圾将全部实现无害化处理，设市城市生活垃圾无害化处理率达到90%以上，县城生活垃圾无害化处理率达到70%以上，全国城镇新增生活垃圾无害化处理设施能力58万吨/天，与“十一五”末现有设施相比，增加近150%。

2015年246个大中城市生活垃圾产生量1.856亿吨，处置量1.807亿吨，处置率达97.3%；城市生活垃圾产生量最多的是北京市，产生量为790.3万吨，其次是上海、重庆、深圳和成都，产生量分别为789.9万吨、626.0万吨、574.8万吨和467.5万吨。

六　其他主要再生资源产生状况

（一）主要再生资源回收量

废钢铁、废塑料、废有色金属、废纸、废轮胎、报废船舶、报废汽车、废弃电器电子产品等是再生资源的主要种类。2013～2015年，中国8类再生资源年回收总量约在2.3亿吨左右，具体情况见表1－5。

表1－5　2013～2015年中国主要再生资源类别回收利用情况

单位：万吨

废物类别	2013年	2014年	2015年
废钢铁	15080.0	15230.0	14380.0
废有色金属	666.0	798.0	876.0
废塑料	1366.2	2000.0	1800.0
废纸	4377.0	4419.0	4832.0
废轮胎	375.0	430.0	500.6
废弃电器电子产品	263.8	313.5	348.0
报废汽车	274.4	322.0	871.9
报废船舶	52.0	109.0	91.0
合计	22454.4	23621.5	23699.5

（二）再生资源中电器电子废物产生量

中国是世界最大的电器电子产品生产国和消费国。2015年，电视机、电冰箱、洗衣机、空调、微型计算机5类电器电子产品（简称“四机一脑”）的生产量达到8.4亿台，占世界总量的60%左右。表1－6为2012～2014年中国主要电器电子产品生产量、销售量和理论报废量数据。

（三）再生资源利用产业园区

从2005年开始，国家发改委共组织实施了两批循环经济试点，其中在

表 1－6　2012～2014 年中国主要电器电子产品生产量、销售量和理论报废量

单位：万台

种类	生产量			销售量			理论报废量		
	2012 年	2013 年	2014 年	2012 年	2013 年	2014 年	2012 年	2013 年	2014 年
电视机	12823.5	12745.2	14128.9	6670.0	6788.0	6728.7	2772.9	3203.7	3047.9
电冰箱	8427.0	9431.4	9337.1	5306.9	5945.9	4931.8	867.9	1278.6	1470.5
洗衣机	6791.1	7357.2	7114.4	4516.8	5181.9	4905.8	1263.6	1261.7	1418.6
空调	12398.7	14095.9	15716.9	8147.2	8692.5	10204.3	1500.8	1529.9	2026.5
计算机	57096.1	59389.9	57808.4	27647.0	26121.7	—	2529.8	3706.3	3414.4
吸油烟机	2016.5	2559.4	2939.7	1398.0	1824.0	2172.0	234.0	289.0	391.0
电热水器	2423.9	3375.7	3429.7	1814.0	2677.3	2520.7	470.0	577.0	720.0
燃气热水器	1121.3	1202.0	1476.7	701.4	806.8	1071.9	437.0	690.0	750.0
打印机	—	—	—	999.2	1040.4	1088.3	800.0	900.0	1000.0
复印机	—	—	—	83.5	90.7	101.3	—	—	—
传真机	263.6	172.1	175.2	249.9	160.5	162.9	—	—	—
手机	118154.6	152343.9	162719.8	86500.0	91600.0	106000.0	—	—	9783.20
电话机	12773.8	12519.7	12286.8	—	—	—	—	—	2635.30

再生资源领域的循环经济试点有 33 家单位；商务部从 2009 年起开展三批回收体系建设试点工作，其中支持了 91 个大型回收加工基地的建设；2010～2015 年发改委和财政部共批复确定六批 50 个“城市矿产”示范基地；环保部先后批准确定 21 个进口再生资源“圈区管理”园区和 3 个静脉产业生态工业园区。这样，主管部门批准实施的再生资源产业园区共有 198 个（见表 1－7）。

表 1－7　主管部门批准实施的再生资源产业园区

主管部门批准实施的再生资源产业园区	数量
国家循环经济试点在再生资源领域组织实施的园区	33
发改委、财政部批复确定六批“城市矿产”示范基地	50
再生资源回收体系建设试点支持的回收加工利用基地	91
环保部批准确定进口再生资源“圈区管理”园区	21
环保部批准静脉产业生态工业园区	3
合计	198

各省、市、县自行规划建设的大大小小的再生资源、循环经济、环保产业园区，估计至少有100个。加上上述国家相关主管部门批准实施的园区，全国共有各种规模的再生资源产业园区300多个，这些产业园区与当地回收网络相衔接，使再生资源循环利用产业规模逐年扩大，每年回收的1亿吨废物资源得到加工利用，2015年再生资源循环利用产值达到1.2万亿元。

七　中国固体废物进出口状况

进口废物对弥补中国经济发展所需原料缺口、扩大就业、发挥节能减排环境效益以及平衡对外贸易关系等发挥了积极作用。中国进口废物数量从2000年的1400多万吨增加到2015年的约4700万吨，其中2000～2009年进口废物数量呈逐年增长的趋势，在2009年达到了最大量5800多万吨。其中废纸进口量最多，占进口量的50%左右，由2000年的480多万吨增加到2015年的近3000万吨。

2015年环保部核准出口危险废物共计3.925万吨，涉及含铅废物（电弧炉炼钢除尘灰）、废有机溶剂（废剥离液和废乳化液）、其他废物（废弃的印刷电路板、废电池、危险废物物化处理过程中产生的废水污泥）、含镍废物（废镍催化剂、含镍电池废料）、表面处理废物（电镀污泥）、含镉废物、焚烧处置残渣。

第三节　中国固体废物处理处置技术

一　概述

中国危险废物管理从20世纪80年代才逐渐受到重视，开始有企业建设危险废物焚烧炉，特别是随着化工装置的大批引进和兴建，国外一些技术先进的危险废物处理装置也同时进入国内。进入20世纪90年代中后期，各地认识到危险废物处置不当的潜在危害，废物处置设施的建设才引起高度重视，如“八五”计划时期，沈阳市成功研制一套工业性焚烧多氯联苯（PCBs）的设备，填补了国内空白，PCBs焚毁去除率达99.9999%。2003年全国统计危险废物集中处置厂有154座，20余省建有数量不等的处置厂。目前广泛应用的危险废物处理处置技术主要包括利用、处理、焚烧、安全填埋等，处理技术包括物理、化学、生物技术等，固化/稳定化技术为安全填埋的预处理技术，占主导地位的仍然是焚烧和安全填埋技术。《2013年国家先进污染防治示范技术名录》和《2013年国家鼓励发展的环境保护技术目录》（公告2013年第83号）两个名录中都包含了固体废物处理处置的技术，包括污泥、垃圾填埋场渗滤液、工业含盐废渣、电子废物、危险废物、焚烧飞灰、秸秆、氰化尾渣、白泥、发酵废渣、钢渣、废润滑油等难利用的固体废物。下面是固体废物处理处置基本技术方法简介。

（一）预处理技术

①物理处理。通过压实、破碎、分选、脱水、吸附、萃取、固液分离等物理过程使危险废物得到浓缩、相变或形态结构改变，从而使危险废物变得便于运输、贮存、再利用或进一步处置。物理处理方法可显著降低危险废物体积。

②化学处理。采用各种化学方法降低危险废物中的有毒有害成分，或改变危险废物的化学性质，将其转变成易于处理处置的形态，减少其危害性，从而达到无害化的目的。化学处理是危险废物最终处置前常用的预处理方法。

③固化处理。采用惰性基材将废物固定或包封起来，废物经过固化处理后，有毒有害成分转变为溶解度低、毒性较弱、性质稳定的物质，降低了其在贮存或填埋过程中对环境的潜在危害。常用的固化处理方法有水泥固化、石灰固化、沥青固化、有机聚合物固化、熔融固化、自胶结固化和陶瓷固化。

④生物处理。利用微生物（细菌、真菌、放线菌）、动物（蚯蚓等）或植物的新陈代谢作用分解废物中可降解的有机物。生物处理技术主要有好氧堆肥、厌氧消化处理，具有操作简单、经济等优势，但是处理所需周期较长，处理效率不稳定。

（二）危险废物最终处理技术

危险废物的最终处置方法主要有地表处理技术、安全填埋法、焚烧法等。

①地表处理技术。利用自然的风化作用将危险废物同土壤的表层混合，从而实现危险废物的降解、脱毒过程。地表处理方式简单易行、经济实惠，但是这种方法并不适合所有的危险废物，不是实现危险废物无害化处置的有效手段。

②安全填埋法。安全填埋法是以往应用较多的废物处置方法，技术成熟、处置能力大、运行费用低、工艺操作相对简单。其实质是将危险废物铺成有一定厚度的薄层，然后压实并在其上覆盖土壤。土地填埋已不再是

单纯的堆、填和埋，而是严格按土工标准和工程理论计算，对废物进行有效控制管理的科学工程方法，核心技术是填埋场的防渗漏系统。由于防渗层容易遭到破损，所以安全填埋也同样存在安全隐患，不是最佳的处理处置方法。

③焚烧法。危险废物焚烧法是一种可以同时实现危险废物处理减量化、无害化和资源化的技术。其实质是在密闭空间内的可控制焚烧技术过程，包括蒸发、挥发、分解、烧结、熔融和氧化还原等一系列复杂的物理化学反应，以及相应的传质和传热综合过程。在焚烧过程中，危险性有机废物从固态、液态转换成气态，气态产物再经进一步加热分解成小分子，小分子与空气中的氧结合生成气体物质，经过空气净化装置排放到大气中。经过焚烧，危险废物的体积可减少 80% ~90%。另外，危险废物所含有毒有害成分在高温下被氧化、热解，最终达到解毒除害的目的，焚烧产生的热量在余热锅炉也可被回收用于发电或供热。

④危险废物其他处理处置方法。其还包括热解、等离子体焚烧技术、高温蒸汽灭菌处理技术、微波处理技术、水泥窑焚烧技术、湿空气氧化技术、高级生物技术、碱金属脱氯技术、熔融焚烧技术、离心分离技术、电解氧化技术、深井灌注技术等。

二　工业危险废物处理处置

（一）工业危险废物焚烧处理处置技术

20 世纪 90 年代，中国固体废物焚烧技术迅速发展，到 21 世纪初期全国有上百家公司、科研单位和大专院校研究和开发各种焚烧技术和设备，相关技术和设备多为石油化工、医药工业和化工企业所拥有，数量不少，但规模都不大，而且多为从国外引进的技术和设备。目前，全国 90% 以上的危险废物处置中心采用了危险废物焚烧处理系统。

1. 危险废物焚烧处理工艺

危险废物焚烧处理必须满足以下条件：①废物必须经过高温燃烧以彻底焚毁有毒物质；②烟气中的有毒有机物必须彻底破坏分解，二次燃烧室焚烧温度应大于 1100℃，烟气停留时间不低于 2s；③焚烧尾气、残渣、污水、飞灰须妥善处理并达标排放；④危险废物的处理全过程无泄漏、无污染，无操作人员直接接触；⑤焚烧设备保证气密性，防止有害物质泄漏；⑥为了避免装料、出料的二次污染和频繁启、停炉造成烟气中的二噁英超标，系统须能连续不间断运行。

2. 焚烧工艺选择

(1) 焚烧炉的选择

危险废物焚烧炉的炉型及运行条件见表1-8。回转窑是工信部、环保部重点推荐的炉型，应用于危险废物和化工残渣、盐渣、污泥等的焚烧处理。回转式焚烧方式对固体废物的燃尽率超过了传统的往复式炉排结构，并且对焚烧废物的适应性较强，技术成熟，运行可靠，操作相对简单，可满足各种危险废物焚烧在进料、出渣、燃烧完全等方面的要求。

表1-8 危险废物焚烧炉的炉型及运行条件

炉型	温度范围	停留时间
旋转窑	820℃～1600℃	液体及气体：1s～3s；固体：30min～2h
液体注射炉	650℃～1600℃	0.1s～2s
流化床	450℃～980℃	液体及气体：1s～2s；固体：0.25h～1.5h
多层床焚烧炉	干燥区：320℃～980℃；焚烧区：760℃～980℃	固体：0.25h～1.5h
固定床焚烧炉	480℃～820℃	液体及气体：1s～2s；固体：30min～2h

(2) 烟气净化工艺选择

针对不同烟气成分及排放控制要求，选用不同的烟气净化系统。去除烟气中多种成分的常见方法有：干式洗涤塔、半干式洗涤塔、湿式洗涤塔、静电除尘、旋风除尘及布袋除尘。有的成分需选用组合技术，现行工艺的组合大致有4种形式，见表1-9。

表1-9 烟气净化工艺比较

项目	湿法	半干法+湿法	半干法	干法湿法
粒状物排放浓度(mg/m^3)	<25	<10	<50	<30
SO_x(mg/m^3)	<60	<200	<250	<300
HCl(mg/m^3)	<30	<30	<60	<80
重金属及二噁英去除效果	一般	佳	差	较佳
污泥及废水	多	中	多	多
飞灰	少	少	中	多
初次投资	中	中	中	中
运行费用	高	中	高	低

在危险废物焚烧烟气净化工艺中，湿法工艺的应用最多，其次为半干法工艺。湿法工艺对污染物的去除率高，但水耗较大，产生的废水量大，系统复杂，初次投资费用偏高且运行费用高；半干法工艺虽然二次产物很少，易于处理，但酸性气体的去除率较湿法工艺低，塔顶高速旋转雾化喷嘴容易堵塞，操作维护要求高，初次投资费用及运行费用都高；在同样需要增加湿式洗涤塔去除酸性气体的情况下，“干法 + 湿法”工艺具有产生的污泥及废水少、重金属及二噁英的去除效果好、初次投资少、运行费用较低等优点。

3. 危险废物焚烧处理的污染控制技术

（1）烟尘控制技术

焚烧烟尘中不仅包含大量重金属及其氧化物质，还含有大量以颗粒形态存在的二噁英类物质，所以烟气中颗粒物的控制对于减少焚烧炉对空气的影响非常重要。由于飞灰中二噁英类有害物质在采用湿法除尘时会造成水的二次污染问题，通常都采用干法除尘，最常用的除尘方法为电除尘和布袋除尘。自 20 世纪 90 年代以来，焚烧烟气除尘基本以布袋除尘为主，目前以聚四氟乙烯滤料的性能为最佳，良好的布袋除尘器可将焚烧烟气中颗粒物的排放浓度控制在 $10mg/m^3$ 以下，但成本也高。

（2）酸性物质控制技术

脱酸工艺通常包括干式脱酸、湿式脱酸和半干式脱酸 3 种处理方式，危险废物焚烧过程产生的 HCl、HF 浓度要比生活垃圾焚烧烟气高，通过“半干法脱酸 + 脉冲袋式除尘器”的脱酸方式基本可将 HCl 的排放浓度控制在 $50mg/m^3$ 以下，如果在布袋除尘器下游增设洗涤塔可实现稳定控制 HCl 排放浓度在 $10mg/m^3$ 以下。烟气中 SO_2 的排放量主要取决于焚烧物中的还原硫含量，酸性气体洗涤过程对 SO_2 也有一定的去除作用，“半干法脱酸 + 脉冲袋式除尘器”对烟气中的 SO_2 也有较好的净化效果。NO_x 排放的控制方法主要为低氮燃烧和烟气还原脱硝。在烟气脱硝方法中，主流技术是选择性催化还原（SCR）和选择性非催化还原（SNCR），实际工程中应用最多的是 SCR 法脱硝，其 NO_x 的脱除效率达到 80% ~90%。

（3）重金属控制技术

控制烟气中重金属的浓度，首先要做好含有重金属废物的回收处理。焚烧烟气中挥发状态的重金属污染物，部分在温度降低时可自行凝结成颗粒，在飞灰表面凝结或被吸附，从而被布袋除尘器收集去除，因此，焚烧烟气净化系统的温度越低，则重金属的净化效果越好。部分无法凝结及被吸附的重金属氯化物，经湿式洗气塔洗涤后从废气中吸收脱除。当在布袋上游喷入活性炭时往往也可进一步提高重金属净化效果。

（4）二噁英控制技术

控制危险废物焚烧工艺中二噁英的形成源、切断二噁英的形成途径以及采取有效的净化技术是防治二噁英污染的关键。燃烧前对废物进行预处理以减少进入焚烧系统中对二噁英的生成起作用物质的量，控制原料中氯和重金属含量高的物质进入焚烧炉，从而减少二噁英合成反应中所需的反应物和重金属催化剂的量。燃烧过程中确保燃烧温度保持在1100℃以上，在高温区送入二次空气，充分搅拌混合增强湍流度，延长气体在高温区的停留时间。采用急冷的方法降低烟气温度，缩短烟气在处理和排放过程中处于300℃～500℃温度区域的时间，避开二噁英产生的温度区域，控制烟气进入除尘器入口的温度低于200℃，防止焚烧后再合成。当采用“活性炭喷射+布袋净化工艺”时，高效的颗粒物净化系统是保证排放烟气中二噁英浓度低于0.1ngTEQ/m^3的必要条件。

4. 江苏省如东县危险废物焚烧工程实例

截至2013年末，如东县户籍人口104.38万人，危险废物产生总量约1.865万吨/年，其中适合焚烧处理的危险废物量约1万吨/年，占处置总量的53.6%，据此，工程设计的焚烧系统处置能力为1250kg/h，整套焚烧系统24h连续运行，废物的低位热值为3500kcal/kg。危险废物焚烧工艺主要包括进料系统、焚烧系统、余热利用系统以及烟气净化与排放系统。该工程采用“回转窑+二燃室+余热锅炉+急冷塔+旋风除尘器+干式脱酸塔+布袋除尘器+湿式洗涤塔”的处理工艺。

危险废物在回转窑中焚烧，回转窑温度控制在850℃，停留时间为60min左右，产渣量为15%～20%。回转窑产生的烟气进入二燃室充分燃烧，二燃室的出口烟气温度约为1100℃，二燃室出口高温烟气进入余热锅炉，余热锅炉出口烟气温度约为550℃，余热锅炉出口烟气进入急冷装置，在雾化水的作用下迅速越过200℃～500℃的二噁英再合成区，急冷塔的出口烟温约为200℃，经过旋风除尘器和半干反应塔净化后的温度约为160℃，再经布袋除尘器和湿式脱酸塔烟温降到70℃，此时不能直接排放，需通过换热器加热到170℃左右才能排放，防止白烟产生，采用蒸汽烟气换热器，利用余热锅炉蒸汽进行换热。余热锅炉为低压锅炉，蒸汽产量为8吨/h，蒸汽压力为1MPa，饱和温度为184℃。因产生的蒸汽量较少，不能用于发电，可用于窑头灭火、二次风加热、蒸汽冷凝回用、蒸汽烟气换热等。采用“干法+湿法”工艺，每天使用的液碱量约5吨，石灰约1吨，活性炭40~50kg。

该工程采用两级除尘工艺，即在急冷塔后、干式脱酸塔前布置旋风分离器，去除大部分的颗粒物，以减轻布袋除尘器的负荷。旋风除尘器一般用于捕集5~15μm的颗粒。除尘效率可达80%以上，经改进后的特制旋风除尘器的除尘效率可达95%以上。旋风除尘器的缺点是，捕集小于5μm微粒的效率不高。布袋除尘器对小于1μm的微小颗粒物的脱除效率在90%以上，故其对重金属及二噁英的脱除效率较高。另外，布袋除尘器具有二次脱HCl、SO_2的作用，可提高脱除效果。布袋除尘器对操作工艺条件的要求较高，但维修较困难，对高温化学腐蚀较敏感。布袋除尘器采用耐腐蚀和耐温性、耐水性较好的布袋滤料——“PTFE针刺毡+PTFE覆膜”，过滤面积在1000m^2左右，滤袋规格φ160mm×6000mm，过滤风速约0.85m/min，总共为6仓室。

对于二噁英类物质的控制采取预防、治理相结合的方法：首先控制焚烧炉二燃室的“3T”，即停留时间（燃烧室内停留时间≥2s）、温度（焚烧温度≥1100℃）和空气搅拌。其次，烟气降温过程中，在200℃~500℃极易合成二噁英，故采用强制喷淋降温的方法，缩短降温时间，减少二噁英的重新生成。在布袋除尘器中喷入活性炭粉脱除重金属及二噁英，并通过布袋除尘器去除，从而使烟气达标排放。炉温及烟气排放在线检测数据见表1-10。

表1-10　炉温及烟气排放在线检测数据

项目	生产线	国标值
炉温（℃）	1118.1	1100
HCl（mg/m^3）	1.4	≤50
SO_2（mg/m^3）	176.0	≤200
CO（mg/m^3）	1.9	—
NO_x（mg/m^3）	157.6	≤400
烟尘（mg/m^3）	26	≤30
运行状态	正常	—

整个焚烧系统配备了自动控制和监测系统。采用“回转窑+二燃室”的焚烧工艺，焚烧残渣的热灼减率小于5%，燃烧效率大于99.9%，焚毁去除率大于99.99%，危险废物能得到无害化、减容、减量处理。采用“急冷塔+旋风除尘器+干式脱酸塔+布袋除尘器+湿式洗涤塔”的烟气净化处理工

艺，危险废物烟气中的二噁英、氮氧化物、硫化物等污染物排放浓度可满足危险废物焚烧污染控制标准。

（二）危险废物安全填埋处置技术

在1993年发生的深圳某化学品仓库爆炸事故中，产生了大量急需处置的危险废物，也催生了中国第一个危险废物安全填埋场，随后作为世行项目的沈阳危险废物安全填埋场开始了建设。天津、福州、大连、上海等城市也陆续开始了危险废物安全填埋场的建设。2003年“非典”疫情暴发，国家出台了《全国危险废物和医疗废物处置设施建设规划》，全国在3年之内规划建设30座综合性的危险废物填埋场。根据“十一五”全国危险废物设施规划建设内容，全部实施后，安全填埋场填埋能力将增加到107.9万吨/年。“十二五”末期，全国将建设100座左右的危险废物填埋设施，投资达到20亿~30亿元。

《危险废物填埋污染控制标准》（GB 18598－2001）是中国第一个针对危险废物填埋的国家强制性环境保护标准，对填埋场的选址、设计、运行等各环节提出相关技术要求。该标准规范了危险废物安全填埋全过程环境管理，对防止危险废物填埋过程中的环境污染起到了关键作用。

危险废物安全填埋还存在一些问题，主要集中在选址、设计建设和运行管理三个方面：

①危险废物安全填埋选址。目前选址时最困难的就是当地居民的强烈反对。另外，选择地质条件好的场地也是非常困难的，尤其是低渗透性的黏土层。国外标准要求的渗透系数小于10^{-7}cm/s的黏土层，在国内难以找到，需要人工衬层强化。

②危险废物安全填埋场设计与建设。危险废物安全填埋场不同于生活垃圾卫生填埋场，其规模小、建设成本高、社会环境影响大，在进行设计和建设时应当充分考虑：一是合理增大填埋库容；二是避免填埋大宗废物；三是慎重选择刚性填埋场结构；四是尽量铺设防渗层的渗漏在线监测系统；五是简化填埋气导排系统；六是确保填埋场建设施工质量。

③危险废物填埋安全运行与管理。危险废物没有稳定期，其危害特性是长期存在的，而填埋场的建筑材料和防渗材料是有寿命的，不能保证环境安全性。因此危险废物填埋场运行的长期安全监控十分重要。由于国内已经投入运行的危险废物填埋场只有少数几家，相关机构调研后发现，国内危险废物填埋安全运行保障技术十分薄弱，国家现有规范虽然有所涉及，但操作性不强，需要加强填埋场安全运行管理技术水平，包括：减少

有机物质进入；填埋过程中无须使用压实机；分区填埋；填埋堆体稳定性保障。

安全填埋是世界各国广泛采用的危险废物最终处置方式，而在今后很长一段时间安全填埋仍将是中国危险废物的最终处置方式。中国危险废物填埋场都是按照“永久性”设施考虑的，实际运行中没有强调分区填埋和便于回取的措施。因此，未来危险废物填埋场的定位应该是一种“暂存设施”。另外，由于填埋场选址越来越难，危险废物填埋场建设和运行成本会越来越高，因此需要调整填埋准入标准；针对大宗危险废物（如飞灰）等，由于其占据库容较大，应该开展相关综合利用技术，从而提高填埋场的利用效率和运行年限。危险废物填埋技术的发展趋势将是日趋严格的准入制度和日益完善的运行保障技术相结合。

（三）危险废物水泥窑协同处置技术

北京水泥厂有限责任公司于1998年初步尝试利用水泥回转窑处置废油墨渣、树脂渣、油漆渣、有机废液等危险废物，建成了全国第一条处置工业废物环保示范线，成功将废物处置技术与水泥熟料煅烧技术相结合。截至2013年年底，中国已建成、建设中及拟建设水泥窑协同处置固体废物的企业总数超过200家，其中约25%的企业涉及协同处置危险废物，全国水泥窑协同处置危险废物的总能力近2万吨/天，水泥窑协同处置危险废物的数量达到55.9万吨。截至2014年年底，共有16家水泥企业取得危险废物处置经营许可证，年处置废物占全国危险废物处置总量的13.3%，与现有105家危险废物焚烧处置企业处置量接近。

危险废物进入水泥窑之前应进行必要的预处理。预处理一般根据危险废物性质而分类处理。热值高且稳定的危险废物优先作为水泥窑替代燃料进行利用，符合水泥原料成分且含量较高的可作为替代原料利用。对于不能作为替代燃料或替代原料的固态危险废物的预处理技术主要是破碎分选，一般采用螺旋输送器或人工直接投料的方式入窑处置；半固态、液态危险废物主要在混合配伍后采用污泥泵、隔膜泵等直接泵送入水泥窑。水泥窑协同处置主要根据危险废物的特性、进料装置的要求以及投加口的工况特点，选择窑头高温段、窑尾高温段或者生料配料系统等作为投加位置。窑头高温段主要适合投加含水率低的液态物质及含高氯、高毒、难降解有机物质的废物；窑尾高温段主要适合含水率高、大块状等废物；生料配料系统对危险废物的要求相对较高，只能投加不含有机物和挥发、半挥发性重金属的固态危险废物。

国内水泥生产企业主要利用新型干法水泥窑处置危险废物，与传统的焚烧炉相比，新型干法水泥窑的技术优势体现在：

①处置温度高。水泥窑内物料烧成温度一般在1450℃左右，而普通专用焚烧炉的最高温度为1100℃左右。在焚烧温度较高的水泥回转窑中，危险废物中有机物的有害成分焚毁率可达99.99%以上，即使难以分解的稳定有机物也能完全分解。

②焚烧空间大。水泥窑的旋转筒体直径一般在3.0~5.0m、长度在455~100m，远高于普通专用焚烧炉。水泥窑的焚烧空间大，不仅可以接受处理大量的危险废物，而且可以保持均匀、连续、稳定的焚烧环境。

③停留时间长。水泥窑筒体长、斜度小、旋转速度低，废物在窑中高温下停留时间长，一般危险废物从窑尾到窑头总停留时间长于30min，气体停留时间长于6s，焚烧彻底且能有效地遏制二噁英的产生。

④处置规模大。水泥窑具有较高的运转率，国内一般水泥企业的年运转率为90%左右。因此，水泥窑协同处置危险废物的规模大，从替代原料的角度考虑也有较大的提升空间。

⑤水泥窑协同处置危险废物可以避免一般专业焚烧炉燃烧废气、废渣产生的二次污染问题；使废物中的重金属在高温下得到固化并稳定留存于熟料矿物中；同时，可替代少部分水泥生产所需的原料，实现资源再利用。

为了规范水泥窑协同处置产业发展，“十二五”期间中国相继发布了《水泥窑协同处置污泥工程设计规范》（GB 50757）、《水泥工业大气污染物排放标准》（GB 4915）、《水泥窑协同处置固体废物污染控制标准》（GB 30485）和《水泥窑协同处置固体废物技术规范》（GB 30760）等标准规范，规定了水泥窑协同处置危险废物的设施技术要求、入窑废物特性要求、运行技术要求、污染物排放限值、生产的水泥产品污染物控制要求、监测要求和监督管理要求等方面的内容。

三 医疗废物处理处置

（一）医疗废物处置设施现状

中国医疗废物管理和处置工作始于20世纪80年代，到20世纪90年代初步形成了大中型医疗卫生机构自行处置医疗废物的模式。2003年“非典”疫情暴发后，国家出台《全国危险废物和医疗废物处置设施建设规划》（简称《规划》），提出了建设医疗废物处置设施277座，新增医疗废物处置能力2080吨/天的工作目标。此后，医疗废物处置产业进入快速发展期，医疗废物处置由分散转向集中，并逐步趋向规范化、无害化。

根据相关资料统计，2014 年全国实际处置医疗废物能力为 62.17×10^4 吨/年，设计处置能力为 76.18×10^4 吨/年，处置设施达产率（即实际处置量与设计处理能力的比值）为 81.6%。医疗废物处置采取特许经营方式，一方面可以弥补政府财政不足，另一方面可使公用事业服务的价格保持在合理的范围。医疗废物处置行业采用的特许经营模式基本为 BOT（建设—运营—移交），也有个别采用 TOT（转让—运营—移交）。

医疗废物的处置方法分为焚烧和非焚烧两大类，非焚烧方法主要包括高温蒸汽法、化学消毒法、微波消毒等。规划建设的医疗废物处置设施中，采用焚烧技术和非焚烧技术的设施各占约 50%。2006 年，国家颁发了高温蒸汽灭菌等非焚烧技术工程建设技术规范，促进了医疗废物非焚烧技术的应用和工程建设。

（二）案例：重庆市医疗废物处置现状

①医疗废物产生现状。2014 年，重庆市共有医疗卫生机构近 1.88 万个，其中医院 565 家，基层医疗卫生机构 1.79 万个。全市医疗废物产生量为 1.25 万吨，主要来自医院、乡镇卫生院等医疗卫生机构。

②医疗废物处置现状。2014 年，重庆市医疗废物产生量为 12507 吨，其中集中处置 12325 吨，自行无害化处置 182 吨，集中处置量占到总处置量的 98.5%，集中处置方式主要是高温焚烧和高温蒸汽，自行无害化处置方式主要是消毒毁形填埋。

③医疗废物处置存在的问题。一是医疗废物分类收集不完全，混合收集依然存在；二是偏远地区医疗卫生机构分散，医疗废物集中收集处置成本高；三是单一的医疗废物处置技术已不能完全适应医疗废物源头分类管理要求；四是医疗废物处置费收缴成本高。

2010 ~ 2014 年重庆市医疗废物处置情况具体见表 1 - 11。

表 1 - 11　2010 ~ 2014 年重庆市医疗废物处置情况

年份	产生量（吨）	集中处置量（吨）	自行无害化处置量（吨）	无害化处置方式	集中处置设施数量（个）	集中处置能力（吨/天）
2010	8222	6524	1698	高温焚烧、高温蒸汽、消毒毁形填埋	5	43.5（高温焚烧 42，高温蒸汽 1.5）
2011	8611	7209	1402	高温焚烧、消毒毁形填埋	4	42（高温焚烧 42）

续表

年份	产生量（吨）	集中处置量（吨）	自行无害化处置量（吨）	无害化处置方式	集中处置设施数量（个）	集中处置能力（吨/天）
2012	10360	9204	1156	高温焚烧、高温蒸汽、消毒毁形填埋	4	41（高温焚烧20，高温蒸汽21）
2013	11307	10907	400	高温焚烧、高温蒸汽、消毒毁形填埋	7	48.5（高温焚烧20，高温蒸汽28.5）
2014	12507	12325	182	高温焚烧、高温蒸汽、消毒毁形填埋	8	53.5（高温焚烧20，高温蒸汽33.5）

四 大宗工业固体废物综合利用

（一）大宗工业固体废物综合利用重点技术

2012年3月工信部发布的《大宗工业固体废物综合利用“十二五”规划》明确定位大宗工业固体废物综合利用是节能环保战略性新兴产业的重要组成部分，是为工业发展提供资源保障的重要途径，也是解决大宗工业固体废物不当处置与堆存所带来的环境污染和安全隐患的治本之策。该规划提出了各类大宗工业固体废物的重点技术发展领域，是中国大宗工业固体废物利用的方向。

1. *尾矿*

以尾矿有价金属组分高效分离提取和利用、生产高附加值大宗建筑材料、充填、无害化农用和用于生态环境修复为重点，推进尾矿综合利用。

大力发展磁铁石英岩型尾矿再选，赤铁矿尾矿预富集还原再选，钒钛磁铁矿型尾矿提取铁、钒、钛，铜、钴、镍尾矿多元素综合回收，铅、锌、银多元素伴生尾矿清洁综合利用，黄金尾矿硫化物深度分选及有价组分提取，提高矿产资源利用效率。

解决尾矿整体利用的瓶颈问题，加强尾矿生产加气混凝土的推广力度，鼓励年产30万 m^3 以上规模生产线建设；鼓励优等品砌块、大型板材等高附加值产品的规模化生产。开展超高强结构材料、高附加值熔浆型材料产业化示范，形成成套技术与装备。加快推广尾矿商品混凝土、尾矿透水砖及高品质保温墙体材料的应用。

重点发展全尾砂胶结充填，提高金属矿产资源回采率；鼓励发展尾矿水砂充填采空区、尾矿干排干堆充填塌陷区；开展尾矿无害化生产农用缓释肥等的应用示范研究。

2. 煤矸石

以煤矸石高附加值、规模化利用为目标，以煤矸石胶结充填、煤矸石生产建筑材料、煤矸石发电为重点，推进煤矸石综合利用。

重点研发煤矸石胶结充填专用胶凝材料生产技术、煤矸石代替黏土烧制彩瓦及其他陶瓷制品技术、煤矸石生产复合肥技术，生产复合净水剂等高附加值材料。

重点推广示范煤矸石不上井置换煤柱、煤矸石生产硅酸铝纤维、煤矸石烧制空心砖技术、煤矸石烧制陶粒技术、含白矸（硬岩）和黑矸（可燃煤矸石）混杂煤矸石大规模低成本分选技术。以真空硬塑挤砖机、燃煤矸石大型循环流化床锅炉（30 万千瓦以上）等核心设备的开发与应用为重点，集成和推广一批成套装备等。

3. 粉煤灰

重点推进内蒙古、山西等粉煤灰产生与堆存集中区域的粉煤灰综合利用，通过政府示范工程，有计划地培育市场、配置资源，重点解决粉煤灰综合利用区域瓶颈问题。以高铝粉煤灰综合利用为重点发展方向，构建粉煤灰提取氧化铝联产多种高附加值产品的产业链。重点培育一批粉煤灰综合利用专业化企业，逐步淘汰粉煤灰湿排，强化粉煤灰安全堆存管理等。

4. 冶炼渣

以钢渣炼铁及尾渣深度整体利用、有色冶炼渣提取有价金属及整体利用、含重金属冶炼渣无害化处理及深度综合利用为重点，强化技术支撑，培育一批钢渣预处理及深度综合利用专业化企业和以有色金属企业为核心的冶炼渣综合利用企业集群。

重点推广钢渣自解及稳定化技术、大规模低能耗破碎磁选技术、钢渣微粉和钢铁渣复合微粉应用技术，发展钢铁渣在路面基层材料、采矿充填胶凝材料及建筑材料中的应用，实现钢铁渣集约化、规模化综合利用。

重点发展先进、节能、无污染的有色冶炼渣综合利用工艺，生产消纳渣量大、附加值高的产品，重点开发铬渣以及含砷、含汞和含镉渣的无害化利用与处置新技术，推广炼铁高炉、水泥窑无害化协同处置铬渣技术，集成推广铅锌渣、钛渣的综合利用成套技术与装备，实现有色冶炼渣清洁化高值综合利用。

5. 工业副产石膏

从源头控制工业副产石膏的质量。扩大石膏基制品应用领域，提高石膏基制品的应用比例。鼓励利用工业副产石膏替代天然石膏，减少天然石膏开采。拉动工业副产石膏综合利用产品的市场需求，鼓励工业副产石膏综合利用产业集约发展。

大力推进脱硫石膏生产高强石膏粉、纸面石膏板等高附加值利用，以及脱硫石膏生产水泥缓凝剂、石膏砌块、干混砂浆等大规模利用。在云南、贵州、四川、湖北、安徽等磷石膏产生和堆存集中区域，以磷石膏充填、制备水泥缓凝剂和建材为主要发展方向，推进磷石膏规模化综合利用。

大力推进先进产能建设，促进建材生产企业与工业副产石膏产生企业合作。

6. 赤泥

促进氧化铝清洁生产，加强高铝煤炭资源综合开发利用，提高再生铝资源回收利用水平，拓展铝原料来源，减少铝土矿生产氧化铝比重，从生产源头和原料来源全面实现赤泥减量化。以赤泥低成本脱碱后综合利用为重点，拓展赤泥综合利用途径。重点研发赤泥预处理深度综合利用共性关键技术。强化赤泥无害化安全堆存，鼓励赤泥库复垦。在山东、山西、河南、广西、贵州等赤泥集中产生区域，建设赤泥综合利用示范项目，集成和推广赤泥处置处理先进适用技术，发展赤泥“以废治废”特色产业链。

赤泥综合利用重点研发推广技术有：赤泥低成本脱碱技术，高铁赤泥及赤泥铁精矿深度选铁技术，综合回收赤泥中多种有价组分技术，有害组分污染控制技术，脱碱赤泥无害化制环保建材及环境修复材料技术等。

（二）重点工程

《大宗工业固体废物综合利用“十二五”规划》提出了如下十大重点工程：①尾矿提取有价组分工程；②尾矿充填工程；③尾矿生产高附加值建筑材料工程；④尾矿农用工程；⑤粉煤灰高附加值利用工程；⑥钢渣处理与综合利用工程；⑦有色冶炼渣综合利用工程；⑧氰化渣综合利用工程；⑨工业副产石膏高附加值利用工程；⑩赤泥综合利用工程。十大重点工程项目需社会总投资1000亿元，预计实现年产值1445亿元，年利用工业固体废物41210万吨。

五 生活垃圾处理处置技术

（一）处理处置技术概述

目前通行的城市生活垃圾处理处置技术主要为填埋、焚烧、堆肥，另外，厌氧生物制沼气技术、垃圾衍生燃料（RDF）技术等已应用于城市生活垃圾的处理。

1. 卫生填埋法

卫生填埋因其方法简单、投资少和几乎可以处理所有种类的垃圾，所以各国广泛采用这一方法。卫生填埋，包括渗滤液循环填埋、压缩垃圾填埋、破碎垃圾填埋等。

卫生填埋场的建造比较复杂。针对渗滤液渗透对地下水的污染，在卫生填埋场的底部和周围必须铺设高性能聚乙烯材料（HDPE）或其他有类似功能的材料，厚度在 1.5～2.5mm，同时在其上面还应铺设至少 0.5m 的黏土以防止垃圾对衬底材料的破坏。若采用黏土作衬底材料，其渗透系数也必须小于 10^{-7}cm/s，并且厚度大于 2m。在衬层上面铺设集水和排水盲沟，使渗滤水能够及时排出垃圾堆体。排出的渗滤液必须进行有效处理后才能排至水体。

在垃圾填埋过程中，应安装间隔为 50～100m 的矩阵型沼气导排管道系统。垃圾填埋高度在 10m 以上时，可以考虑沼气利用。若沼气不加利用，应尽可能及时排空或火炬燃烧，使沼气浓度不在爆炸范围内，填埋场严禁烟火。

垃圾填埋时，应在尽可能小的表面上堆放垃圾，缩小作业面。每天的垃圾堆放高度一般为 2～3m。填埋过程中经历倾卸、推土机推铺、压实机压实和土壤覆盖。土壤的日覆盖高度为 30cm 左右。当垃圾填埋至所要求的最终高度后（如上海老港填埋场的 4m 或杭州填埋场的 140～170m），就必须进行厚度为 60～100cm 的终覆盖，同时种植能够生长的各种植物。

一座日填埋 200 吨、使用年限为 20 年的中型山谷型填埋场，其建设费用一般在 5000 万元以上。中国有许多城市建设了卫生填埋场，如杭州、福州、南昌、深圳、广州、北京、漳州、厦门、泉州等，其中 1991 年 3 月交工初验的杭州天子岭废弃物处理总场是中国第一座按生活垃圾卫生填埋要求设计建造的无害化处理工程。

2. 焚烧法

焚烧法是垃圾的一种高温处理技术，其最大优点是减量化和无害化程度高。垃圾在温度为 850℃ 第一燃烧室焚烧后，产生的烟气再通过温度为 1200℃ 的第二燃烧室彻底焚烧和破坏二噁英及氯苯（CB）、氯酚（CP）、多环芳烃化合物（PAH）等化合物，最后采用物理、化学方法进一步去除酸性气体（HCl、SO_2、NO_x 等）、烟尘等。垃圾焚烧产生的热量用于发电或供热。

垃圾焚烧是以环境保护为根本目的，其次才是能源利用。因此，在进行垃圾焚烧时，最重要的是环境保护，必须要对二次污染进行控制。

国际上经常采用的垃圾焚烧炉型一般为回转窑和机械炉排，该炉型炉体简单、运行可靠、对焚烧物适应性强，基本上可实现固体物料垃圾的彻底焚烧。由于炉温为700℃～850℃，炉渣不会熔融，炉内不会产生粘壁现象，同时这一燃烧温度不会造成重金属的大量挥发，降低了尾部烟道重金属作为催化剂合成二噁英的可能性。垃圾焚烧的趋势是处理那些经分选后不能再利用的固体废物，如塑料、严重污染的废纸、含有油漆和涂料的木制品、无法分离出来的含有重金属的废物等，炉渣中的重金属含量越来越高。重金属超标的炉渣处理费用非常高，一般需要采用高温（1200℃以上）法把炉渣中的重金属蒸发出来，或把炉渣制成熔融体，其成本很高。

垃圾焚烧厂的吨投资在40万～70万元，若焚烧设备国产化，投资额取下限；完全进口，取上限。投资规模大是制约焚烧法应用的主要原因。

焚烧技术在中国城市生活垃圾处理中得到快速发展。深圳市在引进国外先进技术设备建设的中国第一座现代化大型焚烧厂基础上，结合国家"八五"攻关计划，完成了3号炉国产化工程，设备国产化水平达到80%以上，在技术性能方面达到了原引进设备的水平，为中国大中型垃圾焚烧设备国产化奠定了基础。"九五"攻关期间，出现了一些国产焚烧炉，代表性炉型为流化床焚烧炉。

3. 堆肥法

易腐有机废物如厨余、果皮、树叶等，可通过沤肥、强制通风的好氧堆肥、隔绝空气的厌氧堆肥等措施使有机物熟化和稳定化，杀灭有害病菌，达到无害化。传统沤肥和厌氧堆肥时间长，一般需要20天以上，但耗能少、成本低。若土地允许，可采用这两种方法。

通风高温好氧堆肥可使有机物快速稳定化和无害化，一般仅需5～10天。但由于需要通风，耗电量大，平均每吨成品堆肥耗电量在10～15kW·h，因此，好氧堆肥和化肥应用新领域也是扩大堆肥法应用的途径之一。

近年来，国内外兴起利用优势菌种高温好氧快速降解有机废物的热潮。在某些细菌存在的条件下，各种肉类、植物类废物能够被迅速分解（一般1～2天），实现了有机废物就地消化目标。

4. 厌氧发酵法

垃圾在填埋场中的降解过程实际上就是厌氧发酵过程，不过是一种完全天然发酵的过程，降解非常缓慢，稳定化过程很长，6个月后才进入严格的厌氧降解阶段，此时产生的沼气中含50%～60%的甲烷和40%～50%的二氧化碳，氧气含量一般小于0.3%，可维持10年左右。每千克干垃圾每年可产生甲烷1200m^3。一座日填埋垃圾300吨的填埋场，可产生沼气64800～907200m^3。沼气中含有甲烷50%，因此，每天可产甲烷1200m^3。其设备投资大约为150万元。

厌氧发酵法处理垃圾时均要把垃圾加温到55℃～65℃，从而加快垃圾降解速度。厌氧发酵产生的部分沼气用于加热正在发酵的垃圾，其余的沼气直接用于发电或经净化处理后罐装用作汽车燃料等。生物发酵后的有机肥送给附近农民使用。

5. 循环利用

目前，全国各城市都非常重视垃圾的处理，大部分城市考虑资源化综合处理技术。一座日处理1000吨的城市生活垃圾资源化综合利用厂需要投资3000万元，中国需要建造这种规模的垃圾处理厂至少100座，相当于30亿元产值。综合处理厂并不一定进行回收废物的后处理，而是把回收废物送至有关企业进行再处理。因此，综合处理厂、废物再加工厂、焚烧厂各有分工。综合处理厂进行垃圾分选与分类，有时也将有机废物发酵后制成沼气和有机肥。

（二）城市生活垃圾处理处置状况

2014年，全国城市生活垃圾焚烧处理进一步增加，以堆肥处理为主的各类综合处理处于萎缩状态，卫生填埋场的数量和处理能力略有增长；按生活垃圾清运量统计分析，填埋、堆肥和焚烧处理比例分别为60.2%、1.8%（其中包括综合处理厂数据）和29.8%，其余8.2%为堆放和简易填埋处理。

1. 卫生填埋处理

根据《中国城市建设统计年鉴》，2014年运行的生活垃圾卫生填埋场有1055座，平均处理量约为110吨/天。城市生活垃圾填埋量实际上已经处于下降区间，尽管统计上还略有增长。由于城乡垃圾处理一体化的推进，部分村镇生活垃圾进入城市生活垃圾填埋场，此外，垃圾焚烧灰渣进入生活垃圾填埋场也是造成统计增长的因素。未来，服务乡镇的小型填埋场数量仍将保持增长。中国填埋气体利用方式仍然是直接燃烧发电。2015年，四川乐山、甘肃武威、安徽巢湖、安徽宁国等垃圾填埋场有新的填埋气体发电机组投入使用。

2. 焚烧处理

2015年新投入运行的生活垃圾焚烧发电厂超过20座，总规模约2.1万吨/天，与2014年相比，稍有下降。截至2015年年底，投入运行的生活垃圾焚烧发电厂有220座，总处理能力为22万吨/天，总装机约为4300MW。其中采用炉排炉的焚烧发电厂有140座，合计处理能力达到13.8万吨/天，装机达到2520MW；采用流化床的焚烧发电厂有75座，合计处理能力为6.9万吨/天，装机达到1720MW；其余少部分为热解炉和回转窑炉，见表1－12。

表1－12　投入运行的生活垃圾焚烧发电厂概况（截至2015年年底）

技术类型	数量（座）	设计处理规模（万吨/天）	总装机容量（MW）
炉排炉	140	13.8	2520
流化床	75	6.9	1720
其他	5	0.3	60
小计	220	21.0	4300

3. 水泥窑协同处置生活垃圾

2015年12月31日，工信部公布了六部门共同确定的水泥窑协同处置生活垃圾试点企业名单，见表1－13。

表1－13　水泥窑协同处置生活垃圾试点企业名单

所在地区	协同处置企业名称	协同处置依托水泥企业
安徽省	安徽铜陵海螺水泥有限公司	安徽铜陵海螺水泥有限公司
贵州省	贵定海螺盘江水泥有限责任公司	贵定海螺盘江水泥有限责任公司
贵州省	遵义欣环垃圾处理有限公司/遵义三岔拉法基瑞安水泥有限公司	遵义三岔拉法基瑞安水泥有限公司
湖北省	华新环境工程有限公司	华新水泥（武穴）有限公司
湖南省	华新环境工程（株洲）有限公司	华新水泥（株洲）有限公司
江苏省	溧阳中材环保有限公司	溧阳天山水泥有限公司

4. 生活垃圾其他处理方式

根据《中国城市建设统计年鉴》，2014年有城市生活垃圾综合处理厂26座，处理能力1.22万吨/天，处理量320万吨。这26座城市生活垃圾综合处理厂基本反映了中国城市生活垃圾堆肥处理状况。北京市的生活垃圾综合处理设施的综合处理量占到全国城市的1/4以上。

六　主要再生资源综合利用

再生资源种类非常多，其综合利用是一个庞大复杂的管理和技术体系，接下来仅就废塑料、废纸、废金属三类废物的回收拆解和利用进行简要介绍。

（一）废塑料综合利用技术

1. 废塑料分类

主要塑料材料可分为聚乙烯（PE）、聚丙烯（PP）、聚氯乙烯（PVC）、聚苯乙烯（PS）、丙烯腈－丁二烯－苯乙烯塑料（ABS）五大通用树脂，以及 PET（瓶料）、聚碳酸酯（PC）、尼龙（PA）、聚对苯二甲酸丁二醇酯（PBT）、聚甲醛（POM）、有机玻璃（PMMA）等。

①高密度聚乙烯（HDPE），主要来源为购物袋、冰袋、牛奶瓶、果汁瓶、洗发水瓶、化学和洗涤剂瓶、水桶等，再生料可用于制造回收箱、堆肥桶、水桶、洗涤剂瓶等产品。低密度聚乙烯（LDPE），主要来源为包装膜、垃圾袋、挤压瓶、灌溉管、地膜等。

②聚丙烯（PP），主要来源为桶罐壶、片袋、吸管、微波餐具、室外家具、饭盒、包装胶带等，再生料可用于制造挂钩、垃圾箱、管道、托盘、漏斗和汽车电池箱等产品。

③聚氯乙烯（PVC），主要来源为化妆品容器、电器、管道、水暖管道和装置、透明包装、墙涂层、屋顶板、鞋底、电缆护套等，再生料可用于制造地板、胶片和薄板、电缆、警告牌、包装、粘结剂、草皮和草席等产品。

④聚苯乙烯（PS），主要来源为仿制水晶玻璃器皿、低成本玩具、录像带、CD 盒、塑料餐具等，再生料可用于制造衣架、杯垫、文具盒和附件等产品。发泡聚苯乙烯（PS-E），主要来源为发泡热饮纸杯、汉堡包装、食品托盘、易碎商品保护罩等。

⑤聚对苯二甲酸乙二醇酯（PET）瓶料，主要来源为软饮料和矿泉水瓶等，再生料可用于床上用品、服装、软饮料瓶、地毯等产品。

⑥其他类塑料［如苯乙烯丙烯腈（SAN）、丙烯腈－丁二烯－苯乙烯共聚物（ABS）、聚碳酸酯（PC）、尼龙］，主要来源为汽车零件、电器零件、计算机、电子产品、瓶子、包装，再生料可用于制造汽车零部件、塑木等产品。

2. 废塑料加工处理设备

根据废塑料加工处理的工艺，可将废塑料加工处理设备分为前处理设备、分离分选设备和再加工设备。其中分离分选技术与设备是废塑料回收技术发展的关键，决定着回收的效果和经济效益。

①前处理设备。主要有破碎机、清洗烘干设备。

②分离分选设备。有风力摇床分选、静电分选、光选机分选、离心分选机等。

③加工设备。对于直接再生和物理改性再生的废塑料，其加工设备与塑料加工设备类似，主要有单螺杆、双螺杆、星形螺杆等多种挤出机以及多种混炼机等。对于化学再生和能源化回收的废塑料，其加工设备就复杂得多，设备投资大、成本高。

3. 再生塑料主要利用途径

再生塑料技术主要是不断采用新技术提高有效回收率，增强再生塑料物理性能和拓宽其应用领域。

①聚对苯二甲酸乙二醇酯（PET）回收利用技术。PET 塑料是一种被广泛使用的热塑性聚酯，在包装工业中占有重要地位。全球每年用于饮料瓶的 PET 消费量为 1000 多万吨，其回收率预计可达到 90% 以上。目前，PET 瓶的回收主要是物理机械式回收法，经过分选、清洗、粉碎、干燥、造粒等工艺，PET 绝大多数用于生产纤维，也有一些直接用于塑料加工，包括用其生产非食品包装材料及制品。化学回收法是在机械回收的基础上将干净的 PET 醇解、碱解或水解等，用于再聚合或其他产品的生产。

②聚苯乙烯（PS）的回收利用。全世界的废塑料若以体积计，废聚苯乙烯泡沫塑料约占一半。再利用工艺包括：以氯丁胶为黏合剂使用废聚苯乙烯制造涂料、用废聚苯乙烯合成溴化聚苯乙烯制造阻燃剂、采用柠檬烯（Limned）天然溶剂处理废聚苯乙烯再生聚苯乙烯。此外还可以通过高温热解或催化裂解废聚苯乙烯回收苯乙烯单体（SM），实现化学回收。国内有将废聚苯乙烯泡沫塑料生产 PS 改性树脂胶和液体防水涂料。

③废聚乙烯（PE）的回收与利用。废聚乙烯（PE）制品常通过开炼法塑化与模压成型法、挤出法塑化与成型法、吹塑中空成型法制造农膜和塑料袋。

④废酚醛树脂（PF）的回收利用。在 600℃ 的高温下持续 30min，PF 即可被炭化形成碳化物，用盐酸溶液将碳化物中的灰分溶解掉，然后在 850℃ 的高温下，用水蒸气喷淋，可得到活性炭。

⑤废不饱和聚酯的片状成型料（SMC）的回收利用。废不饱和聚酯的片状成型料回收利用后主要用作填料，如将 SMC 粉碎制作预制整体模塑塑料的填料。另外也可将 SMC 加热后压碎、切断，用盐酸处理残留物，回收其中的玻璃纤维。

⑥聚氨酯（PU）的回收利用。作为缩聚型高分子材料，聚氨酯（PU）可以水解成多元醇和多元胺，但纯化过程难度较高。对于PU软质泡沫可用胶粘剂回收、压塑再利用或低温回收作填料。对于反应注射成型的聚氨酯的回收利用，通常将泡沫或聚酯粉碎，与一定的物料混合，消泡或挤出成型。PU虽然可用上述方法回收利用，但回收困难，经济效益不高。

⑦塑木复合材料技术及产业化发展。由木粉和其他天然纤维与塑料构成的塑木复合材料（WPC）不仅在环保、再生利用方面具有优势，而且作为一种具有新特性的新型材料备受人们关注，可代替木材、钢材、塑料而被人们普遍接受，有良好的市场推广价值。目前用量较大的是聚烯烃再生塑料及其复合物。塑木复合材料主要应用于护墙板、隔板、装饰板、建筑模板、高速公路噪声隔板、海边路板、码头站台板、铁路枕木、包装和物流用组合托盘、仓储架、栅栏、楼梯扶手、户外露台等，广泛应用于运输、建筑、公共设施等方面。

（二）废纸回收利用技术

1. 中国废纸制浆工艺与技术装备的发展

第一阶段：新中国成立以后到改革开放（1949～1978年），由于废纸用量很少，开始时废纸在荷兰式打浆机内疏解，后进行抄造，以生产低档包装纸为主；1958年，北京造纸七厂开始设计第一套以卧式水力碎浆机为主体的湿法废纸处理系统，于1960年正式投入生产。

第二阶段：改革开放初期（20世纪80年代初），由于国家外汇紧缺，进口木浆供应不足。当时轻工业部从美国进口几千吨旧瓦楞纸箱（AOCC），分配给几家纸板厂试用，以替代本色针叶硫酸盐木浆，当时购买1吨木浆所需的美元，可以进口4吨AOCC，采用以下两种工艺流程：①AOCC→输送带→水力碎浆→盘磨→CX筛选→圆网浓缩→抄纸；②AOCC→输送带→球内蒸煮→水力碎浆→盘磨→CX筛选→圆网浓缩→抄纸。处理后的废纸浆质量都不理想。

第三阶段：1980年北京造纸一厂从英国引进国内第一套日处理能力为50吨的Swemac废纸浮选脱墨系统，试生产不理想，没有正常生产；1984年北京市造纸包装工业公司研究设计的轻杂质旋流除杂器和轻重杂质旋流除杂器投产运行；1986年辽宁工业纸板厂从日本引进一套冷法处理废瓦楞纸箱生产线，采用不同净化、筛选工艺及碎浆与疏解设备，除去杂质（该生产线对除去废纸中热熔胶等杂质效果良好）。在同一时期，江苏红叶、上海宏文、浙江华丰、天津等纸板厂也从国外引进7条中小型废纸制浆生产线，废纸从此开始进入大批量回收利用。工艺特点是，将废纸通过水力碎浆机离解，初步净化的废纸浆经除砂，除去轻杂质后，进入螺旋压榨机脱水、增浓，再进入具有挤压、搓揉、摩擦作用的热分散器，处理后的废纸浆质量较好。

第四阶段：20 世纪 90 年代，废纸制浆工艺流程的设置已从单回路增加到双回路、三回路，浮选与热分散也增加到二道，漂白从一段变为二段，力求达到用混合废纸生产档次较高的纸板。废纸处理流程包括：碎浆、筛选、净化、除渣、洗涤、浓缩、热分散、揉搓、浮选、脱墨和漂白等工序。当时的碎浆工艺采用间断式高浓水力碎浆，也有采用中浓的，开始采用浮选法脱墨和热分散工艺，当时主要生产箱纸板。通过以上工艺技术达到充分疏解废纸纤维，最大限度使油墨和纤维分离，从而生产出档次较高、质量较好的纸和纸板。

第五阶段：2000 年以后，山东华泰集团引进国际上最先进的、生产规模较大的废纸处理技术装备，采用以 ONP 废纸为主、配入少量 OMG 废纸，生产新闻纸取得成功，而后又陆续引进多条生产线，也有的生产文化印刷用纸。工艺技术采用双回路脱墨生产系统，包括转鼓式碎浆机、高浓除渣器、粗筛、中浓筛浆机，用于预浮选段的浮选槽、低浓除渣器、细筛、圆盘过滤器和用于高浓浓缩的纸浆螺旋压榨机、高温热分散机、高浓过氧化氢漂白塔，用于末端预浮选段的浮选槽，带有动态蒸汽加热的末端漂白，同时全过程采用自动控制装置以及配置“三废”处理系统。

第六阶段：2005 年以后，继续引进大型先进废纸处理设备用于生产纸及纸板，同时研制开发中型国产废纸处理设备。对废纸处理过程中出现的问题进行了有针对性的工艺与装备的研究、创新，其中重点包括采用办公废纸生产高档文化用纸及生活用纸的研究，采用混合低档废纸生产较高档次的纸及纸板研究。

近年来，中国又从国外重点引进几条大型的、具有国际先进水平的废纸脱墨生产线，流程的设置已从单回路增加到双回路、三回路，浮选与热分散也增加到二道，漂白从一段变为二段，力求达到用低级废纸生产高档纸及纸板。废纸处理包括碎浆、筛选、净化、除渣、洗涤、浓缩、热分散、揉搓、浮选、脱墨和漂白等工序。使用这些设备的主要目的是充分疏解废纸纤维，最大限度使油墨和纤维分离，尽量不要使轻、重杂质碎解成细小颗粒，将较大的轻、重杂质和油墨在废纸处理过程中除去。

2. 国产废纸处理设备的研制与开发

①20 世纪 90 年代初，国产废纸处理设备已开始进行研制与开发。1991 ~

1999年，加强科研力度，国产废纸设备制造向中型发展，特别是在20世纪90年代后期发展迅速。这一时期成功开发的有日产200吨废纸制浆成套生产设备。

②国内最大的日产废纸浆400吨的箱纸板处理生产线成套设备于2004年研发成功；2005年研发了日产600吨成套生产线，同时研发了由全封闭脱墨机组、高速洗浆机、盘式热分散机等组成的日产150吨和250吨脱墨浆生产线；另外，生产能力可达600吨/天的具有集碎浆、粗筛功能于一体的鼓式碎浆机系列产品和生产能力达200吨/天且具有节水和减少废水排放的高效封闭筛选系统以及生产能力达50～150吨/天的中、高浓漂白系统设备（包括挤浆机、高浓混合器和高浓漂白塔等），相继成功投产。

③2005年山东济宁华一轻机公司研发的日产400吨废箱纸板处理成套设备生产线在四川省广汉顺发纸业公司投入运行，目前产能已提高到日产600吨；福建联盛纸业公司年产15万吨废箱纸板处理生产线已开始运行；150吨/天脱墨成套设备生产线在河南鸿泰纸业公司投产运行。

④近年来研制成功废纸制浆新设备的企业覆盖全国各地，其中比较突出的还有：山东晨钟机械公司的转鼓式碎浆机和ZFM型封闭浮选脱墨槽；福建轻机公司的ZNV系列螺旋挤浆机、预热进料螺旋器系列、ZGF系列叠型浮选脱墨槽以及中浓度粗筛系列；山东汶瑞机械公司的年产15万吨中浓纸浆少污染漂白设备（升降流漂白塔、过氧化氢漂白混合器等）；郑州运达造纸设备公司研发了废纸散包干法筛选系统以及山东安联轻机公司的高浓除渣器、浮选脱墨槽、压力筛、转鼓式碎浆机、高速洗浆机等。

总之，目前国内废纸处理大型成套设备核心技术仍然依赖进口，单机产能、能耗、可靠性等方面与国际先进水平相比仍有较大差距。

（三）废金属回收利用技术

1. 废钢铁回收利用

废钢铁的回收利用是钢铁工业的重要环节，为钢铁工业的发展提供了原料来源，废钢资源主要来源有生产性废钢、社会废钢、进口废钢。

生产性废钢，指钢铁企业在生产过程中产生的废钢，又称为“返回废钢”或“自产废钢”。钢铁企业自产废钢约为钢产量的15%～25%，特殊钢厂达到30%～50%。因此，生产性废钢是钢铁企业废钢的重要来源。生产性废钢主要产生于炼钢车间、铸钢车间、钢的冷加工和热加工车间，是钢铁企业内部炼钢、轧钢等工序所产生的切头、切尾、残钢、轧废等。钢铁企业将这些生产废钢重新回炉，通过不断地循环使用提高钢铁资源利用效率，并降低企业生产成本，提高经济效益。生产性废钢质量好、利用率高、钢种明确、化学成分清楚。利用好、管理好生产性废钢对钢铁企业降低成本非常重要。

社会废钢是指来自社会的废钢资源。目前社会废钢是废钢产生总量的最重要组成部分，近年来一直占废钢产生总量的55%～65%。"十一五"时期，中国社会废钢产生总量为21790万吨，占废钢消耗量的57.57%。加工废钢、折旧废钢是社会废钢的主要构成部分。机械加工、船舶拆解、汽车拆解、废钢加工配送中心、废钢贸易公司、废金属回收等各类企业共同构成了社会废钢回收系统。

进口废钢铁可缓解中国钢铁资源严重不足的状况，2004年和2005年进口量均超过1000万吨，此后国际废钢价格持续上涨，进口量又逐年下跌，2008年的进口量仅为359万吨。发展专业化的废钢配送中心是最近几年中国废钢行业协会提出的要求。

2. 废电机的拆解

①电动机应用与分类。电动机广泛应用于工农业生产中的机械设备、家用电器、医疗器械、控制设备等，进口废电机的种类很多，包含了生活中所有民用和工业用的电机，电动机主要分为直流电动机和交流电动机两大类。

②废电机的拆解。根据拆解的要求一般把废电机分为两类：带壳电机和不带壳电机。这两类电机在拆解流程上和拆解后各种物质成分及各成分含量上有不同之处。

废电机由转子和定子组成，定子由外壳（钢铁或铝）和绕组组成，绕组由铜线和矽钢片组成，转子由线圈、轴和轴承组成，因此，废电机拆解后废钢（含矽钢片）占70%～75%、铜8%～10%、铝12%～16%、废塑料2%～3%、不可利用物3%。带壳废电机在去壳时要分铝壳和铁壳，一般对铝壳废电机去壳时的要求高一点，要尽可能在去铝壳时保持铝壳的完整，不要拆成碎片以免造成铝的损耗；对于铁壳废电机只要保证把铁壳去掉就行。另外，在人工去壳困难时会使用氧焊进行切割。去壳后要把废电机的定子和转子分离。定子去铜线一般使用手工的方法，主要工具有铁锤和铁钎，由于废电机定子的矽钢片和铜线之间有绝缘材料，所以铜线和矽钢片很难用手工分离，因此，要用焚烧炉焚烧后才能从定子中取出铜线。转子拆解主要是把两端的轴承去掉，同时把电机的轴和矽钢片分离。拆解使用的工具包括铁锤、各种不同规格的钢钎、氧焊枪、叉车、翻斗车等。不带壳电机一般只有两种物质，一种是矽钢片，一种是铜线，而且这些都经过机械挤压过，容易用手工分离。

③热解炉热处理设施。废电机拆解后，利用热解炉对难以进行直接拆解的电机定子进行热解处理。采用隧道式热解炉可以连续作业，将要热解的废电机由叉车运至热处理车间的原料堆放区，利用叉车和行车配合装车区进行装车，在装车区域装车完成后，经检查门检查，装车合格后，经转运车运到热解炉前，利用液压推车机送入炉内，在炉内经过预热、燃烧、急冷、缓冷后出炉，经转运车运至卸车区域卸车。热解炉包括主炉、二燃室、骤冷器、活性炭粉末喷射箱、脉冲箱式布袋除尘器、活性炭吸附箱和循环冷却水塔。

④拉铜机。拉铜机是用来将定子中的铜线用机械方式从定子中拉出的，免去了用焚烧炉焚烧对铜线的破坏，是目前采用较多的一种方式。

3. 废电线电缆的拆解

电线电缆按金属种类可分为废铝线和废铜线。电线电缆一般由金属线芯、绝缘层和保护层（护套）组成。线芯主要分为金属铜、铝和铁三种。绝缘层由绝缘胶、绝缘纸及其他有机绝缘材料组成，保护层材料一般为金属材料或非金属材料。

废电线电缆的回收处理方式很多，主要包括：①手工剥皮法。早期的人工剥皮法只能处理一些容易用手工刀剥皮的粗线，可剥皮的线缆种类受限，且效率低、成本高，工人的操作环境较差，目前只有少数家庭作坊采用这种方法。②机械剥皮法。采用线缆剥皮机进行处理，该法仍需要人工操作，属半机械化，劳动强度大，效率低，而且只适用处理粗径线缆。③铜米机处理法。铜米机处理废线缆是一种比较先进的技术，废线缆经过加工后可以得到纯净的铜米颗粒和塑料。④热解法。是将废电线电缆经过剪切投入热解室热解，热解后的铜线由炉排运输机送到出料口水封池，然后被装入产品收集器中，铜线可作为生产精铜的原料。热解产生的气体送到再燃室中烧掉其中的可燃物质，然后再送入反应器中用石灰粉（CaO）吸收其中的氯气（Cl_2）后排放。

4. 废五金电器类废物的拆解

根据主要金属可将废五金电器分为以回收铜为主的废五金电器、以回收铝为主的废五金电器、以回收钢铁为主的废五金电器，也可以分为废通信设备、废电气设备、废机械设备和废五金工具，主要包括废程控交换机、废燃气表、废空调水箱、废电机、废冰箱外壳、废喇叭、废电控柜、废铝门窗、废开关、废电线电缆等。

拆解的原则是把不同的物质归类，将不同类别的物质尽量分离、分开，不混合在一起。废五金电器拆解后主要物质成分含量为铜5%～8%、铝6%～11%、钢铁70%～75%，拆解后的不可利用灰渣混合物总量达到5%～8%，处理方法主要是填埋。

5. 报废船舶回收拆解

报废船舶回收拆解的主要方式有：①由具有专业资质的拆船企业回收拆解。这些企业大多数是通过废船交易方式，购进回收拆解。②航运企业自行拆解。一些大型航运企业内设有专门的船舶拆解厂，主要承担本企业报废船舶的拆解任务。③指定相关企业拆解。例如，农业部渔业局审核指定某些企业回收拆解。一些省市对罚没的走私船舶也是指定专门机构予以解体。④不具有拆船专业资质的企业自购拆解或承接拆解。

6. 报废汽车的拆解与破碎技术

报废汽车基本拆解流程如下。①上线：汽车送到拆解线，固定在移动拆解平台上。②预处理：拆解蓄电池、车轮；拆卸危险部件，如气囊、安全带；回收液体、拆解滤清器。③外部件拆卸：保险杠、车灯、玻璃。④内部件拆卸：座椅、地板和内饰件。⑤总成拆卸：发动机、变速器、催化器。⑥压实：车身。⑦破碎和分选回收材料。

其他还有压缩机、冰箱、空调等许多报废设备的回收拆解，方法各有不同。

第四节 中国固体废物行业发展状况

一 固体废物行业发展历程

中国固体废物行业发展总体上起步较晚，传统的焚烧和填埋技术发展起步于20世纪80年代中期，固体废物集中处理处置的设施大规模建设是在国民经济“十五”计划时期。中国固体废物综合利用历史虽然较长，但真正迅速发展还是21世纪以来国家的各项扶持政策出台，以及“十二五”规划时期固体废物处理处置技术全面进步和社会资本大规模介入固体废物产业后。

（一）危险废物处理处置历程

从20世纪80年代开始，中国才有少数企业建设危险废物焚烧炉，随着化工装置的大批引进和兴建，国外先进的危险废物处理装置也同时进入国内。20 世纪 90 年代，各地开始认识到危险废物处置不当的潜在威胁，处置设施的建设才列到议事日程。1993 年发生的深圳某化学品仓库爆炸事故，产生了大量急需处置的危险废物，催生了中国第一个危险废物安全填埋场，随后作为世行项目的沈阳危险废物安全填埋场开始建设，天津、福州、大连、上海等城市也陆续开始了危险废物安全填埋场的建设。2001 年全国 21 个地区有 92 座危险废物集中处置厂，合计处置废物能力为 3416 吨/天，其中焚烧处置能力和填埋处置能力约各占 50%；2002 年，全国危险废物集中处置厂有 152 座，除江西、河南、湖北、重庆、云南、陕西、宁夏七省市无危险废物集中处置厂外，其余各省市均有数量不等的处置厂；2003 年全国有危险废物集中处置厂 154 座，其中江苏省最多共 25 座，危险废物集中处置能力为 10627 吨/天，其中焚烧和填埋处置分别为 8624 吨/天、2003 吨/天。2001～2003 年中国危险废物集中处理处置情况见表 1－14。

表 1－14　2001～2003 年中国危险废物集中处理处置情况

年份	集中处置设施（座）	全年处置危险废物（万吨）	全年焚烧（万吨）	全年填埋（万吨）
2001	92	13.6	9.9	3.7
2002	152	19.9	15.3	4.6
2003	154	42.1	33.1	9

2003 年“非典”疫情暴发，国家出台了《全国危险废物和医疗废物处置设施建设规划》，全国在 3 年之内规划建设 30 座综合性的危险废物填埋场。另外产生危险废物量较大的工业企业和工业园区、矿区、污染土地集中治理地区等也需要建设填埋场。“十五”期间建成的危险废物填埋场只有 11 家，多分布在经济发达地区，根据“十一五”全国危险废物设施规划建设内容，其全部实施后，安全填埋场填埋能力将增加到 107.9 万吨/年。

中国水泥窑协同处置危险废物始于 20 世纪末，最早开展相关研究和处置业务的是北京水泥有限公司和上海万安企业总公司（原上海金山水泥厂）。截至 2014 年年底，全国共有 16 家水泥企业取得危险废物处置经营许可证，年处置危险废物 52.6 万吨，占全国危险废物处置总量的 13.3%，与现有 105 家危险废物焚烧处置企业处置量接近。2014 年水泥窑协同处置危险废物种类中，焚烧飞灰占比 5%、含氰废渣 47%、铬渣 18%、电镀污泥 9%、其他废物 21%。其中，生活垃圾焚烧飞灰水泥窑协同处置企业有 4

家，年处置量为3万吨，协同处置量约占飞灰总量的1.2%。

目前，全国90%以上的危险废物处置中心采用了危险废物焚烧处理系统。焚烧处置在实现危险废物减量化和无害化处置的同时，还可以实现余热利用，国内采用较多的是回转窑焚烧炉。危险废物处理市场参与者众多，但整体规模和生产能力偏小，危险废物处理能力与其产量相比还存在较大的缺口。

（二）生活垃圾处理处置历程

1. 生活垃圾焚烧技术发展

1988年深圳环卫综合处理厂2×150吨/天生活垃圾焚烧炉（三菱往复式炉排马丁炉）的建成标志着中国现代化大规模城市生活垃圾焚烧处理的开始。

与深圳环卫综合处理厂几乎同时建成投产的四川乐山凌云垃圾焚烧厂（日处理30吨，固定炉排）开启了中国自制垃圾焚烧炉的历史，在此后的10多年中，建成了一大批这种相当于第一、二代技术水平的垃圾焚烧设施，处理规模多在100吨/天以下。这些规模小、技术水平较低的焚烧炉多为链条炉、间歇式单室（固定床）焚烧炉，燃烧性能较差，基本采用半自动化的自动控制系统，由操作人员手动机械控制与仪器自动控制相结合，难以使焚烧过程达到“3T+E”的要求，燃烧不完全。同时，由于受焚烧成本制约，通常不愿意配置动力消耗较大和试剂消耗较多的、先进的烟气处理系统，如碱性药剂除酸和活性炭喷射，而一般采用简单的烟气处理系统，如旋风除尘或水沫除尘。即使配置有较先进处理系统的设施，一般也不使用。

与煤共同燃烧的生活垃圾流化床焚烧炉技术在国内异军突起。2000年，杭州锦江公司建设的中国第一座流化床垃圾焚烧发电厂在杭州乔司投入运行。由于加入煤到循环流化床焚烧炉中，这种技术适于处理高含水率、低热值的生活垃圾，并且处理费用相对机械炉排炉低。2000~2006年流化床焚烧技术得到迅速发展，很多中小城市采用了循环流化床焚烧技术，如余杭、嘉兴、宁波、东莞、菏泽、彭州，以及中西部和东北部的大城市，如长春、大连、哈尔滨、昆明、郑州。

进入21世纪后，中国仍不断从欧洲和日本引进先进成熟的机械炉排炉技术和设备，经过短期的消化吸收，实现了国产化，并在此基础上不断创新，开发出具有自主知识产权的焚烧炉技术，建成了一大批现代化的垃圾焚烧发电厂，如上海御桥、上海江桥、天津双港、广州李坑等垃圾焚烧发电厂。这些大型现代化垃圾焚烧厂配置有较好的烟气处理系统，排放烟气中的污染物执行标准一般严于现行的国家标准。截至2015年年底，投入运行的生活垃圾焚烧发电厂有220座，总处理能力为22万吨/天。

2. 生活垃圾填埋技术发展

20世纪90年代中期，一些大中型城市建成了垃圾卫生填埋场，如日处理量2000吨的北京阿苏卫卫生填埋场；日处理量1200吨的广州大田山卫生填埋场和相同规模的杭州天子岭卫生填埋场；日处理量350吨的广东中山卫生填埋场；苏州七子山、广州里坑、福州红庙岭等地的垃圾卫生填埋场的处理规模也在1000吨/天以上；还有日处理量210吨的包头青山卫生填埋场和日处理量2000～2500吨的下坪卫生填埋场等。

2010年全国设市的城市生活垃圾无害化处理率为77.94%，全国654个城市生活垃圾清运量为1.58亿吨，有各类生活垃圾处理设施628座，处理能力为38.8万吨/天。2014年全国设市的城市生活垃圾无害化处理率为96.4%，全国653个城市生活垃圾清运量为1.79亿吨，有各类生活垃圾处理设施818座，处理能力为53.3万吨/天；全国运行的生活垃圾卫生填埋场有1055座，平均每座填埋场处理量约为110吨/天。从发展趋势来看，城市生活垃圾填埋量实际上已经处于下降区间。

（三）水泥窑协同处置一般固体废物发展历程

2006年，国家发改委发布《水泥工业产业发展政策》，鼓励和支持利用在大城市或中心城市附近大型水泥厂的新型干法水泥窑处置工业废弃物、污泥和生活垃圾，水泥工厂同时作为处理固体废物综合利用的企业；2013年，国务院印发《循环经济发展战略及近期行动计划》，提出到2015年完成水泥窑协同资源化处理废弃物生产线比例达到10%；2014年5月，国家发改委、科技部等七部门联合发布了《关于促进生产过程协同资源化处理城市垃圾及产业废弃物工作的意见》（发改环资〔2014〕884号），肯定了水泥窑处置生活垃圾的重要意义，指出在水泥、电力、钢铁等行业培育一批协同处理废弃物的示范企业，在有废弃物处理需求的城市建成60个左右协同资源化处理废弃物示范项目；2015年5月，工信部、住建部等六部门联合发布《关于开展水泥窑协同处置生活垃圾试点工作的通知》（工信厅联节〔2015〕28号），提出优化水泥窑协同处置技术，加强工艺装备研发与产业化，健全标准体系，完善政策机制，强化项目评估。目前中国水泥窑协同处置一般固体废物情况如表1-15所示。

表 1－15 中国水泥窑协同处置一般固体废物情况

种类	企业数量（个）	总处置规模（吨/天）	占废物总处置量份额（%）
生活垃圾	24	12000	9
生活污水污泥	20～25	4000～5500	4.0～4.9
污染土壤	10	—	—

（四）再生资源回收处理发展历程——以废弃家电回收处理为例

中国再生资源种类非常多，回收处理情况各有差异，其中废弃家电回收处理的发展历程具有典型代表性，其回收处理市场的形成大体经历计划经济时期、早期自由市场逐渐形成时期、大规模自发性市场形成时期以及当前的快速规范化发展时期。

计划经济时期。1980 年以前中国生活物资匮乏，家用电器电子产品非常少，国家实行计划经济，生产资料的生产与分配均由政府包办。政府建立了以国营物资系统与供销社为主体的回收网络，回收利用废玻璃、废铁、废纸等废旧物资。

自发性市场逐渐形成时期。1980 年至 21 世纪末，国家实行改革开放，逐步放松经济领域的市场管制，推进经济体制改革。原本由国有企业垄断的废旧物资回收利用行业逐步向民营资本开放。该时期随着人民生活水平的提高，家用电器产品也逐步普及，废弃家电回收处理市场开始形成。众多低收入的农民、城市下岗职工、私营小工厂出于生存需要，大量涌入，组成“回收大军”。相应的下游废弃家电简易处理小工坊也自发形成。这一时期的废弃家电回收处理基本上是积极的市场，市场的负面效应尚未显露，是被社会边缘化的自发性自由市场。

大规模自发性市场时期。21 世纪以来，人民生活水平进一步提高，家电生产量和居民家用电器的拥有量开始大幅增加。同时，家用电器电子产品的生产技术高速发展，淘汰周期越来越短，废弃家电开始大量产生。废弃家电回收处理市场下游的简易处理活动随之兴起。沿海一些地区倚仗对外交通便利的条件，接受了大量来自海外的废弃家电。废弃家电回收处理的产业化水平逐渐提升，一些地区甚至自发形成分工细致、专业协调、处理量巨大的新型产业。比如，广东贵屿镇一带曾经形成年处理量高达 2000 万吨的废弃电器电子产品处理能力，占当时世界年总处理量的一半。2004 年，仅有 15 万人口、地处偏远的广东省汕头市贵屿镇，利用简易的手工作业，其废弃电器电子产品处理产业实现了高达 80 亿元的总产值。人均年产值约 8 万元，远高于当时全国人均 GDP 约 3000 美元的水平。单就市场规模与效率而言，自发性市场取得了显著成就。然而，由于市场的自由放任性质，处理作业无任何规范可言，严重污染环境的市场负外部效应逐渐凸显。

2011 年以来的快速规范化发展阶段。《废弃电器电子产品回收处理管理条例》及其配套政策的实施有力促进了中国废弃电器电子产品处理行业的快速发展。2009 ~ 2011 年实施的家电以旧换新政策和 2012 年开始实施的废弃电器电子产品处理基金制度，充分发挥了环境经济政策的正面引导作用。截至 2015 年年底，全国共有 109 家具备一定规模、管理规范的“四机一脑”处理企业获得基金补贴资格，年处理能力达到 1.43 亿台，其中由上市公司、集团公司、生产企业建立的拆解企业达到 57 家，占比 52.2%。2012 ~ 2015 年，“四机一脑”年处理量分别达 1009.5 万台、4308.9 万台、7045.4 万台和 7625.4 万台，年均增长 96.2%。2015 年的处理量较制度实施前增长上百倍，特别是废弃电视机回收效果突出，个体私拆现象基本绝迹，通过实施生产者责任延伸制度，累计向处理企业拨付基金 92.44 亿元，符合中国国情的基金制度成为目前发展中国家当中最成功的生产者责任延伸制度。

（五）进口废物的发展历程

从 20 世纪 80 年代至今，中国进口废物经历了从无到有、管理不断完善和规范的过程。1986 年，国务院办公厅发布《关于认真清查进口废旧服装的通知》，要求对进口废旧服装严格清查，这是固体废物进口首次进入公众和国家管理部门的视野。20 世纪 90 年代初，进口废物污染问题逐渐暴露，国家陆续发布了《关于严格控制境外有害废物转移到我国的通知》和《关于严格控制从欧共体进口废物的暂行规定》，初步对废物实行分类管理，中国对废物分类管理的雏形形成。1996 年，出台了《废物进口环境保护管理暂行规定》和《进口可用作原料的固体废物环境保护控制标准（试行）》等法规和标准，此时期的管理体系是以降低废物进口的环境风险、防止进口废物造成环境污染为首要目标，允许进口的废物范围较小。2001 ~ 2005 年，国家修订了《进口可用作原料的固体废物环境保护控制标准》和《固废法》，明确禁止境外废物进境倾倒、堆放、处置，禁止进口不能用作原料或者不能以无害化方式利用的废物，进口废物采用目录管理，调整为禁止进口、限制进口和自动许可进口的废物目录，使废物进口环境管理政策更趋清晰。进一步强化了进口废物管理工作，2006 年发布了《固体废物鉴别导则（试行）》，2008 年发布了《固体废物鉴别程序和机构名单》，2011 年发布了《固体废物进口管理办法》，2009 ~ 2013 年还陆续发布了多项进口废物环境管理规定。进口废物环境管理工作规范发展，已形成环保、海关、质检等多部门监管，覆盖从装运前检验到入境检验、查验，前置审批和后期监管的多角度、全过程的管理阶段。

二 固体废物收费和处理成本

（一）城市生活垃圾收费和处理成本

1. 中国实行环境卫生管理有偿化服务

随着市场经济的不断完善和深化，城市垃圾收集处理等环境卫生事业不断走向市场化，开启了有偿化服务时代，市民按照市场规则支付相应费用，目前主要是卫生保洁费和垃圾费。

垃圾费是指环卫部门向单位和个人收取的环境卫生有偿服务费，属于行政收费。垃圾收费的目的，一是体现社会公平，贯彻“谁污染谁付费”的理念；二是促进垃圾减量化和资源化，减少末端处理量；三是增加可用于垃圾处理处置的公共财政收入。垃圾费的形式主要有四类：①定额用户收费制，一般以家庭为单位征收，不管垃圾排放量，均按政府确定的固定数额收费，这是平均意义上的用户收费；②计量用户收费制，即按照垃圾排放数量决定收费多少；③采取以上两种方式的结合，当产生的垃圾量在规定的限额以内时固定费用，超过限额部分再计量收费；④垃圾变动收费制，根据其他公用产品的消费量收费，如将垃圾处理费附征于自来水、电力、煤气或有线电视费用等中。

从2002年6月国家发布《关于实行城市生活垃圾处理收费制度，促进垃圾处理产业化的通知》（计价格〔2002〕872号）到2008年初，在全国600多个城市中，约有60%的城市开征垃圾处理费，36个大城市年征收额约20亿元，收费标准基本在5~8元/(户·月)，仅有4个城市的垃圾处理收费标准高于8元/(户·月)。在环卫体制改革没有到位的情况下，各地可采取供水、污水和垃圾处理费统一征收的方式，或与水费、电费、房费和燃气费等联合征收的方式，提高城市生活垃圾处理费的收缴率；逐步提高收费标准，使其能够补偿垃圾收集、运输和处理的成本，并使垃圾处理企业有合理的利润。总之，根据污染者付费的原则，城市垃圾收费由定额收费向计量收费转变是趋势。关于城市生活垃圾处理费可参见案例一和案例二。

案例一：长春市收取城市生活垃圾处理费标准

根据《长春市收取城市生活垃圾处理费实施细则》，城市生活垃圾处理费标准如下：

①市区常住居民和暂住人口按户收取：城市居民、暂住人口以户为单位按月定额收费，生活垃圾袋装化区域每户每月7元，非袋装区域每户每月4.5元。

②可以测算计量生活垃圾产量的单位，根据生活垃圾产生量，按照测算的每吨处理成本收取：市区内机关、部队、学校、民航、医院（生活垃圾与医用垃圾处理费不重复计收）、铁路等客（货）运站、建筑施工企业以及其他企事业单位、社会团体、民营企业和个体工商户等产生生活垃圾的其他单位，按生活垃圾处理成本费每吨44元收取。

③产生生活垃圾量无法测算计量或日产出量差距较大的行业，按以下规定标准收取：宾馆、旅店、招待所按每个营业性床位每月2元收取；餐饮（含各类单位食堂）、洗浴、娱乐场所、废品收购站等商业服务单位按0.5元/（月·m^2）（按经营面积计算）收取；各类有形市场及经审批部门批准的早市、夜市摊点、冷饮摊点，以1.2米长度的摊、亭、床为单位按每个摊位每月40元收取；有审批手续的经营摊、亭、床，按每个摊位每天2元收取。

④享受城市最低生活保障待遇的居民家庭，凭民政部门发放的最低生活保障金领取证，免缴垃圾处理费。

案例二：太原市生活垃圾处理费的征收范围和标准

根据《太原市人民政府关于开征城市生活垃圾处理费的通知》（并政发〔2002〕35号），太原市生活垃圾处理费的征收范围和标准如下：

①征收范围：本市建城区范围内的国家机关、政党机关、社会团体、部队、企业事业单位、个体经营者、居民户、暂住人口等产生生活垃圾的单位和个人。

②征收标准：本市常住居民户，5元/（户·月）；暂住人口，5元/（户·月）；本市国家机关、政党机关、社会团体、企事业单位及驻并部队，105元/吨；酒店、旅馆、招待所、桑拿，12元/（床·月）；餐饮、洗浴、美容美发、歌舞厅、网吧、茶吧、酒吧等休闲娱乐场所，1.2元/（m^2·月）；农贸、集贸市场摊位，1元/（个·天）；长途客运车辆，2元/（座·月）。享受国家定期抚恤补助的优抚户和生活困难的低保户，凭有效证件予以免征。

2. 道路清扫和垃圾收运费

根据国家统计局统计数据，截至2014年年底，全国城市道路面积达68.3亿m^2，城市清扫保洁面积达67.6亿m^2，生活垃圾清运量达1.79亿吨，粪便清运量0.155亿吨。按照10元/(m^2·年)的清扫保洁费用和75元/吨的垃圾清运费用，保守估计全国市政环卫市场规模达到800亿元，如果算上居民院区、工业园区等私有领域的环卫市场，整个道路清扫和垃圾收运将达千亿级的市场。

3. 生活垃圾处理成本

目前生活垃圾处理更多的是采用填埋和焚烧方式，虽然卫生填埋具有成本低的优势，但焚烧发电处理方式的替代性效应已经凸现：卫生填埋处理的单位成本为50~80元/吨，焚烧发电处理的成本为100~200元/吨，堆肥处理的成本为70~100元/吨；垃圾填埋场的建设成本已经升至30万~40万元/吨，较焚烧发电投资优势已经不大。

北京、上海、深圳、广州等大城市拥有并建设和管理的垃圾填埋场的营运成本为40~47元/吨垃圾，而Onyx在广州兴丰垃圾卫生填埋场的营运成本仅为22.7~40元/吨垃圾。成本降低的原因，一是垃圾处理设施规模化，二是提高了效率。

针对城市餐厨垃圾BOT（建设—经营—转让模式运作）项目，补贴主要分为三部分：收运补贴、处理补贴以及国家拨付的专项资金补贴。其中，收运补贴和处理补贴是当地政府为运营企业提供的经济性支持，其价格一般由企业和政府共同商定，考虑因素包括地区、工艺等；专项资金补贴是指国家为促进餐厨垃圾处理行业发展所提供的鼓励性补贴。目前餐厨垃圾处理补贴价格平均约为110元/吨，收运补贴价格约为100元/吨，收运处理一体的补贴价格约为210元/吨。

（二）危险废物收费和处理成本

1. 污染者付费

《关于实行危险废物处置收费制度促进危险废物处置产业化的通知》（发改价格〔2003〕1874号）的目的是全面推行危险废物处置收费制度，促进危险废物处置的良性循环，所有产生并委托他人处置危险废物的单位均应按规定缴纳处置费。该通知提出危险废物处置收费为经营服务性收费，其收费标准应按照补偿危险废物处置成本、合理赢利的原则核定，处置成本主要包括危险废物收集、运输、贮存和处置（含处理）过程中发生的运输工具费、材料费、动力费、维修费、设施设备折旧费、人工工资及福利费、保险。收费具体原则和办法由各省、自治区、直辖市价格主管部门制定，具体收费标准由设区的城市人民政府价格主管部门会同有关部门制定，报城市人民政府批准执行。

收费机制分为两种：一是完全的市场调节，废物产生者付费；二是一部分收费来自市场调节，另一部分来自政府补偿。关于危险废物处置收费可参看案例三和案例四。

案例三：山东省危险废物处置收费标准

2010年5月31日，山东省物价局核定危险废物处理处置收费标准，具体收费标准如下。第一类：剧毒性废物（包括多氯联苯、氰化物、汞、六价铬等），处置费标准为3.2～9.0元/kg；第二类：含重金属类（包括铜、铅、锌、镉、三价铬等）污泥或废液、酸碱废液、废乳化液、废有机溶剂等五项不可再生利用的废物，处置费标准为2.0元/kg；第三类：无机污泥及垃圾焚烧飞灰，处置费标准为1.7元/kg。医疗废物处置费标准由各设区的市物价局制定，并报省物价局备案。

案例四：苏州市危险废物处置收费标准

从2013年10月1日起苏州市实行危险废物处置收费新标准。其中，对医疗废物处置收费有两种计费方式：一是按床位计费，实行按月计收，最高收费标准为每床每日2.0元，允许下浮10%；二是按重量计费，收费标准为3.6元/kg，允许上下浮动10%。对工业危险废物根据处置方式实行不同价格，固化填埋处置为2.0元/kg（其中剧毒类处置为70.0元/kg），焚烧处置为2.8元/kg，物化处置为1.3元/kg。对特种危险废物处置的收费价格为8.0元/kg，允许上下浮动10%。

2. 危险废物集中处置利用的成本和收费

2010年危险废物集中处置厂运行费用为38.88亿元，平均处置利用成本为1173元/吨。目前，中国危险废物处置行业具有明显的垄断特征，进入门槛高，按规定收费标准应由城市价格主管部门制定。但实际运行中，价格由已进入企业掌控，处置能力不足地区垄断高价现象普遍，相同危险废物处置价格相差数倍，定价合理性争议较大。例如，石油化工行业一些化工危险废物处置成本达3500元/吨，且议价空间小，附加条件多；有色金属行业一些危险废物处置价格达3000元/吨以上。

（三）一般固体废物处置利用收费

现行《排污费征收使用管理条例（2002）》规定的排污收费政策仅对于不符合环境保护标准排放的工业固体废物，采取5~30元/吨的一次性征收排污费的方式。

《排污费征收标准及计算方法》规定固体废物排污费征收标准及计算方法为："对无专用贮存或处置设施和专用贮存或处置设施达不到环境保护标准（即无防渗漏、防扬散、防流失设施）排放的工业固体废物，一次性征收固体废物排污费。每吨固体废物的征收标准为：冶炼渣25元、粉煤灰30元、炉渣25元、煤矸石5元、尾矿15元、其他渣（含半固态、液态废物）25元。"

三　固体废物行业发展现状

（一）概述

当前，中国固体废物产业发展与总体环保产业发展一样，其投融资机制也呈现多元化的格局，总体上是按照市场化原则的基本要求鼓励民营企业、各类股份制企业或外资企业投资、建设、运营、移交或拥有固体废物处理设施，重点是生活垃圾处理和危险废物领域。以政府推动为辅、市场运作为主的环保产业投融资运作具体模式有BOT、TOT、BOO（建设—运营—拥有）、股份制合作、建立环保基金、发行股票、债券、利用银行信贷、发行环保彩票等。有些形式在中国的一些地方已经实施，并取得良好效果，比如BOT、BOO、TOT、发行股票、债券、银行信贷等项目融资模式。2004年8月11日，中国第一座采用BOO模式建设和管理的城市生活垃圾综合处理厂——上海宝山神工生活废物综合处理厂奠基。表1－16反映了中国环保产业投融资体系的现状。

表1－16　中国环保产业投融资体系

投资主体	政府	企业	其他非官方机构
环保投资	政府投资计划与项目（污染综合治理、生态保护、环保能力建设）	企业自身污染的处理项目和其他有盈利能力的环保项目	公益的、非营利性环保项目
环保融资	政府公共财政预算、环境专项税收和收费、产业基金、国债	自由资金、银行贷款、企业债券、股票融资	社会募捐、社会捐赠、国际NGO赠款等

（二）固体废物行业2014年政策和市场热点

根据行业协会的报告，2014年中国固体废物行业投资政策和市场热点如下。

1. 投融资政策鼓励社会资本进入

2014 年，财政部发布《关于推广运用政府和社会资本合作模式有关问题的通知》和《政府和社会资本合作模式操作指南（试行）》，在全国范围内开展政府与社会资本合作（PPP）模式项目示范，规范政府和社会资本合作项目操作流程；国务院发布《关于创新重点领域投融资机制鼓励社会投资的指导意见》，将生态环保、农业水利、市政基础设施、交通、能源、信息和民用空间以及社会事业纳入投融资机制创新范围；国家发改委印发《关于开展政府和社会资本合作的指导意见》，对开展政府和社会资本合作提出具体要求；财政部发布《关于政府和社会资本合作示范项目实施有关问题的通知》，公布 30 个 PPP 模式示范项目，总投资规模约 1800 亿元，其中，环保相关项目有 15 个，占据了半壁江山。

在政策的强力推动下，地方层面 PPP 项目已经逐步落地，各地政府开始 PPP 项目推介。如福建公布 28 个 PPP 试点推荐项目，总投资 1478 亿元；青海推介的 80 个 PPP 项目总投资 1025 亿元；安徽发布首批 42 项城市基础设施领域的 PPP 项目，总投资 710 亿元；湖南发布 30 个 PPP 示范项目，总投资 583 亿元；四川发布项目 264 个，总投资约 2534 亿元。由此可见，2015 年是 PPP 项目落地年。

2. 第三方专业化治污政策和政府采购政策

2014 年 11 月，国务院发布的《关于创新重点领域投融资机制鼓励社会投资的指导意见》明确提出推动环境污染治理市场化，大力推行第三方治理。国家拟设立环保基金，为环境污染第三方治理公司提供低利息、长周期的优先贷款。

2014 年 12 月，财政部发布了《政府购买服务管理办法（暂行）》，规定各级财政部门负责制定本级政府购买服务指导性目录，确定政府购买服务的种类、性质和内容。环保部也将出台《政府采购环境服务指导意见》，包括垃圾收集、转运、处理的服务。

3. 传统市场快速增长仍是市场热点

在垃圾填埋进入下行阶段，垃圾焚烧市场迎来爆发式增长的背景下，截至 2013 年 9 月，已建成垃圾焚烧厂 159 座，垃圾焚烧的市场占比达 32%。未来随着城镇化进程的加速，中小城镇市场将逐渐打开，垃圾焚烧发电仍具市场潜力。

4. 新兴市场成为市场热点

①餐厨垃圾处理市场快速打开。据统计，目前餐厨垃圾日产生量 14.53

万吨/日，而截至2013年全国餐厨垃圾总处理能力仅为2.47万吨/日，仅占城市日总产量的17%，庞大的餐厨垃圾处理数量促使餐厨垃圾处理市场被快速打开。从2011年确定首批餐厨垃圾处理试点城市名单，到2014年，已公布4批试点城市，共有83个城市入围。进入餐厨垃圾处理领域的上市公司主要有桑德环境、东江环保、维尔利、首创股份、瀚蓝环境等。技术保障、资金支撑、政府资源三者将决定餐厨垃圾处理企业的未来发展，行业龙头企业将在未来激烈的市场竞争中胜出。

②垃圾收运市场逐步开启。国内垃圾收运系统的投入落后于处理系统，企业往往将更多的资金投入到焚烧和填埋等后端环节。从国外废物管理公司经验来看，50%的垃圾处理收入来源于垃圾收运，可见垃圾清扫、收运的潜在市场很大。2014年，桑德环境将收运作为业务重点，在山东、河北、安徽、湖南等地签约了近10个项目；北控水务也设立了固废公司，并将垃圾分类和垃圾收运作为重点业务领域。未来，垃圾收运蕴藏千亿级市场空间。

③危险废物处理市场持续升温。目前，危险废物处理市场参与者众多，但整体规模和生产能力偏小，具有核心竞争力的企业较少。市场上占相对优势的企业有两类，一类是以投资、运营为主的，例如东江环保、桑德环境、威立雅等企业；另一类是以EPC为主的系统解决方案提供商，例如北京京城环保、北京清大国华等企业。

（三）固体废物处理行业2016年投资机会和风险

根据有关行业协会的报告，2016年中国固体废物行业投资机会和风险如下。

中国固体废物处理行业尚处发展初期阶段，产业化程度和市场集中度仍然较低，但产业发展正在进入快速增长期。“十五”期间，环保投资总额不足万亿元，到“十一五”期间，环保总投资额与固体废物处理投资额分别达到2.16万亿元和0.21万亿元，而到“十二五”末，环保投资总额和固体废物处理投资额将分别达到3.4万亿元和0.8万亿元，市场规模急剧扩大，产业规模的快速增长有望持续10年以上。

2015年政府工作报告中明确提出，推行环境污染第三方治理，并提出节能环保市场潜力巨大，要把节能环保产业打造成新兴的支柱产业。2015年11月《中共中央关于制定国民经济和社会发展第十三个五年规划的建议》提出：“发挥投资对增长的关键作用，深化投融资体制改革，优化投资结构，增加有效投资。发挥财政资金撬动功能，创新融资方式，带动更多社会资本参与投资。创新公共基础设施投融资体制，推广政府和社会资本合作模式。”2016年政府工作报告中强调加快改善生态环境，持续推进生态文明建设，深入实施大气、水、土壤污染防治行动计划，加强生态保护和修复。

近年来国内出现了一些先进的固体废物处理技术，在未来会有较大发展空间，具备投资价值，例如：①水泥窑垃圾处理系统。水泥窑协同处理城市垃圾是传统垃圾处理技术的突破，由于垃圾本身的特点和水泥窑法低投资、无二噁英等优点，使得该方法比较适合城市生活垃圾处理。②垃圾填埋沼气发电。从市场容量来看，由于国内采取简单填埋仍占多数，全国有多少填埋场就存在相应比例的填埋沼气发电市场空间，未来这一市场空间广阔。③垃圾焚烧热电联产。目前，垃圾焚烧发电效率仅能达到焚烧供热效率的30%，热电联产即供暖季节主要供热而在非供暖季节主要用于发电的模式存在显著的经济效益，热电联产模式前景广阔。

固体废物行业存在较好投资机会的同时，也存在着风险，主要有以下几种。①政策风险：是固体废物处理行业的主要风险，主要针对固体废物运营类企业，政策的支持力度在很大程度上决定了企业的盈利状况，比如垃圾焚烧发电，尽管前景看好，但在某些地区由于补贴标准和上网电价标准较低，一些企业仍处于亏损经营状态。②环保风险：国内关于固体废物处理设施有害物质的环保排放标准还不严格或尚未建立。③技术替代风险：一方面，随着固体废物设施环保标准的逐步趋严，部分高污染固体废物处理技术必然被低污染技术所替代；另一方面，国家对固体废物处理投资的高速增长，必将使得新的高效率、低污染固体废物处理技术不断涌现。

（四）城市生活垃圾和再生资源回收利用行业发展现状

1. 城市生活垃圾处理

中国城市生活垃圾焚烧处理迎来了大规模投资建设期，进入市场化快速发展阶段，国有企业、上市公司、外资企业、民营资本等多方投资主体积极加入市场竞争，形成了成熟清晰的商业模式。垃圾焚烧处理处置市场的商业模式选择可分为“轻资产”和“重资产”两个方向。“轻资产”模式以总承包（EPC）、设计、咨询、运营等不参与投资的环境服务为主；“重资产”则更多地以投资带动业绩增长，典型的商业模式有BOT/TOT、BT、兼并收购等。

截至2012年年底，全部投入运行的炉排炉垃圾焚烧发电厂总处理能力为9.7万吨/日，有10家企业拥有的焚烧处理能力占总能力的73%。这10家企业分别是中国光大国际有限公司、浙江伟明集团、重庆三峰环境产业集团有限公司、上海城市建设投资开发总公司、深圳能源环保有限公司、瀚蓝环境股份有限公司［包括创冠环保（中国）有限公司垃圾焚烧发电项目］、中国节能环保集团公司（包括河北建投公司的垃圾焚烧发电项目）、绿色动力控股集团有限公司、天津泰达环保有限公司、金州环境集团股份有限公司。这10家企业大部分为上市公司，既有中央企业，也有地方国有企业；既有外资企业，也有民营企业。

2014年，全国设市城市生活垃圾处理率达到96.4%，无害化处理率达到91.8%。全国653个设市城市生活垃圾清运量1.79亿吨，有各类生活垃圾处理设施818座，处理能力为53.3万吨/日，无害化处理量约为1.64亿吨/年。在818座城市生活垃圾处理设施中，填埋场有603座，处理能力33.5万吨/日，实际处理量为1.07亿吨/年；城市生活垃圾焚烧发电厂有188家，处理能力18.6万吨/日，实际处理量5330万吨/年；城市生活垃圾堆肥厂（含综合处理）有26家，处理能力1.2万吨/日，实际处理量为320万吨/年。生活垃圾焚烧处理进一步增加，以堆肥处理为主的各类综合处理处于萎缩状态，卫生填埋场的数量和处理能力略有增长。生活垃圾填埋、堆肥和焚烧处理比例分别占60.2%、1.8%（包括综合处理厂）和29.8%，其余8.2%为堆放和简易填埋处理。截至2015年年底，投入运行的生活垃圾焚烧发电厂有220座，总处理能力为22万吨/日，总装机约为4300MW。今后，垃圾焚烧发电项目竞争将日趋激烈，垃圾焚烧发电厂并购与改建同现。

2. 再生资源回收行业现状

目前，以废弃家电回收为代表的再生资源回收市场，以大量的流动个体小商贩为主力军构成一级毛细收集市场，进入门槛低、参与人员复杂，政府直接管控几乎不可能，对这种毛细收集市场，应允许存在，只需以价格机制引导其货流去向；二级回收商也称收购商，或叫旧货经营业主。不少地方以“入园经营”和“龙头企业+个体拆解户”为抓手，解决个体拆解户松散无序发展和无证经营等问题；一些地区的回收经营户相对聚集，再生资源回收已经成为带动地方经济发展的主导产业。例如，安徽界首、浙江永康、安徽凤阳等地区再生资源回收行业产值占地方经济总量的50%以上。然而，再生资源回收行业仍存在以下问题。

受国内外经济环境和市场需求持续低迷的影响，再生资源价格普降、行业低迷，生产企业减少再生资源使用，经济效益下滑，再生资源回收加工量减少，大批中小型企业处于停产或半停产状态，一些大型企业的开工率也不足60%。

行业集中度低，技术水平不高。据不完全统计，全国有10万余家回收利用企业。在回收环节，以个体回收、流动回收为主，组织化、规范化程度低，存在着“利大抢收、利小少收、无利不收”的问题。在利用环节，以作坊式、小企业利用为主，大多数企业以手工拆解、简单拆解为主，设备简陋，技术落后，行业整体技术装备水平不高，产品结构单一，同质化现象明显，小而散的加工状况造成资源浪费。

（五）固体废物行业资本市场交易活跃

1. 固废行业资本市场特点

环保产业成为前景看好的产业之一，资本向环保领域聚集。固废行业同样获得资本市场高度关注，据不完全统计，2014 年固废领域发生并购 26 起，交易金额 100 亿元以上，以桑德环境、首创集团、光大国际、杭州锦江、东江环保、维尔利等为代表的固废企业通过并购整合突破地域、规模、结构等发展瓶颈，实现快速扩张；2014 年上市及拟上市固废企业有 16 家，其中天楹环保、绿色动力、粤丰环保等垃圾焚烧发电企业扎堆上市。市场竞争主体发展态势有以下几个特点。

①重资产环境集团向环境综合服务商转型。中国固废产业已经进入到了以环境综合服务为核心的发展阶段，各个企业均积极寻找快速规模化的发展方式。据调研，2014 年度年营业收入在 10 亿元以上的固废企业有 9 家。重资产环境集团企业正在向环境综合服务商迈进，以杭州锦江、光大国际、绿色动力为代表，不断做大做强企业，积极拓展环保服务产业链，打造全产业链龙头企业；以桑德环境、威立雅中国为代表，在传统的垃圾处理如焚烧等领域加快布局，积极延伸开拓环卫、资源化利用、餐厨垃圾处理和危险废弃物等新兴领域市场。

②从区域集团向全国性环境服务集团迈进。固废行业具有区域垄断性特征，属地性企业面临当地市场趋于饱和以及市场份额被重资产环境集团抢夺的局面，一些区域性企业积极寻求外延式扩张，通过兼并、收购等方式实现跨区域经营，向全国性环境服务集团转变，如瀚蓝环境、广州环保投资集团等。

③细分领域领跑者积极扩大产业布局。面对激烈的竞争态势，细分领域的领跑者凭借其核心技术、清晰的战略定位、创新的商业模式以及品牌知名度正积极扩大产业布局，一方面，除在自己所处领域布局外，也在向固废其他领域进行布局；另一方面，细分领域的领跑者，正积极接通资本市场，如绿色动力、粤丰环保在港股主板市场成功上市，重庆三峰等公司在上市筹备中。

2. 生活垃圾焚烧处置投资典型案例：苏州市垃圾焚烧发电项目

进入21世纪后，苏州市唯一的生活垃圾填埋场七子山垃圾填埋场已无法承受每年近百万吨的新增垃圾带来的环境影响，政府亟须全新解决方案。苏州市政府对多个国内垃圾处理投资商进行全面考察后，最终选择与广大国际合作推进固体废物处理处置方面的首个BOT项目，拉开了苏州市与社会资本在垃圾处理行业的合作序幕。

2003年9月，苏州市政府与光大国际签署垃圾焚烧发电厂一期项目BOT合作项目，特许经营期25.5年（含建设期）；2008年2月，二期项目开工建设，2009年5月建成投运，特许经营期23年；2011年9月，三期工程建设，2013年1月建成投入商业运行，整体项目合作期延长3年，至2032年。苏州市政府选择光大国际为合作者，主要考虑是其“中央企业、外资企业、上市公司、实业公司”四重身份。

苏州市垃圾焚烧发电项目总投资超过18亿元人民币，设计日处理规模为3550吨，其中一期日焚烧处理1000吨左右，二期日焚烧处理1000吨左右，三期日焚烧处理1550吨左右，年焚烧生活垃圾150万吨。

四　固体废物行业企业所有制形式和运行效率分析

一直以来，中国没有发布全国性各类固体废物处理处置设施以及各种所有制形式企业的投资和运行效率方面的统计数据，权威研究材料甚至一般性的材料都很缺乏，因此，本书仅根据有限的资料大致分析如下。

（一）主要固体废物类别回收处理效率分析

1. 中国城市再生资源前端回收和处理效率分析

研究表明，中国废弃家电回收处理市场很具活力，依靠市场机制形成了巨大的回收网络，废弃家电基本上做到应收尽收，很难在生活垃圾场点发现被抛弃的废弃家电，回收网络触及社会各个角落，随处可见，表明回收市场的参与者积极性非常高；同样在下游处理环节，市场也非常高效，但一个完全自由市场逐利机制主导的市场其负面效应也很突出，如类似广东贵屿镇的废弃电器电子产品处理市场，就效率而言无可挑剔，但负面影响也很明显。由于活跃在城市各个角落的废品回收系统的巨大贡献，中国生活垃圾的回收利用率高达30%～40%，已经接近中等发达国家水平，通过源头分类进一步提高资源回收利用率的空间已经很小；垃圾分类收集是现代化垃圾处理的要件，但不是前提，今后在致力于提升废品回收系统管理水平的同时，应着力降低垃圾含水率，提高处理系统的资源能源回收效率和二次污染控制水平。

总之，中国城市再生资源（包括废金属、废纸、废弃家电、报废汽车、包装废物、大件废物等）前端回收和初级处理的效率是比较高的，具有典型的中国特色，都存在正反两方面的影响。

2. 城市垃圾处理投资和运行效率分析

2002 年，专家呼吁全面开放城市生活垃圾无害化处理投资、建设、运营市场，鼓励多种所有制企业和外资企业参与城市生活垃圾无害化处理设施建设和运营，建立健全市场准入和特许经营制度，完善垃圾处理市场竞争机制和企业运营机制。根据《全国城镇生活垃圾无害化处理设施建设规划（2011～2015 年）》，“十二五”期间包括中央政府、地方政府和业主个人投资在内，城市生活垃圾处理总投资达到 2800 亿元，即按照环保产业投资对产值 1:1.2 的乘数效应，到“十二五”末期，生活垃圾处理的产值将达到约 3360 亿元；“十二五”期间需至少新配置日处理能力 500 吨的垃圾焚烧炉 358 座，按照每座 3000 万元计算，用于垃圾发电的焚烧炉的市场规模有近 108 亿元。

截至 2012 年年底，全部投入运行的炉排炉垃圾焚烧发电厂总处理能力为 9.7 万吨/日，有 10 家企业拥有的焚烧处理能力占总能力的 73%；2013 年，投入运行的生活垃圾焚烧发电厂中炉排炉占 22 座，流化床焚烧炉有 4 座。

总之，当前中国城市生活垃圾无害化处理率达到 95% 以上，生活垃圾处理市场多元化主体投资格局基本形成，打破了过去靠政府投资建设运营管理的单一运行管理模式，城市生活垃圾市场化程度一直处于上升阶段，尤其垃圾焚烧发电企业如“雨后春笋”般较快增长，从侧面反映出城市生活垃圾处理设施具有较好的运行效率和投资回报。

3. 危险废物集中处理处置企业运行效率分析

2003 年 12 月国务院批准实施的《全国危险废物和医疗废物处置设施建设规划》（以下简称《规划》）确定在全国建设 57 座危险废物集中处置设施、277 座医疗废物集中处置设施等项目。到 2010 年 12 月，57 个危险废物集中处置设施项目中 7 个项目投运、15 个基本建成、18 个在建、9 个初步设计、8 个处于前期可研阶段。随着《规划》的实施，危险废物处置设施建设单位、运营单位、工程咨询评估队伍逐渐壮大起来，市场化运营模式初步形成，涌现出天津合佳威立雅环境服务公司、杭州大地环保有限公司、青岛新天地固体废物综合处置有限公司。

根据《“十二五”危险废物污染防治规划》，至 2010 年，全国持危险废物经营许可证的单位的年利用处置能力达 2325 万吨（含医疗废物处置能力 59 万吨），较 2006 年提高 226%，已建成《全国危险废物和医疗废物处置设施建设规划》内 23 个危险废物集中处置项目和 215 个医疗废物集中处置项目，占规划建设设施总数的 71.3%；目前全国持证单位利用处置能力仅为第一次全国污染源普查危险废物产生量的 50% 左右，且设施负荷率不足 40%，大型危险废物产生单位和工业园区普遍没有配套的危险废物贮存、利用和处置设施，废物焚烧、填埋等处置能力明显不足，且新建设施选址日益困难，"十一五"规划内部分集中处置设施建设进展缓慢，废物利用处置设施运营和技术水平不高；"十二五"危险废物规划重点工程投资需 261 亿元。

上述规划实施进展及评估表明，中国危险废物集中处置设施建设、运营管理、收运服务等没有完全达到预期的进展目标，整个系统运行效率还比较低，有其复杂的原因。也应看到，由于外资和合资企业具有核心技术优势，较早地介入中国固体废物处理处置领域，掌握了市场主动权，一些知名环保企业在危险废物领域获得了长期回报。

4. 工业废物和进口废物综合利用效率分析

目前，中国工业废物（危险废物除外）和进口废物综合利用是市场化程度比较高的固体废物行业，虽然某些环节也设置严格准入条件，但总体上实行市场竞争、优胜劣汰的运行模式。2008 年金融危机爆发以后，面对实体经济严重产能过剩的压力，固体废物利用全行业长期徘徊不前，没有完全走出低谷，很多实力不济的小企业倒闭，退出该领域，企业和行业发展将在资本、市场和技术的新综合优势下发挥效率。

（二）发挥投资在固体废物污染防治方面的积极作用

中国环保投资从"七五"期间的 476.42 亿元增长到"十一五"期间的 13750.12 亿元，占 GDP 的比重由 0.74% 增长至 1.6%；投资效率不断提高，由 80% 增长至 95%；投资结构日益优化，环保投资效益逐步增强。研究表明，投资结构与效益之间是正相关关系，恰当的结构有助于效益的提升，要构建"市场运作为主、政府扶持为辅"的多元化环保投融资机制，按照"减量化、再循环、再利用"的方式发展集约型经济，推动环保产业结构优化和效率提升；研究还发现投资效率与环保产业发展正相关，过度集中于"三废"治理的单一结构会阻碍投资效率的提高，要厘清政府、企业、消费者在环保产业市场上的权、责、利关系和平衡区域发展，要增加环保服务业等方面的支出，改变粗放型增长方式，发展集约型经济，因此，提升效率势必要优化投资结构。

学者以2002～2010年30个省份的相关数据为基础，研究分析了污染治理投资、企业技术创新与污染治理效率之间的关系，保持其他条件不变，工业污染治理完成投资额每增加1%引起“三废”综合利用产品产值显著增长0.188%，污染治理投资对工业“三废”治理产生了积极的作用，对废水、废气、固体废物的污染治理效率影响各异，其中污染治理投资对废气治理的作用效果最强，对固体废物治理的促进作用最弱。

相关报告表明，一个国家在经济高速增长时期，环保投入要在一定时间内持续稳定达到国民生产总值的1%～1.5%，才能有效控制住污染，达到3%才能使环境质量得到明显改善。今后国家还应增加固体废物污染治理的投资，环保产业仍处于上升发展阶段。

五　固体废物行业发展规划和未来发展趋势分析

（一）固体废物行业发展规划

1. 行业发展的顶层设计要求

2015年9月，国务院印发的《生态文明体制改革总体方案》指出完善资源循环利用制度，实行生产者责任延伸制度，推动生产者落实废弃产品回收处理等责任；加快建立垃圾强制分类制度；制定再生资源回收目录，对一些低值废弃物实行强制回收；加快制定资源分类回收利用标准；建立资源再生产品和原料推广使用制度，相关原材料消耗企业要使用一定比例的资源再生产品；落实并完善资源综合利用和促进循环经济发展的税收政策等。

2015年11月，住建部、国家发改委、财政部等10部门联合发布的《关于全面推进农村垃圾治理的指导意见》（建村〔2015〕170号）提出“因地制宜建立‘村收集、镇转运、县处理’的模式，有效治理农业生产生活垃圾、建筑垃圾、农村工业垃圾等。到2020年全面建成小康社会时，全国90%以上村庄的生活垃圾得到有效治理，实现有齐全的设施设备、有成熟的治理技术、有稳定的保洁队伍、有长效的资金保障、有完善的监管制度；农村畜禽粪便基本实现资源化利用，农作物秸秆综合利用率达到85%以上，农膜回收率达到80%以上；农村地区工业危险废物无害化利用处置率达到95%”。

2015年4月，工信部等6部门发布《关于开展水泥窑协同处置生活垃圾试点工作的通知》（工信厅联节〔2015〕28号）指出：为贯彻落实《循环经济发展战略及近期行动计划》（国发〔2013〕5号）、《国务院关于化解产能严重过剩矛盾的指导意见》(国发〔2013〕41号),实施《关于促进生产过程协同资源化处理城市及产业废弃物工作的意见》(发改环资〔2014〕884号),推动化解水泥产能严重过剩矛盾,推进水泥窑协同处置城市生活垃圾,促进水泥行业降低能源资源消耗,建设资源节约型和环境友好型水泥企业,实现水泥行业转型升级、绿色发展,工信部、住建部、国家发改委、科技部、财政部、环保部决定联合开展水泥窑协同处置生活垃圾试点及评估工作。

2. 土壤污染防治行动计划

2016年5月,国务院印发《土壤污染防治行动计划》(国发〔2016〕31号),其中固体废物污染防治措施包括:①修订肥料、饲料、灌溉用水中有毒有害物质限量和农用污泥中污染物控制等标准,进一步严格污染物控制要求;修订农膜标准,提高厚度要求,研究制定可降解农膜标准;修订农药包装标准,增加防止农药包装废弃物污染土壤的要求。②严厉打击非法排放有毒有害污染物、违法违规存放危险化学品、非法处置危险废物、不正常使用污染治理设施、监测数据弄虚作假等环境违法行为。③严格控制在优先保护类耕地集中区域新建有色金属冶炼、石油加工、化工、焦化、电镀、制革等行业企业,现有相关行业企业要采用新技术、新工艺,加快提标升级改造步伐。④科学布局生活垃圾处理、危险废物处置、废旧资源再生利用等设施和场所,合理确定畜禽养殖布局和规模。⑤依法严查向沙漠、滩涂、盐碱地、沼泽地等非法排污、倾倒有毒有害物质的环境违法行为。⑥加强工业废物处理处置。全面整治尾矿、煤矸石、工业副产石膏、粉煤灰、赤泥、冶炼渣、电石渣、铬渣、砷渣以及脱硫、脱硝、除尘产生固体废物的堆存场所,完善防扬散、防流失、防渗漏等设施,制定整治方案并有序实施。⑦加强工业固体废物综合利用。对电子废物、废轮胎、废塑料等再生利用活动进行清理整顿,引导有关企业采用先进适用加工工艺、集聚发展,集中建设和运营污染治理设施,防止污染土壤和地下水。自2017年起,在京津冀、长三角、珠三角等地区的部分城市开展污水与污泥、废气与废渣协同治理试点。⑧加强农药包装废弃物回收处理。开展农业废弃物资源化利用试点,形成一批可复制、可推广的农业面源污染防治技术模式。严禁将城镇生活垃圾、污泥、工业废物直接用作肥料。加强废弃农膜回收利用。⑨减少生活污染。建立政府、社区、企业和居民协调机制,通过分类投放收集、综合循环利用,促进垃圾减量化、资源化、无害化。建立村庄保洁制度,推进农村生活垃圾治理。推进水泥窑协同处置生活垃圾试点。鼓励将处理达标后的污泥用于园林绿化。开展利用建筑垃圾生产建材产品等资源化利用示范等。

3.《“十三五”生态环境保护规划》中有关固体废物的内容

2016 年 11 月 24 日，国务院发布了《“十三五”生态环境保护规划》（国发〔2016〕65 号），有关固体废物污染防治内容主要包括：

实现城镇垃圾处理全覆盖和处置设施稳定达标运行。加快县城垃圾处理设施建设，实现城镇垃圾处理设施全覆盖。提高城市生活垃圾处理减量化、资源化和无害化水平，全国城市生活垃圾无害化处理率达到 95% 以上，90% 以上村庄的生活垃圾得到有效治理。大中型城市重点发展生活垃圾焚烧发电技术，鼓励区域共建共享焚烧处理设施，积极发展生物处理技术，合理统筹填埋处理技术，到 2020 年，垃圾焚烧处理率达到 40%。完善收集储运系统，设市城市全面推广密闭化收运，实现干、湿分类收集转运。加快建设城市餐厨废弃物、建筑垃圾和废旧纺织品等资源化利用和无害化处理系统。支持水泥窑协同处置城市生活垃圾。继续推进农村环境综合整治，推进美丽宜居乡村建设。因地制宜开展治理，完善农村生活垃圾“村收集、镇转运、县处理”模式。

合理配置危险废物安全处置能力。组织开展危险废物产生、利用处置能力和设施运行情况评估，科学规划危险废物利用处置设施，实施危险废物集中处置设施建设规划，将废物集中处置设施纳入当地公共基础设施统筹建设。鼓励大型石油化工等产业基地配套建设危险废物利用处置设施。鼓励产生量大、种类单一的企业和园区配套建设危险废物收集、贮存、预处理和处置设施，引导和规范水泥窑协同处置危险废物。

防控危险废物环境风险。动态修订《国家危险废物名录》。开展全国危险废物普查；2020 年年底前，力争基本摸清全国危险废物产生、贮存、利用和处置状况。以石化和化工行业为重点，打击危险废物非法转移和利用处置违法犯罪活动。打击以原油、燃料油、润滑油等产品名义进口废油等固体废物。继续开展危险废物规范化管理督查考核，以含铬、铅、汞、镉、砷等重金属废物以及生活垃圾焚烧飞灰、抗生素菌渣、高毒持久性废物等为重点开展专项整治。制定废铅蓄电池回收管理办法。建立危险废物危害特征数据库，开展典型危险废物有效追踪和溯源技术研究与示范。制定危险废物利用处置二次污染控制要求及综合利用过程环境保护要求，促进危险废物安全利用。

推进医疗废物安全处置。扩大医疗废物集中处置设施服务范围，建立区域医疗废物协同与应急处置机制，因地制宜推进农村、乡镇和偏远地区医疗废物安全处置。实施医疗废物焚烧设施提标改造工程。提高规范化管理水平，严厉打击医疗废物非法买卖等行为，建立医疗废物特许经营退出机制，严格落实医疗废物处置收费政策等。

4. 其他规划目标

根据《交通运输部关于加快推进公路路面材料循环利用工作的指导意见》（交公路发〔2012〕489 号），到“十二五”末，全国基本实现公路路面旧料“零废弃”，路面旧料回收率（含回收和就地利用）达到95%以上，循环利用率（含回收后再利用和就地利用）达到50%以上，其中东、中、西部分别达到60%以上、50%以上、40%以上。到2020年，全国公路路面旧料循环利用率达到90%以上。

（二）固体废物产业发展趋势分析

中国固体废物处理处置产业发展将迎来新的机遇，发展趋势分析如下：

1. 产业市场将跳跃式发展

目前，中国固体废物处理处置产业的规模和能力还不能满足市场的需求，处理处置产业将出现跳跃式的发展。“十三五”规划要求实现全国城市生活垃圾无害化处理率达到95%以上，90%以上村庄的生活垃圾得到有效治理。显然，未来生活垃圾处理市场仍是固体废物产业发展的主战场。

关于危险废物处理处置产业，2010年环境统计的危险废物产生量约为1587万吨，而实际上的产生量应该在5000万~6000万吨。如果按照统计数字进行估测，危险废物集中处置能力应该达到4万吨/天左右，表明危险废物处理处置产业市场还有较大的开发潜力。如果要达到这一处置能力，还需要投资230亿元，同时这一产业的营业规模（集中处置设施的年运行费）将达到240亿元以上。随着危险废物环境管理的强化和许可证制度的改革，企业自行处置设施的建设和改造市场将会逐渐显现。如果按照企业自行处置危险废物量占总产生量的80%，总产生量按照6000万吨/年计算，50%处理能力的建设和改造就需要1000亿元的投资。

2. 产业发展将突破区域限制

目前无论是生活垃圾还是危险废物，其处理处置服务范围都还基本局限在所属行政区划内。造成这一局面的是中国实行行政首长负责制和环境保护属地管理制度，社会各界和管理决策者都还没有将固体废物处理处置作为产业看待。将固体废物处理处置作为一个新兴产业处理较大范围区域内产生的生活垃圾和危险废物，将成为一个新动向和发展趋势。

通过专业化处理提高固体废物综合利用水平和无害化水平是进行固体废物跨区域处理的更好理由。特别是危险废物，由于其产生量小、成分复杂的特点，如果局限在本地区内处理，将造成处理成本高、再生利用水平低等后果。有些废物处理难度较大，产生量极小，无法在本地区内建设专用设施进行处置。提高综合利用水平可以采用广泛建设收集、预处理和分类转运设施，将分类预处理后的废物运送至相应的再生利用工厂进行再生回收。这一方面已经出现了一些卓有成效的实践案例，如全国各地的多氯联苯（PCBs）废物都运到沈阳和天津进行专业化处置。

3. 同其他产业结合的共处置

共处置（或协同处置）固体废物是解决固体废物处置难题的一个新思路，特别是解决工业废物处置难题最有效的方法。同时利用生活垃圾和危险废物作为替代能源来处理利用也是无害化处置的重要方式。例如，水泥生产所用的各类原料、燃料都可以在固体废物中找到相应的替代物。而水泥行业是耗煤大户，年消耗煤炭约2亿吨，如果其中50%由固体废物作为替代燃料，则可以处理利用1亿吨包括危险废物在内的有机废物。虽然目前中国水泥的生产能力已经达到顶端，会出现下滑的趋势，但是其巨大的容量是无法忽视的。另外水泥行业竞争激烈，而处理各类固体废物将成为水泥企业维持生存的重要筹码，甚至成为行业发展新增长点。除了水泥工业，建材行业的其他领域，如墙体材料（砖瓦和石膏板）、骨料、基材等生产都可以利用、消纳各类固体废物。此外，利用炼铁高炉处理铬渣和废塑料、煤焦油、含铁矿渣和矿砂，利用电厂锅炉处理污水厂污泥等，已经取得了良好的效果。

4. 再生资源市场将转向“进口+国内发展为主”

频繁调整的政策和不景气的市场让更多的企业选择退出，2015年以来，一些小的贸易和回收企业已经转行，部分企业正在向东南亚及周边国家转移。

目前废金属原料市场处于转折期，国内再生有色金属企业和园区很多遇到困难。但是，也有一些新变化，部分再生铝企业原料已经偏向国内原料为主。行业人士认为，中国废旧金属加工利用市场巨大，粗加工的废有色金属还是会进入中国市场，今后政策将向有利于进口废金属的方面发展。国内原料还需要集中筛选、粗加工，再生金属产业规模化、集约化方向不会变，这也是由产业特点决定的。国内的废金属储存量在“十三五”期间将有明显增加，原料将从“进口为主”向“进口+国内发展为主”转移。

中国再生资源产业总体技术水平仍滞后于产业发展与资源供给的需求，普遍存在产品附加值低、消纳量有限、再生产品市场效益小、专业人才与创新型企业缺乏等问题。预计2020年中国废物资源化可提供再生有色金属资源2000万吨以上，相当于对外依存度降低20%～25%。

据中国再生资源回收利用协会预测，到2020年，中国废钢铁、主要再生金属、废塑料、废橡胶轮胎、废玻璃五大品种的年报废量将达2.64亿吨，废弃电器电子产品年报废量1亿台，报废汽车年报废量1400万辆，主要再生金属1400万吨（铜铝铅锌）。这意味着4年之后，中国将进入一个各种废旧物资的报废高峰。

5. 固体废物传统处理方式仍大有作为

城市生活垃圾无害化处理方式主要以卫生填埋、堆肥和焚烧三种方式为主。卫生填埋处理占比有所下降，从2006年的81.4%下降到2012年的72.6%。焚烧处理占比逐年提高，从2006年的14.5%上升到2012年的24.7%。垃圾焚烧发电将成为垃圾处理的未来发展趋势。2013年，中国的生活垃圾焚烧发电厂仍然以炉排炉为主，投入运行的生活垃圾焚烧发电厂中炉排炉有22座，流化床焚烧炉有4座。到2016年年底，投入运行的生活垃圾焚烧发电厂将达到250座左右，焚烧处理能力将达到25万吨/天。

第五节 中国固体废物行业的市场准入要求

一 概述

2014年4月新修订的《环境保护法》中明确提出“鼓励环境保护产业发展”，环保产业首次明确写入国家法律条文中，将促使环保产业的潜在市场向现实市场转变，也将极大地改善环保产业的市场秩序。2004年12月新修订的《固体废物环境污染防治法》中明确提出“国家鼓励、支持采取有利于保护环境的集中处置固体废物的措施，促进固体废物污染环境防治产业发展”，提出各级人民政府及其有关部门在产业发展等规划方面，应当统筹考虑减少固体废物的产生量和危害性、促进固体废物的综合利用和无害化处置。经过20多年的努力，中国初步建立了较完整的固体废物产业体系，也形成了一系列的行业发展市场准入要求，以及处理处置技术和设备等其他要求。

二 市场准入要求

（一）鼓励政策

1. 鼓励固体废物行业发展是国家发展战略要求

《中共中央国务院关于加快推进生态文明建设的意见》（中发〔2015〕

12号）的指导思想中强调“坚持节约资源和保护环境的基本国策，把生态文明建设放在突出的战略位置”；在目标中提出，到2020年建设资源节约型和环境友好型社会取得重大进展，将发展循环经济作为推进生态文明建设的重要内容。文件中还提出：完善再生资源回收体系，实行垃圾分类回收，开发利用“城市矿产”，推进秸秆等农林废弃物以及建筑垃圾、餐厨废弃物资源化利用，发展再制造和再生利用产品，鼓励纺织品、汽车轮胎等废旧物品回收利用。推进煤矸石、矿渣等大宗固体废弃物综合利用。组织开展循环经济示范行动，大力推广循环经济典型模式。推进产业循环式组合，构建覆盖全社会的资源循环利用体系等战略措施。

近年，国家加大了投融资机制改革工作力度，出台了鼓励社会资本进入、推广PPP模式的政策。2014年9月，财政部发布《关于推广运用政府和社会资本合作模式有关问题的通知》（财金〔2014〕76号），在全国范围内开展政府与社会资本合作（PPP）模式项目示范；2014年11月，国务院发布《关于创新重点领域投融资机制鼓励社会投资的指导意见》（国发〔2014〕60号），将生态环保纳入投融资机制重点创新领域范围。

2014年12月，《关于推行环境污染第三方治理的意见》（国办发〔2014〕69号）中指出：环境污染第三方治理是委托环境服务公司进行污染治理的新模式，是推进环保设施建设和运营专业化、产业化的重要途径，是促进环境服务业发展的有效措施。其中还提出“到2020年，环境公用设施等重点领域第三方治理取得显著进展，污染治理效率和专业化水平明显提高，社会资本进入污染治理市场的活力进一步激发。环境公用设施投资运营体制改革基本完成，高效、优质、可持续的环境公共服务市场化供给体系基本形成；第三方治理业态和模式趋于成熟，涌现一批技术能力强、运营管理水平高、综合信用好、具有国际竞争力的环境服务公司”的目标。

2014年10月，《国务院办公厅关于加强进口的若干意见》（国办发〔2014〕49号）明确提出：稳定资源性产品进口；鼓励战略性资源回运；在有效管理的前提下，适度扩大再生资源进口。

2013年8月，《国务院关于加快发展节能环保产业的意见》（国发〔2013〕30号）指出：推动垃圾处理技术装备成套化，大力推广垃圾处理先进技术和装备，重点发展大型垃圾焚烧设施炉排及其传动系统、循环流化床预处理工艺技术、焚烧烟气净化技术和垃圾渗滤液处理技术等，重点推广300吨/天以上生活垃圾焚烧炉及烟气净化成套装备。

以上是国家从全局和战略高度提出的与固体废物产业发展相关的战略

定位和要求，对今后吸纳社会资本投入固体废物环保产业，促进环境服务业发展，加快环境污染第三方治理，推进处理处置设施建设和运营专业化、产业化等均具有重要指导意义。

2. 环保部积极推动环保产业发展

2016 年 5 月，环保部出台《关于积极发挥环境保护作用促进供给侧结构性改革的指导意见》（环大气〔2016〕45 号）指出：推进供给侧结构性改革是“十三五”时期的发展主线。意见提出了很多措施，如通过提高环境准入门槛，促进新增产能更优、新增产品更加环境友好；严禁新增低端落后产能，各地在制定产业市场准入负面清单时，严格控制超出本地资源环境承载力的新增产能，防范过剩和落后产能跨地区转移；落实环境治理任务，推动环保产业发展，实施一批环境基础设施建设、工业污染治理、环境综合整治等工程项目，推进政府和社会资本合作（PPP）模式；不断完善环境治理社会化、专业化服务管理制度；建立健全第三方运营服务标准、管理规范、绩效评估和激励机制，鼓励工业污染源治理第三方运营。这些政策措施是固体废物环保产业发展的努力方向，预示着固体废物行业和产业的发展大有作为。

3. 危险废物污染防治技术政策

《危险废物污染防治技术政策》（环发〔2001〕199 号）明确提出：国家鼓励并支持跨行政区域的综合性危险废物集中处理处置设施的建设和运营；危险废物的收集运输单位及处理处置设施的设计、施工和运营单位应具有相应的技术资质；鼓励成立专业化的危险废物运输公司对危险废物实行专业化运输，运输车辆需有特殊标志；各级政府应通过设立专项基金、政府补贴等经济政策和其他政策措施鼓励企业对已经产生的危险废物进行回收利用，实现危险废物的资源化；国家鼓励危险废物回收利用技术的研究与开发，逐步提高危险废物回收利用技术和装备水平，积极推广技术成熟、经济可行的危险废物回收利用技术；危险废物的焚烧宜采用以旋转窑炉为基础的焚烧技术，鼓励改造并采用生产水泥的旋转窑炉附烧或专烧危险废物；鼓励研究开发高效、实用的危险废物焚烧成套技术和设备；鼓励研究和开发高效、实用的安全填埋处理关键技术和设备等。

4. 废电池污染防治技术政策

《废电池污染防治技术政策》（环发〔2003〕163 号）明确提出：废电池污染控制应实行全过程管理和污染物质总量控制的原则；废电池污染控制的重点是废含汞电池、废镉镍电池、废铅酸蓄电池；各级政府应制定鼓励性经济政策等措施，加快符合环境保护要求的废电池分类收集、贮存、资源再生及处理处置体系和设施建设，推动废电池污染防治工作；鼓励开发经济、高效的废电池资源再生工艺，提高废电池的资源再生率；鼓励集中回收处理废铅酸蓄电池等。

5. 国家鼓励类产业目录

2011 年 3 月，国家发改委公布《产业结构调整指导目录（2011 年本）》（第 9 号令），2013 年 2 月，国家发改委公布了修正后的目录（第 21 号令）。该目录中第一类为鼓励类，其中与固体废物相关的鼓励类产业如表 1 - 17 所示。

表 1 - 17 《产业结构调整指导目录》鼓励类中有关固体废物的产业

产业	技术（设备、工程、材料）
新能源	（1）生物质纤维素乙醇、生物柴油等非粮生物质燃料生产技术； （2）生物质直燃、气化发电技术开发与设备制造； （3）农林生物质资源收集、运输、储存技术开发与设备制造，农林生物质成型燃料加工设备、锅炉和炉具制造； （4）以畜禽养殖场废弃物、城市填埋垃圾等为原料的大型沼气生产成套设备
钢铁	（1）利用钢铁生产设备处理社会废弃物； （2）冶金废液（含废水、废酸、废油等）循环利用工艺技术与设备
有色金属	（1）废杂有色金属回收； （2）有价元素的综合利用； （3）赤泥及其他冶炼废渣综合利用； （4）高铝粉煤灰提取氧化铝
黄金	从尾矿及废石中回收黄金
建材	（1）利用现有 2000 吨/日及以上新型干法水泥窑炉处置工业废弃物、城市污泥和生活垃圾，纯低温余热发电； （2）废矿石、尾矿和建筑废弃物的综合利用； （3）利用工业副产石膏生产新型墙体材料及技术装备开发与制造
机械	（1）危险废物（含医疗废物）集中处理设备； （2）固体废物防治技术设备：生活垃圾清洁焚烧技术装备（助燃煤量 20% 以下），厨余垃圾集中无害化处理技术装备（利用率 95% 以上），垃圾填埋渗滤液和臭气处理技术装备（处理量 50 吨/天以上），生活垃圾自动化分选技术装备（分选率 80% 以上），建筑垃圾处理和再利用工艺技术装备（处理量 100 吨/小时以上），危险废弃物处置处理技术装备（处理率 90% 以上），油田钻井废弃物处理处置技术与成套装备（减容 50% 以上，处理率 70% 以上），医疗废物清洁焚烧、高温蒸煮无害化处理技术装备（处理量 150kg/小时以上，燃烧效率 70% 以上）

续表

产业	技术（设备、工程、材料）
轻工	（1）废旧铅酸蓄电池资源化无害化回收，年回收能力5万吨以上再生铅工艺装备系统制造； （2）皮革废弃物综合利用，皮革铬鞣废液的循环利用，三价铬污泥综合利用； （3）废旧灯管回收再利用； （4）废（碎）玻璃回收再利用； （5）粮油加工副产物（稻壳、米糠、麸皮、饼粕等）综合利用关键技术开发应用； （6）畜禽骨、血及内脏等副产物综合利用与无害化处理
纺织	（1）纺织行业“三废”高效治理与资源回收再利用技术的推广与应用； （2）废旧纺织品回收再利用技术与产品生产，聚酯回收材料生产涤纶工业丝、差别化和功能性涤纶长丝等高附加价值产品
环境保护与资源节约综合利用	（1）区域性废旧汽车、废旧电器电子产品、废旧船舶、废钢铁、废旧木材等资源循环利用基地建设； （2）危险废弃物安全处置技术设备开发制造及处置中心建设； （3）废弃持久性有机污染物类产品处置技术开发与应用； （4）“三废”综合利用及治理工程； （5）“三废”处理用生物菌种和添加剂开发与生产； （6）含汞废物的汞回收处理技术、含汞产品的替代品开发与应用； （7）城镇垃圾及其他固体废弃物减量化、资源化、无害化处理和综合利用工程； （8）尾矿、废渣等资源综合利用； （9）再生资源回收利用产业化； （10）废旧电器电子产品、废印刷电路板、废旧电池、废旧船舶、废旧农机、废塑料、废橡胶、废弃油脂等再生资源循环利用技术与设备开发； （11）废旧汽车、工程机械、矿山机械、机床产品、农业机械、船舶等废旧机电产品及零部件再利用、再制造，墨盒、有机光导鼓的再制造（再填充）； （12）综合利用技术设备：4000马力以上废钢破碎生产线，废塑料复合材料回收处理成套装备（回收率95%以上），轻烃类石化副产物综合利用技术装备，生物质能技术装备（发电、制油、沼气），硫回收装备（低温克劳斯法）； （13）餐厨废弃物资源化利用技术开发及设施建设

6. 其他鼓励政策

①《关于进一步加强生物质发电项目环境影响评价管理工作的通知》（环发〔2008〕82号）指出：采用流化床焚烧炉处理生活垃圾作为生物质发电申报的项目，其掺烧常规燃料质量应控制在入炉总质量的20%以下。国家鼓励对常规火电项目进行掺烧生物质的技术改造，当生物质掺烧量按照质量换算低于80%时应按照常规火电项目进行管理。

②《关于公布〈环境保护节能节水项目企业所得税优惠目录（试行）〉的通知》（财税〔2009〕166号）规定：凡符合国家产业政策和准入条件

的水泥窑协同处置项目（含生活垃圾处理、工业固体废物处理、危险废物处理）自项目取得第一笔生产经营收入所属纳税年度起至第六年可享受税收优惠政策。2012 年 10 月，环保部发布的《“十二五”危险废物污染防治规划》中提出鼓励利用水泥回转窑等工业炉窑协同处置危险废物。各地积极响应，优先鼓励采用焚烧和水泥窑协同处理技术，地方建材工业发展规划几乎都把水泥窑协同处置作为发展方向列入其中，加快推进设施布局和建设。

③《关于建立完整的先进的废旧商品回收体系的意见》（国办发〔2011〕49 号）明确提出以下鼓励措施：鼓励采用现代分拣分选设备，提升废旧商品分拣处理能力；鼓励研发先进的废旧商品回收分拣处理设备，提高回收分拣处理企业的技术装备水平；鼓励废旧商品回收企业联合、重组，做大做强，逐步培育形成一批组织规模大、经济效益好、研发能力强、技术装备先进的大型企业；鼓励外资参与废旧商品回收体系建设；鼓励各类投资主体积极参与建设、改造标准化居民固定或流动式废旧商品回收网点，发挥中小企业的优势，整合提升传统回收网络，对拾荒人员实行规范化管理；鼓励生产企业、流通企业积极参与废旧商品回收，逐步实行生产者、销售者责任延伸制；鼓励党政机关、企事业单位以及居民社区与回收企业建立废旧商品定点定期回收机制；鼓励尝试押金回收、以旧换新、设置自动有偿回收机等灵活多样的回收方式；鼓励并引导社会资金参与废旧商品回收体系建设。

④环保部发布的《2013 年国家先进污染防治示范技术名录》和《2013 年国家鼓励发展的环境保护技术目录》（公告 2013 年第 83 号）两个名录中都包含了一些固体废物的技术内容，包括污泥、垃圾填埋场渗滤液、工业含盐废渣、电子废物、危险废物、焚烧飞灰、秸秆、氰化尾渣、白泥、发酵废渣、钢渣、废润滑油等回收利用价值不高的固体废物，起到了推动固体废物行业发展的示范、鼓励和引导的积极作用。

⑤从国家发改委组织实施的循环经济试点园区、国家发改委和财政部批复支持的“城市矿产”示范基地、商务部开展再生资源回收体系建设试点支持的回收加工利用基地，到环保部批准的进口废物“圈区管理”园区和静脉产业生态工业园区，固体废物产业园区从 2005 年以来一直是国家相关主管部门重点鼓励支持的项目发展模式。其好处是通过建设园区，鼓励分散的小企业入驻园区实现污染物集中治理，集中环境监管，提高再生资源加工利用过程中的污染防治水平，提升行业规模、技术水平。

综上所述，国家出台了许多鼓励固体废物行业发展的政策，加上各地方的配套政策，自上而下都支持鼓励固体废物行业的发展。

（二）固体废物行业许可资质要求

固体废物处理行业存在较高的行政管理资质壁垒，不符合设定要求的单位不允许从事相应固体废物处理处置经营业务，以下几类废物的许可资质具有代表性。

1. 危险废物经营许可资质要求

根据《危险废物经营许可证管理办法》（国务院令第408号）、《关于进一步加强危险废物和医疗废物监管工作的意见》（环发〔2011〕19号），国家对危险废物的产生、贮存、运输、处置等进行监督管理，必须及时将其运送至具备危险废物处理资质的企业进行处理；国家对危险废物经营许可证实行分级审批颁发制度，从事危险废物收集、贮存、处置经营活动的企业，必须领取危险废物经营许可证。危险废物收集经营许可证，由县级人民政府环保部门审批颁发。医疗废物集中处置单位的危险废物经营许可证，由医疗废物处置设施所在地设区的市级人民政府环保部门审批颁发。

申请领取危险废物收集、贮存、处置综合经营许可证，应当具备下列条件：①有3名以上的专业技术人员；②有符合交通主管部门有关危险货物运输安全要求的运输工具；③有符合国家或者地方环境保护标准和安全要求的包装工具，中转和临时存放设施、设备以及经验收合格的贮存设施、设备；④符合危险废物处置设施建设规划，符合国家或者地方环境保护标准和安全要求的处置设施、设备和配套的污染防治设施；⑤有与所经营的危险废物类别相适应的处置技术和工艺；⑥以填埋方式处置危险废物的，应当依法取得填埋场所的土地使用权等。

2. 电子废物处理实行资质许可制度

2010年12月，《废弃电器电子产品处理资格许可管理办法》（环保部令第13号）规定设区的市级人民政府环保部门负责废弃电器电子产品处理资格的许可工作；禁止无废弃电器电子产品处理资格证书或者不按照废弃电器电子产品处理资格证书的规定处理废弃电器电子产品；申请废弃电器电子产品处理资格的企业应当符合本地区废弃电器电子产品处理发展规划的要求，并具备下列条件：①具备与其申请处理能力相适应的废弃电器电子产品处理车间和场地、贮存场所、拆解处理设备及配套的数据信息管理系统、污染防治设施等；②具有与所处理的废弃电器电子产品相适应的分拣、包装设备以及运输车辆、搬运设备、压缩打包设备、专用容器及中央监控设备、计量设备、事故应急救援和处理设备等；③具有健全的环境管理制度和措施，包括对不能完全处理的废弃电器电子产品的妥善利用或者处置方案，突发环境事件的防范措施和应急预案等；④具有相关安全、质量和环境保护的专业技术人员等。

3. 报废汽车拆解资格认定制度

《报废汽车回收管理办法》（国务院令第 307 号）规定，国家对报废汽车回收业实行特种行业管理，对报废汽车回收企业实行资格认定制度。商务部负责组织全国报废汽车回收（含拆解）的监督管理工作。县级以上地方各级人民政府经济贸易管理部门（商务部门）对本行政区域内报废汽车回收活动实施监督管理。县级以上地方各级人民政府公安、工商行政管理等有关部门在各自的职责范围内对本行政区域内报废汽车回收活动实施有关的监督管理等。目前，全国有数百家报废汽车拆解企业拥有资质。

4. 进口固体废物资质和许可要求

《固体废物进口管理办法》确立了许可审查制度。2015 年 11 月，环保部等五部委发布第 69 号公告进一步明确，企业进口非限制进口类固体废物，无须申领进口废物许可证，环保部门不再签发许可证，海关不再验核许可证，也就是说只有进口《限制进口类可用作原料的固体废物目录》中的固体废物才需要申领进口废物许可证，包括废船舶、废塑料、废五金、废电线电缆、废电机、废纸、废纤维等。

（三）企业规模要求

中国固体废物处理行业进入规模化的中端综合利用和后端处置环节是根本出路，发展到当今靠技术、政策、管理、市场、资本综合施策的时代，企业规模的壁垒要求将越来越突出和重要。固体废物行业发展有许多规模方面的鼓励和限制要求，分散在各个文件中，下面是其中的一部分。

1.《大宗工业固体废物综合利用“十二五”规划》

到 2015 年，大宗工业固体废物综合利用量达到 16 亿吨，综合利用率达到 50%，年产值 5000 亿元，提供就业岗位 250 万个。“十二五”期间，大宗工业固体废物综合利用量达到 70 亿吨；减少土地占用 35 万亩，有效缓解生态环境的恶化趋势；解决尾矿大宗整体利用的瓶颈问题，鼓励年产 30 万 m^3 以上规模生产线建设等。

2. 城市生活垃圾

根据《城市生活垃圾管理办法》（2007 年 4 月，建设部令第 157 号），从事城市生活垃圾经营性清扫、收集、运输服务的企业，应当具备：①企业法人资格，从事垃圾清扫、收集的企业注册资本不少于人民币 100 万元，从事垃圾运输的企业注册资本不少于人民币 300 万元；②机械清扫能力达到总清扫能力的 20% 以上，机械清扫车辆包括洒水车和清扫保洁车辆；③垃圾收集应当采用全密闭运输工具，并应当具有分类收集功能；④垃圾运输应当采用全密闭自动卸载车辆或船只，具有防臭味扩散、防遗撒、防渗沥液滴漏功能，安装行驶及装卸记录仪等条件。从事城市生活垃圾经营性处置服务的企业应当具备：①企业法人资格，规模小于 100 吨/日的卫生填埋场和堆肥厂的注册资本不少于人民币 500 万元，规模大于 100 吨/日的卫生填埋场和堆肥厂的注册资本不少于人民币 5000 万元，焚烧厂的注册资本不少于人民币 1 亿元；②卫生填埋场、堆肥厂和焚烧厂的选址符合城乡规划，并取得规划许可文件；③有至少 5 名以上专业技术人员等条件。

3. 《报废汽车回收管理办法》（国务院令第 307 号）

明确规定报废汽车回收企业除应当符合有关法律、行政法规规定的设立企业的条件外，还应当具备：①注册资本不低于 50 万元人民币，依照税法规定为一般纳税人；②拆解场地面积不低于 $5000m^2$；③年回收拆解能力不低于 500 辆；④正式从业人员不少于 20 人，其中专业技术人员不少于 5 人等条件。

4. 《废电池污染防治技术政策》（环发〔2003〕163 号）

废铅酸蓄电池的回收冶炼企业应满足下列要求：铅回收率大于 95%；再生铅的生产规模大于 5000 吨/年。本技术政策发布后，新建企业生产规模应大于 1 万吨/年。

5. 《危险废物污染防治技术政策》（环发〔2001〕199 号）

鼓励危险废物焚烧余热利用，对规模较大的危险废物焚烧设施，可实施热电联产。废铅酸电池必须进行回收利用，不得用其他办法进行处置，其收集、运输环节必须纳入危险废物管理。鼓励发展年处理规模在 2 万吨以上的废铅酸电池回收利用，淘汰小型的再生铅企业，鼓励采用湿法再生铅生产工艺。

6. 《进口废塑料环境保护管理规定》（环保部公告 2013 年第 3 号）

申请进口废塑料加工利用企业：同一加工场地设备年生产能力不小于 3 万吨的再生 PET 片生产企业（仅限于申请进口 PET 的废碎料及下脚料），厂区面积不低于 $4000m^2$，厂房建筑面积不低于 $2000m^2$（包括罩棚等半封闭建筑物）。

7.《进口废PET饮料瓶砖环境保护管理规定（试行）》（环保部公告2010年第69号）

进口废物圈区管理区外的企业规模要求：本规定发布前已具备不少于3万吨再生PET片年生产能力且已在2009年取得过不少于1万吨“PET废碎料及下脚料”进口许可证的再生PET片生产企业。

8.《进口废船环境保护管理规定（试行）》（环境保护部公告2010年第69号）

该公告中的进口废船拆解企业环境保护考核表中要求：厂区面积（陆上部分）不低于3万m^2，拥有合法土地使用权；年拆解废船能力3万轻吨以上。

9.《进口废光盘破碎料环境保护管理规定（试行）》（环保部公告2010年第69号）

进口废物圈区管理区外加工利用企业已具备1万吨及以上聚碳酸酯年生产能力并取得过“废光盘破碎料”或者“聚碳酸酯废碎料及下脚料”进口许可证。

该公告中进口废光盘破碎料加工利用企业环境保护考核表中要求：①厂区面积不低于15000m^2，拥有合法土地使用权，其中加工利用场地面积不低于8000m^2；②有不小于3000m^2的符合相应的建筑和环境保护设计规范的废光盘破碎料加工车间；③加工利用废光盘的能力不低于每年1万吨；④实际运行的设备总加工利用能力不低于30吨/天（根据生产设备标明的加工利用能力核定或者当场实验核定）。

10.《铅锌行业规范条件（2015）》（工信部公告2015年第20号）

对于单独处理锌氧化矿或者含锌二次资源的项目，新建及改造项目，火法处理工序规模需达到1.5万吨金属锌/年及以上，湿法单系列规模须达到5万吨金属锌/年及以上；现有企业火法处理工序须达到1万吨金属锌/年及以上，湿法单系列规模须达到3万吨金属锌/年及以上。单独处理冶炼渣回收稀贵金属的项目，单系列废渣处理规模须达到5万吨/年及以上，单系列铅铋合金电解生产线规模须达到2万吨/年及以上。

11.《铜冶炼行业规范条件（2014）》（工信部公告2014年第29号）

新建和改造利用铜精矿和含铜二次资源的铜冶炼企业，冶炼能力须在10万吨/年及以上。现有利用含铜二次资源为原料的铜冶炼企业生产规模不得低于5万吨/年。铜冶炼项目的最低资本金比例必须达到20%。

12.《铝行业规范条件》（工信部公告2013年第36号）

利用高铝粉煤灰资源生产氧化铝项目必须接近粉煤灰产地，建设规模应达到年生产能力 50 万吨及以上，高铝粉煤灰资源保障服务年限应不得低于 30 年。新建再生铝项目，规模应在 10 万吨/年及以上；现有再生铝企业的生产规模不小于 5 万吨/年。

13. 《锡行业规范条件》（工信部公告 2015 年第 89 号）

建设单独处理含锡二次资源的项目，生产产品含锡量产能应达到 4000 吨/年以上。

14. 《钨行业规范条件》（工信部公告 2016 年第 1 号）

新建、改造及现有的单一处理废钨催化剂冶炼项目，单系列实物处理能力应达到 5000 吨/年及以上；单一处理废钨合金项目，单系列实物处理能力应达到 500 吨/年及以上；其他处理含钨等二次资源冶炼项目，单系列实物处理能力应达到 1500 吨/年及以上。

15. 《废轮胎综合利用行业准入条件》（工信部公告 2012 年第 32 号）

对已建废轮胎加工利用企业，废轮胎年综合处理能力不得低于 1 万吨；新建、改扩建的废轮胎加工利用企业，年综合处理能力不得低于 2 万吨（常压连续再生法除外）。

16. 《废塑料综合利用行业规范条件》（工信部公告 2015 年第 81 号）

①PET 再生瓶片类企业：新建企业年废塑料处理能力不低于 3 万吨，已建企业不低于 2 万吨；②废塑料破碎、清洗、分选类企业：新建企业年废塑料处理能力不低于 3 万吨，已建企业不低于 2 万吨；③塑料再生造粒类企业：新建企业年废塑料处理能力不低于 5000 吨，已建企业不低于 3000 吨。

17. 危险废物和医疗废物集中焚烧处置工程建设技术要求

《危险废物集中焚烧处置工程建设技术要求（试行）》和《医疗废物集中焚烧处置工程建设技术要求（试行）》（环发〔2004〕15 号）提出，危险废物集中焚烧处置工程建设规模的确定和技术路线的选择，应根据城市社会经济发展水平、城市总体规划、环境保护专业规划以及焚烧技术的适用性等合理确定，应根据焚烧厂服务范围内的危险废物可焚烧量、分布情况、发展规划以及变化趋势等因素综合考虑确定。并要求处理规模 8 吨/日以上（含 8 吨/日）的医疗废物焚烧厂设计服务期限不应低于 15 年，处理规模 8 吨/日以下的医疗废物焚烧厂设计服务期限不应低于 10 年。

（四）独资或合资（股份占比要求）

除了国家法律明令禁止进口的固体废物以及需要许可批准进口的固体废物外，中国在固体废物产业领域并没有设置国外投资和国内投资方面的明显壁垒，无论内资、合资还是外资企业，都必须遵守国家的法律要求，这样为包含固体废物产业在内的环保产业的投资者创造了良好机会和公平平台。

1.《公司法》的要求

2006年1月1日起施行的《公司法》（国家主席令第42号）规定，公司是企业法人，有独立的法人财产，享有法人财产权。有限责任公司的股东以其认缴的出资额为限，对公司承担责任；股份有限公司的股东以其认购的股份为限，对公司承担责任。公司设立的有关条件简述如下：

（1）有限责任公司

设立有限责任公司应当具备下列基本条件：①股东符合法定人数；②股东出资达到法定资本最低限额；③股东共同制定公司章程；④有公司名称，建立符合有限责任公司要求的组织机构；⑤有公司住所等。

有限责任公司由50个以下股东出资设立，全体股东的首次出资额不得低于注册资本的20%，也不得低于法定的注册资本最低限额，其余部分由股东自公司成立之日起2年内缴足。其中，投资公司可以在5年内缴足。有限责任公司注册资本的最低限额为人民币3万元。全体股东的货币出资金额不得低于有限责任公司注册资本的30%。

一人有限责任公司的注册资本最低限额为人民币10万元。股东应当一次足额缴纳公司章程规定的出资额。

（2）股份有限公司

设立股份有限公司应当具备下列基本条件：①发起人符合法定人数；②发起人认购和募集的股本达到法定资本最低限额；③股份发行、筹办事项符合法律规定；④发起人制定公司章程，采用募集方式设立的经创立大会通过；⑤有公司名称，建立符合股份有限公司要求的组织机构；⑥有公司住所等。

设立股份有限公司应当有2人以上200人以下为发起人，其中须有50%以上的发起人在中国境内有住所。股份有限公司注册资本的最低限额为人民币500万元。股份有限公司采取发起设立方式设立的，公司全体发起人的首次出资额不得低于注册资本的20%，其余部分由发起人自公司成立之日起2年内缴足；以募集设立方式设立股份有限公司的，发起人认购的股份不得少于公司股份总数的35%。

上市公司是指其股票在证券交易所上市交易的股份有限公司。公司的股份采取股票的形式，股票是公司签发的证明股东所持股份的凭证。

2. 外资企业要求

外资企业是指依照《外资企业法》及有关法律规定在中国内地由外国

投资者全额投资设立的企业（外商独资企业）。外商投资股份有限公司为经商务部依法批准设立，其中外资的股本占公司注册资本的比例达25%以上的股份有限公司。凡其中外资股本占公司注册资本的比例小于25%的属于内资企业中的股份有限公司。

改革开放早期制定的《中外合资经营企业法》、《外资企业法》和《中外合作经营企业法》（简称“外资三法”），奠定了中国利用外资的法律基础。随着国内外形势发展，现行“外资三法”已难以适应全面深化改革和进一步扩大开放的需要，根据国家立法计划，商务部启动了《中外合资经营企业法》、《外资企业法》和《中外合作经营企业法》修改工作，于2015年1月19日公布了《中华人民共和国外国投资法（草案征求意见稿）》。专家认为，这将实现“外资三法”合一，结束外商逐案审批管理模式，重新构建“有限许可加全面报告”的外资准入管理制度。外国投资者在负面清单内投资，需要申请外资准入许可；外国投资者在中国境内投资，不区分负面清单内外，均需要履行报告义务。在实施负面清单管理模式下，绝大部分的外资进入将不再进行审批。准入前国民待遇加负面清单的管理模式下，禁止和限制外国投资者投资的领域将以清单方式明确列出，清单以外充分开放，外国投资者及其投资享有不低于中国投资者及其投资的待遇。

例如，上海自贸区对外商投资准入特别管理措施（负面清单）之外的领域，按照内外资一致的原则，将外商投资项目由核准制改为备案制，但国务院规定对国内投资项目保留核准的除外；将外商投资企业合同章程审批改为备案管理。

也就是说，国家将实行统一的外国投资准入制度，对禁止或限制外国投资的领域依据特别管理措施目录实施管理，特别管理措施目录分为禁止实施目录和限制实施目录，限制实施目录详细列明对外国投资的限制条件。

（五）进口关税政策和非关税要求

1. 环境产品、关税和非关税壁垒

随着世界贸易自由化进程的加快，产品的环境因素对产品竞争力起到越来越重要的作用，也使得贸易保护主义中非贸易壁垒加强；随着世界环保浪潮的兴起，各国环境保护意识日益加强，对国内生产和从国外进口的环境产品质量要求更安全、卫生、环保，ISO9000产品质量标准和ISO14000环境标准的出现使国际贸易更追求产品的环境意识。自由贸易的原则尽管可以使各国普遍受益，但受益程度相差悬殊，对相对落后的发展中国家来说，自由贸易带来的资源配置最优化的结果往往是那些资源密集型产业和劳动密集型产业得到进一步的发展，资本和技术密集型的产业将会萎缩；而发达国家通过技术和资本的输出促使这些产业向更高阶段发展，同时加快将资源密集型产业和劳动密集型产业向发展中国家转移。

在经济全球化和区域经济一体化的大背景下，降低国际贸易的关税壁垒和非关税壁垒已经成为大势所趋，这一趋势在环境产品及相关服务贸易中表现尤为明显。2012 年 APEC 成员就“APEC2012 环境产品清单”以及截至 2015 年对清单里所有环境产品的关税降低到 5% 以下达成共识。非关税措施或壁垒的范围很广并且形式多样，还没有明确的、统一的标准，WTO 把非关税壁垒分为与进口有关的、与出口有关的和与国内市场有关的 3 个领域。与进口有关的有进口配额、进口禁止、通关手续及成本等；与出口有关的非关税壁垒有出口补助等；与国内市场有关的非关税壁垒有保健、技术、环境标准等国内制度。环境产品贸易自由化所面临的主要障碍并不是关税壁垒，而是包括海关以及行政手续、贸易技术壁垒（TBT）、实施卫生与植物卫生措施协议（SPS 协议）等其他非关税壁垒。

2. 中国绿色贸易政策框架

进出口产品可分为：①鼓励贸易类产品，是指生产过程及产品本身节约能源和资源，并对环境友好的产品，如环境标志产品，通过提高出口退税率等政策措施，鼓励和扩大其出口规模。②限制贸易类产品，是指不利于节约资源和改善生态环境的产品，可采取征收出口关税及调节出口关税税率、加征出口资源环境关税等措施限制其出口规模。③禁止贸易类产品，是指对环境造成污染损害，破坏自然资源或损害人体健康的产品，如“两高一资”产品，要禁止准入，禁止外商投资。④许可贸易类产品，是指非鼓励贸易类、限制贸易类和禁止贸易类产品，大多数产品属于这一类型，需要征收出口关税及调节出口关税税率，适当加征出口环境关税。

绿色贸易转型在绿色经济转型中具有重要作用，相关部门连续采取了限制“两高一资”产品出口等举措，在优化贸易结构和污染减排方面，取得了积极进展和一定成效。如“十一五”初期，财政部、税务总局、商务部等有关部门 10 批次取消了 1115 个“两高一资”产品的出口退税，4 批次对 300 多个商品开征出口关税，来限制“两高一资”产品的出口。

3. 中国固体废物原料进口检验检疫的非关税壁垒

在权衡环境与贸易利益关系时，既不能通过过度设置环境限制条件来阻碍贸易的发展，也不能牺牲环境利益来实现贸易利益；在非歧视原则下，中国应提高环境准入门槛，防止国外污染转移，执行更严格的进口废物原料环境标准；在透明度原则下，建立有关环境贸易的环境措施公布和通报制度及程序，树立良好的国际形象。进口废物原料检验监管体系构成了中国技术性贸易措施体系——非关税壁垒的重要组成部分，形式包括：技术性贸易壁垒、卫生与植物卫生措施、进口许可等。

（1）进口废物原料检验检疫技术壁垒

相关法律主要包括《进出口商品检验法》、《进出境动植物检疫法》、《国境卫生检疫法》、《固体废物环境污染防治法》和《控制危险废物越境转移及其处置巴塞尔公约》等。

法规层次包括《进出口商品检验法实施条例》、《国境卫生检疫法实施细则》、《国境动植物检疫法实施条例》和《货物进出口管理条例》等行政法规和《进口可用作原料的固体废物检验检疫监督管理办法》（总局第119号令）及环保部、商务部、国家发改委、海关总署、国家质检总局联合发布的公告等部门规章。

技术标准包括《进口可用作原料的固体废物环境保护控制标准》（GB 16487.1－13）、《危险废物鉴别标准》（GB 5085）、《进口可用作原料的废物放射性污染检验规程》（SN/T 0570）、《进口废物原料检验检疫规程》（SN/T1791.1－13）和《国家危险废物名录》等。

（2）进口废物原料检验检疫体系的卫生与植物卫生措施特点

中国对废物原料的“检疫措施”是强制执行的，其依据是《国境卫生检疫法实施细则》。废物原料经检疫处理后，卫生除害部门必须在显著位置张贴除害处理标志，并出具《检疫处理结果单》。如现场查验发现有活虫的集装箱，还必须进行二次熏蒸。

（3）进口废物原料检验检疫体系的配额制度

非关税壁垒中的进口许可是针对《限制进口类可用作原料的固体废物目录》中的废物，通过发放进口许可证来限制某些种类商品的进口量，进口废物原料的配额是赋予进口商的。当然列入《禁止进口固体废物目录》中的废物种类禁止进口；列入《非限制许可进口类可用作原料的固体废物目录》中的废物种类进口应符合国家环境保护标准要求，但不需要申领进口许可证。

三　固体废物处理项目环境影响评价要求

（一）环境影响评价概述

环境影响评价是中国环境保护的一项重要法律制度，20 世纪 70 年代从国外引入，经历了由部门规章到国务院条例，再到《环境影响评价法》的发展过程。符合《环境影响评价法》的要求是中国所有建设项目最基本的市场准入要求。

国务院有关部门、设区的市级以上地方人民政府及其有关部门，对其组织编制的工业、农业、畜牧业、林业、能源、水利、交通、城市建设、旅游、自然资源开发的有关专项规划（以下简称“专项规划”），应当在该专项规划草案上报审批前，组织进行环境影响评价，专项规划的环境影响报告书应当包括下列内容：①实施该规划对环境可能造成影响的分析、预测和评估；②预防或者减轻不良环境影响的对策和措施；③环境影响评价结论。

国家根据建设项目对环境的影响程度，对建设项目的环境影响评价实行分类管理。可能造成重大环境影响的，应当编制环境影响报告书，对产生的环境影响进行全面评价；可能造成轻度环境影响的，应当编制环境影响报告表，对产生的环境影响进行分析或者专项评价；对环境影响很小、不需要进行环境影响评价的，应当填报环境影响登记表。环保部制定建设项目的环境影响评价分类管理名录。

建设项目的环境影响报告书应当包括下列内容：①建设项目概况；②建设项目周围环境现状；③建设项目对环境可能造成影响的分析、预测和评估；④建设项目环境保护措施及其技术、经济论证；⑤建设项目对环境影响的经济损益分析；⑥对建设项目实施环境监测的建议；⑦环境影响评价的结论。

2016 年 5 月，环保部出台《关于积极发挥环境保护作用促进供给侧结构性改革的指导意见》中指出：对于重点领域相关规划未依法开展环评的，不得受理其建设项目环评文件；对于已依法开展规划环评的，要将规划环评结论及审查意见作为项目环评审批的重要依据。2016 年年底前，完成建设项目环评分类调整，对于基本没有环境影响的项目，取消环评审批；对于环境影响较小的，实行备案管理；对于其他项目，开辟绿色通道，简化审批程序，缩短审批周期。

（二）固体废物处理项目环境影响评价

1. 固体废物环境影响评价的基本内容和重点

固体废物并没有其对应的环境要素，也没有相关的质量标准可评价。根据相关环境影响评价技术导则，固体废物环境影响评价类似其他环境要素的编制，主要有工程分析、环境质量、环境影响预测及评价、环境保护措施及其技术、经济论证等。在建设项目环境影响评价过程中，固体废物处理与处置措施是其环境影响评价的主要内容和重点，而污染源的风险控制则是其评价的核心。

固体废物环境影响评价从产生来源和流向上大致分为两类情况，一类为一般项目产生的固体废物，由产生、收集贮存、运输到最终处置4个环节构成；另外一类是处理、处置和再利用固体废物项目。前一类项目在建设项目环境影响评价中经常出现，一般的建设项目并无最终处置固体废物的能力，从环境管理角度看，固体废物分散最终处置也容易造成二次污染和浪费土地资源，所以一般项目产生的固体废物最终处置都是依托专业废物处置单位处置。

由于一般项目并不具备固体废物最终处理和处置能力，所以其固体废物环境影响评价应侧重固体废物的贮存、运输路径对环境的影响分析，特别是贮存方式不同，其污染途径也不相同，其影响的对象应划入相应的环境要素影响评价工作中，同时也应对最终处置进行可行性分析。而固体废物污染防治措施分析应侧重于贮存方式、贮存量、贮存位置技术可行性分析以及运输路线的合理化分析与建议。

后一类则是固体废物的建设项目，全过程的环境污染风险分析和污染防治措施则是评价的重点内容，有的固废类别已有相关评价技术规范，如《危险废物和医疗废物处置设施建设项目环境影响评价技术原则（试行)》。

2. 固体废物污染防治的原则和措施

对于建设项目而言，固体废物污染防治应关注以下几个方面。

①在项目建设中，应该加强管理，减少对于原料和能源的消耗，依照循环经济和可持续发展的要求，积极引入节能减排技术，对固体废物的来源进行有效控制，通过清洁生产工艺，减少固体废物产生量，从而缓解项目末端对污染物的处理压力。

②对于无法回收利用的固体废物，在环境影响评价中，应该结合建设项目所处区域的环境规划，以及产生的固体废物总量，设置切实有效的固体废物治理措施，尽可能减少其对环境的影响和破坏。

③重视固体废物治理的监管，保证各项工作有序开展，确保固体废物治理的有效性。

（三）案例：危险废物焚烧建设项目的环境影响评价重点内容

1. 项目选址合理性分析

根据现行《危险废物焚烧污染控制标准》、《危险废物贮存污染控制标准》、《危险废物集中焚烧处置工程建设技术规范》和《危险废物处置工程技术导则》等规范要求进行选址比较，重点要求如下：

①禁止建设在《地表水环境质量标准》（GB 3838－2002）中规定的地表水环境质量Ⅰ类、Ⅱ类功能区和《环境空气质量标准》（GB 3095－2012）中规定的环境空气质量一类功能区，即自然保护区、风景名胜区、人口密集的居住区、商业区、文化区和其他需要特殊保护的地区。

②应具备满足工程建设要求的工程地质条件和水文地质条件。不应建在受洪水、潮水或内涝威胁的地区；受条件限制，必须建在上述地区时，应具备抵御百年一遇洪水的防洪、排涝措施。

③厂址选择时，应充分考虑焚烧产生的炉渣及飞灰的处理与处置，并宜靠近危险废物安全填埋场。

④应有可靠的电力供应、供水水源和污水处理及排放系统。

⑤应详细阐述选址是否合适，项目建设是否必要，与相关行业的发展现状及规划情况，诸如所在区域的产业发展情况、产业园区布局、危险废物的产生量、现有危险废物处置单位的规模及布局等。

2. 废气污染防治措施可靠性论证

废气污染物组成。危险废物焚烧类建设项目的有组织废气主要包括储罐区废气、危险废物焚烧系统废气，主要污染物简介如下。①酸性气体。HCl：固废中主要由含氯有机物焚烧热分解产生，如PVC塑料包装物、含氯消毒或漂白的废弃废物；HF：自含氟化合物的燃烧；SO_2：部分来自危险废物中含硫物质的热分解和氧化，部分来自辅助燃料燃烧；NO_x：主要来自危险废物中含氮物质的热分解和氧化燃烧；CO：部分来自危险废物中碳的热分解，部分来自不完全燃烧。②烟尘。焚烧烟气中的烟尘是焚烧过程中产生的微小颗粒性物质，主要是被燃烧空气和烟气吹起的小颗粒灰分；未充分燃烧的碳等可燃物；因高温而挥发的盐类和重金属等在烟气冷却处理过程中又冷凝或发生化学反应而产生的物质。③重金属。烟气中重金属一般由固废含金属化合物或其盐类热分解产生，包括混杂的油墨、药物等。在废物焚烧过程中，为有效焚烧有机物质，需要相当高的温度，使部分重金属以气态形式附着于飞灰而随废气排出，废气中所含重金属量与废物组成性质、重金属存在形式、焚烧炉的操作条件有密切关系。④二噁英类物质。焚烧过程中二噁英及呋喃类物质主要来自三方面：危险废物本身成分、炉内形成、炉外低温再合成。

废气污染防治措施。废气净化装置应有可靠的防腐蚀、防磨损和防止飞灰阻塞的措施。烟气净化流程如下：高温烟气经过余热锅炉降温后，经烟道从上方进入急冷塔急速降低烟气温度。经急冷后的烟气自脱酸塔底部进入，消石灰粉通过定量给料机装置连续均匀地喷入脱酸塔，两者在塔内进行充分混合，可脱除烟气中的大量酸性气体；在脱酸塔与除尘器之间串联活性炭喷入装置，利用活性炭具有极大比表面积和极强吸附能力的特性，对烟气中的二噁英和汞等重金属进行吸附；含石灰、活性炭粉尘的烟气从进风口进入布袋除尘器处理。从布袋除尘器出来的烟气通过预冷器进入喷淋洗涤塔，其中预冷器利用喷水方式急速降温，同时可去除一部分酸，进一步除尘；喷淋洗涤塔则利用碱液进一步去除烟气中剩余的酸性气体。

3. 环境风险及其防范措施

环境风险识别。根据物质风险、生产设施、生产装置及生产过程潜在危险性识别，并结合统计资料，确定环境风险事故发生概率。

环境风险防范措施。包括：①选址、总图布置和建筑安全防范措施；②焚烧装置风险防范措施；③次生/伴生污染防治措施；④事故水收集措施合理性论证。

4. 地下水环境影响评价及污染防治措施

根据《环境影响评价技术导则地下水环境》（HJ 610－2016），危险废物焚烧类建设项目属于I类项目，根据项目选址周边地下水环境敏感程度至少应做二级评价。一般选择化学需氧量（COD）作为预测因子，污染物非正常排放的预测情景渗漏量为正常工况下的10倍。

投产后，如企业管理不当或防治措施未到位，所产生的废水和渗滤液会通过不同途径进入地下水和土壤中，从而污染到地下水和土壤环境。因此，建设过程中必须采取最严格的防渗措施。

四 其他要求

（一）处理技术及设备要求

由于固体废物处理技术和设备非常多，国家和各地方管理的要求也很多，都分散在相关法规、技术政策、技术标准、技术规范等文件中。例如，《固废法》明确规定：国家有关部门组织推广先进的防治工业固体废物污染环境的生产工艺和设备；组织研究、开发和推广减少工业固体废物产生量和危害性的生产工艺和设备，公布限期淘汰落后生产工艺、落后设备的名录；列入限期淘汰名录被淘汰的设备，不得转让给他人使用；企业事业单位应当采用先进生产工艺和设备，减少工业固体废物产生量和危害性等。《清洁生产促进法》明确规定：国家有关部门定期发布清洁生产技术、工艺、设备和产品导向目录。国家对浪费资源和严重污染环境的落后生产技术、工艺、设备和产品实行限期淘汰制度。国家有关部门按照职责分工，制定并发布限期淘汰的生产技术、工艺、设备以及产品的名录。对于处理技术及设备的要求，工信部发布的相关行业规范条件中要求最为具体、明确，例如：

1. 再生铜冶炼技术及设备要求

根据《铜冶炼行业规范条件（2014）》（工信部公告 2014 年第 29 号），新建和改造利用各种含铜二次资源的铜冶炼项目，须采用先进的节能环保、清洁生产工艺和设备。预处理环节应采用导线剥皮机、铜米机等自动化程度高的机械法破碎分选设备，对特殊绝缘层及漆包线等除漆需要焚烧的，必须采用烟气治理设施完善的环保型焚烧炉。禁止采用化学法以及无烟气治理设施的焚烧工艺和装备。禁止使用直接燃煤的反射炉熔炼含铜二次资源。全面淘汰无烟气治理措施的冶炼工艺及设备。

2. 再生铝冶炼技术及设备要求

根据《铝行业规范条件》（工信部公告 2013 年第 36 号），再生铝项目必须按照规模化、环保型的发展模式建设，必须采用具有双室炉、带蓄热式燃烧系统、满足废烟气热量回收利用、提高金属回收率等的先进熔炼炉型，并配套建设具有铝灰渣综合回收及二噁英防控能力的设备设施。禁止利用直接燃煤反射炉和 4 吨以下其他反射炉生产再生铝，禁止采用坩埚炉熔炼再生铝合金。现有再生铝生产系统，应采取有效措施去除原料中含氯物质及切削油等有机物。

3. 再生铅锌冶炼技术及设备要求

根据《铅锌行业规范条件（2015）》（工信部公告 2015 年第 20 号），鼓励矿铅冶炼企业利用富氧熔池熔炼炉等先进装备处理铅膏、冶炼废渣等含铅二次资源。再生铅工艺过程采用密闭熔炼设备，并在负压条件下生产，防止废气逸出。

鼓励大中型锌冶炼企业搭配处理锌氧化矿及含锌二次资源，实现资源综合利用。强化含锌二次资源的回收管理工作，新建、改造及现有含锌二次资源利用项目中，必须采用先进的工艺和设备，采用火法工艺必须配套建设窑渣回收设施、余热回收利用系统、尾气脱硫系统，处理含氟、氯的含锌二次资源项目应建有完善的除氟、氯设施。禁止利用直接燃煤的传统熔炼炉进行含锌二次资源冶炼。

4. 锡二次资源冶炼技术及设备要求

根据《锡行业规范条件》（工信部公告 2015 年第 89 号），鼓励锡冶炼企业利用富氧熔池熔炼炉等先进装备处理含锡二次资源。现有落后的反射炉熔炼工艺应在2020年年底前逐步淘汰。以电炉处理含锡二次资源的锡冶炼项目，单台功率不得低于800千伏安；以烟化炉处理含锡二次资源的锡冶炼项目，单台烟化炉床面积不得低于4m^2，且应配备有余热锅炉或其他余热利用设备及二氧化硫烟气治理系统。禁止使用直接燃煤的反射炉、鼓风炉等国家明令淘汰的工艺和设备熔炼含锡二次资源。全面淘汰无烟气治理措施的冶炼工艺及设备。

5. 钨二次资源冶炼技术及设备要求

根据《钨行业规范条件》（工信部公告2016年第1号），新建、改造及现有处理废钨催化剂应采用先进的密闭隧道窑或回转炉窑等工艺；处理废钨金属或合金，应采用电熔法、锌熔法、燃气炉氧化焙烧法等先进工艺，禁止采用反射炉，淘汰烧煤工艺，鼓励采用天然气或其他清洁能源。

6. 废轮胎回收利用要求

根据《废轮胎综合利用行业准入条件》（工信部公告2012年第32号），新建、改扩建废轮胎加工利用企业必须采用先进技术、先进工艺及先进设备：①再生橡胶生产采用动态法、常压连续再生法、力化学法等，再生橡胶生产企业应同步配套除尘装备、尾气净化装置、烟气及水处理装置；②橡胶粉生产采用常温法，加工过程实现自动化，同步配套除尘、降噪装置；③热解企业采用负压热解技术，配套油品分离装置、炭黑加工装置、尾气排放环保控制装置，生产过程实现集成自动化和连续化等。

7. 废塑料综合利用工艺与装备要求

根据《废塑料综合利用行业规范条件》（工信部公告2015年第81号），新建及改造、扩建废塑料综合利用企业应采用先进技术、工艺和装备，提高废塑料再生加工过程的自动化水平。

①PET再生瓶片类企业。应实现自动进料、自动包装与加工过程的自动控制。其中，破碎工序应采用具有减振与降噪功能的密闭破碎设备；湿法破碎、脱标、清洗等工序应实现洗涤流程自动控制和清洗液循环利用，降低耗水量与耗药量；应使用低发泡、低残留、易处理的清洗药剂。

②废塑料破碎、清洗、分选类企业。应采用自动化处理设备和设施，其中，破碎工序应采用具有减振与降噪功能的密闭破碎设备；清洗工序应实现自动控制和清洗液循环利用，降低耗水量与耗药量；应使用低发泡、低残留、易处理的清洗药剂；分选工序鼓励采用自动化分选设备。

③塑料再生造粒类企业。应具有与加工利用能力相适应的预处理设备

和造粒设备，其中，造粒设备应具有强制排气系统，通过集气装置实现废气的集中处理。

（二）能源消耗及资源综合利用方面的环境要求

1. 再生铜冶炼能源消耗及资源综合利用方面的环境保护要求

根据《铜冶炼行业规范条件（2014）》（工信部公告2014年第29号），要求如下。

①能源消耗。新建利用含铜二次资源的铜冶炼企业阴极铜精炼工艺综合能耗在360kg标准煤/吨及以下。现有利用含铜二次资源的铜冶炼企业阴极铜精炼工艺综合能耗在430kg标准煤/吨及以下，其中阳极铜工艺综合能耗在360kg标准煤/吨及以下。

②资源综合利用。新建含铜二次资源冶炼企业的水循环利用率应达到95%以上，现有含铜二次资源冶炼企业的水循环利用率应达到90%以上。

③环境保护。所有新建、改造铜冶炼项目必须严格执行环境影响评价制度，落实各项环境保护措施，项目未经环保部门验收不得正式投产。企业要按规定办理《排污许可证》，持证排污，达标排放。企业应有健全的企业环境管理机构和制度。

铜冶炼企业要做到污染物处理工艺技术可行，治理设施齐备，各项铜冶炼污染物排放要符合《铜、镍、钴工业污染物排放标准》（GB 25467－2010），企业污染物排放总量不超过环保部门核定的总量控制指标。新建及改造项目要同步建设配套在线污染物监测设施并与当地环保部门联网。铜冶炼企业最终废弃渣必须进行无害化处理。

2. 再生铝冶炼能源消耗及资源综合利用方面的环境保护要求

根据《铝行业规范条件》（工信部公告2013年第36号），要求如下：

①能源消耗。再生铝生产系统，必须有节能措施，新建及改造再生铝项目综合能耗应低于130kg标准煤/吨，现有再生铝企业综合能耗应低于150kg标准煤/吨。

②资源消耗及综合利用。新建、改扩建废铝再生利用项目铝的总回收率95%以上，现有废铝再生利用企业铝的回收率91%以上。废铝再生利用企业应配备热灰处理设备，如热渣压制机、炒灰机、回转式热灰处理设备等，综合回收铝灰渣，最终废弃铝灰渣中铝含量3%以下。废水循环利用率98%以上。

③环境保护。再生铝企业污染物排放要符合国家《铝工业污染物排放标准》（GB 25465－2010），污染物达标排放，企业污染物排放总量不超过

环保部门核定的总量控制指标。企业要做到工业废水深度处理后循环利用，减少排放。

3. 再生铅锌冶炼能源消耗及资源综合利用方面的环境保护要求

根据《铅锌行业规范条件（2015）》（工信部公告2015年第20号），要求如下。

（1）能源消耗

新建及改造铅冶炼项目，粗铅工艺综合能耗须低于245kg标准煤/吨。新建及改造锌冶炼项目，含浸出渣火法处理的电锌锌锭工艺综合能耗须低于900kg标准煤/吨，电锌直流电耗应低于2900千瓦时/吨，电流效率应大于88%。新建及改造处理含锌二次资源的项目，火法富集工序综合能耗须低于1200kg标准煤/吨，湿法锌冶炼工序电锌锌锭工艺综合能耗须低于900kg标准煤/吨。新建及改造以回收稀贵金属为主要目的的渣处理项目，渣处理能耗须低于85kg标准煤/吨。

现有铅冶炼企业，粗铅工艺综合能耗须低于260kg标准煤/吨。现有处理含锌二次资源的项目，火法富集工序综合能耗须低于1300kg标准煤/吨，湿法锌冶炼工序电锌锌锭工艺综合能耗须低于920kg标准煤/吨。现有以回收稀贵金属为主要目的的渣处理项目，渣处理能耗须低于110kg标准煤/吨。现有企业应通过技术改造节能降耗，尽快达到新建企业能耗水平。

（2）资源消耗及综合利用

新建及改造铅冶炼项目，总回收率应达到96.5%及以上，粗铅熔炼回收率应达到97%以上，尾渣含铅小于2%，铅精炼回收率应达到99%以上；总硫利用率须达到96%以上，硫捕集率须达到99%以上；水循环利用率须达到98%以上。新建及改造锌冶炼项目，电锌冶炼总回收率应达到96%及以上；总硫利用率须达到96%以上，硫捕集率须达到99%以上；水的循环利用率须达到95%以上。新建及改造含锌二次资源项目，锌总回收率应达到88%及以上，其中火法富集回收率应达到90%及以上；水的循环利用率须达到95%以上。新建及改造的以回收稀贵金属为主要目的的渣处理项目，尾渣含铅小于2%，水的循环利用率须达到95%及以上。

现有铅锌冶炼企业，铅冶炼总回收率应达到96%以上，粗铅冶炼回收率应达到97%以上；总硫利用率须达到96%以上，硫捕集率须达到98%以上；水循环利用率须达到95%以上。现有含锌二次资源项目，锌总回收率应达到86%及以上，其中火法富集回收率应达到90%及以上；水的循环利用率须达到95%以上。现有以回收稀贵金属为主要目的的渣处理项目，尾渣含铅小于2%，水的循环利用率须达到95%及以上。现有铅锌冶炼企业应通过技术改造降低资源消耗，尽快达到新建企业标准。

（3）环境保护

铅锌选矿及冶炼企业应做到污染物处理工艺技术可行，治理设施齐备，运行维护记录齐全，与主体生产设施同步运行。各项污染物排放须符合国家《铅、锌工业污染物排放标准》（GB 25466－2010）中相关要求，企业污染物排放总量不超过环保部门核定的总量控制指标。执行大气污染物特别排放限值的地区的新建铅锌项目要符合《铅、锌工业污染物排放标准》（GB 25466－2010）修改单要求。尾矿渣、冶炼渣、冶炼飞灰等固体废弃物必须按照国家固体废物和危险废物管理的要求进行无害化处理处置或交有资质的单位处理。

铅锌选矿、冶炼企业依法实施包含特征污染物的强制性清洁生产审核。新建、改造及现有冶炼项目，均须建有在线监测设施并按要求与当地环保部门联网。

4. 锡二次资源冶炼技术及设备要求

根据《锡行业规范条件》（工信部公告2015年第89号），要求如下：

（1）能源消耗

锡冶炼项目（含锡二次资源）综合能耗应在1600kg标准煤/吨及以下。

（2）资源综合利用

新建、改造及现有以含锡二次资源为原料的锡冶炼项目，锡金属综合回收率应达到96%及以上，水重复利用率应达到80%及以上。现有锡冶炼企业应通过技术改造，不断提高资源综合利用水平。

（3）环境保护

锡冶炼企业应遵守环境保护相关法律、法规和政策，所有锡项目应严格执行环境影响评价制度，落实各项环境保护措施，项目未经环保部门验收不得正式投产。企业要持证排污，应有健全的环境管理机构和环境管理制度。企业应做到污染物处理工艺技术可行，治理设施齐备，运行维护记录齐全，与主体生产设施同步运行，对排放污染物开展自行监测。各项污染物排放应符合国家《锡、锑、汞工业污染物排放标准》（GB 30770－2014）和《工业企业厂界环境噪声排放标准》（GB 12348－2008）中相关要求。企业污染物排放总量不超过环保部门核定的总量控制指标。尾矿渣、冶炼渣、烟（粉）尘等固体废弃物必须按照国家固体废物和危险废物管理的要求进行规范化处置，并按照有关规定，开展突发环境事件环境风险评估和环境安全隐患排查治理，制定突发环境事件应急预案并向环保部门备案。企业应实施强制性清洁生产审核。

5. 钨二次资源冶炼能源消耗及资源综合利用方面的环境保护要求

根据《钨行业规范条件》（工信部公告 2016 年第 1 号），要求如下。

（1）资源综合利用及能耗

①新建及改造含钨二次资源冶炼项目，处理废钨催化剂（含钨 8% 及以上）项目，钨酸钠回收率不低于 90%，仲钨酸铵回收率不低于 85%，吨处理废钨催化剂综合能耗不高于 0.8 吨标煤。②处理废钨金属或合金（含钨 30% 及以上）项目，钨酸钠回收率不低于 98%，仲钨酸铵回收率不低于 95%；锌熔法工艺碳化钨回收率不低于 98%；电熔法工艺碳化钨回收率不低于 98.5%，吨处理废钨金属或合金综合能耗不高于 0.85 吨标煤。

（2）环境保护

①企业应遵守环境保护相关法律、法规和政策，所有新建及改造项目应严格执行环境影响评价制度，落实各项环境保护措施，生产项目未经环保部门验收不得正式投产。企业要按规定办理排污许可证，应有健全的环境管理机构和制度，冶炼及加工企业应通过 ISO14000 环境管理体系认证。②冶炼、加工废气排放要达到《工业炉窑大气污染物排放标准》（GB 9078 - 1996）和《大气污染物综合排放标准》（GB 16297 - 1996），废水排放符合《污水综合排放标准》（GB 8978 - 1996），企业污染物排放总量不超过环保部门核定的总量控制指标，冶炼及加工企业产生的固体废物应妥善利用和处置。③企业应开展突发环境事件风险评估和环境安全隐患排查治理，制定突发环境事件应急预案等。

6. 废轮胎利用能源消耗及资源综合利用方面的环境保护要求

根据《废轮胎综合利用行业准入条件》（工信部公告 2012 年第 32 号），要求如下。

（1）能源消耗指标

废轮胎加工再生橡胶综合能耗低于 850 千瓦时/吨；废轮胎加工橡胶粉综合能耗低于 350 千瓦时/吨（40 吨以上及精细胶粉除外）；废轮胎热解加工综合能耗低于 300 千瓦时/吨。

（2）环境保护

①新建、改扩建废轮胎加工利用项目要依法向环保部门报批环境评价文件，按照环境保护“三同时”的要求，建设与项目相配套的环境保护设

施，并依法申请项目竣工环境保护验收。②废轮胎破碎处理厂房（区）应设置集尘和除尘设备，且粉尘收集设备的粉尘排放必须符合《大气污染物综合排放标准》的要求；再生橡胶生产设计应同步配套除尘装备、尾气净化装置、污水排放处理装置。脱硫装置尾气排放必须达到《大气污染物综合排放标准》和《恶臭污染物排放标准》；热解处理装置尾气排放必须达到《大气污染物综合排放标准》和《恶臭污染物排放标准》。③再生橡胶生产企业应建有废水循环处理池，实现废水循环利用。废水排放必须达到《污水综合排放标准》。④对于废轮胎加工处理工艺设备中噪声污染大的设备须采取降噪和隔音措施，噪声污染防治必须达到《工业企业厂界环境噪声排放标准》。

7. 废塑料利用能源消耗及资源综合利用方面的环境保护要求

根据《废塑料综合利用行业规范条件》（工信部公告 2015 年第 81 号），要求如下：

（1）资源综合利用及能耗

①企业应对收集的废塑料进行充分利用，提高资源回收利用效率，不得倾倒、焚烧与填埋；②塑料再生加工相关生产环节的综合电耗低于 500 千瓦时/吨废塑料；③PET 再生瓶片企业与废塑料破碎、清洗、分选类企业的综合新水消耗低于 1.5 吨/吨废塑料。塑料再生造粒类企业的综合新水消耗低于 0.2 吨/吨废塑料。

（2）环境保护

①废塑料综合利用企业应严格按照环保部门的相关规定报批环境影响评价文件。按照环境保护“三同时”的要求建设配套的环境保护设施，编制环境风险应急预案，并依法申请项目竣工环境保护验收。②企业加工存储场地应建有围墙，在园区内的企业可为单独厂房，地面全部硬化且无明显破损现象。③企业必须配备废塑料分类存放场所。原料、产品、本企业不能利用废塑料及不可利用废物贮存在具有防雨、防风、防渗等功能的厂房或加盖雨棚的专门贮存场地内，无露天堆放现象。企业厂区管网建设应达到“雨污分流”要求。④企业对收集的废塑料中的金属、橡胶、纤维、渣土、油脂、添加物等夹杂物，应采取相应的处理措施。⑤企业应具有与加工利用能力相适应的废水处理设施，废水必须经处理后达标排放。⑥除具有获批建设、验收合格的专业盐卤废水处理设施，禁止使用盐卤分选工艺。⑦再生加工过程中产生废气、粉尘的加工车间应设置废气、粉尘收集处理设施，通过净化处理，达标后排放等。

第六节　中国固体废物领域的国际合作

一　国际合作现状

中国固体废物领域的国际合作几乎与固体废物管理和技术同步发展，形式多样，为中国固体废物管理水平提高发挥了重要作用。

（一）生活垃圾处理处置领域的国际合作

1988 年，深圳环卫综合处理厂 2×150t/d 生活垃圾焚烧炉采用日本三菱公司制造的往复式炉排马丁炉技术，其成功建成标志着中国现代化大规模城市生活垃圾焚烧处理的开始；进入 21 世纪后，还不断从欧洲和日本引进先进成熟的机械炉排炉技术和设备，经过消化吸收实现了国产化，开发出具有自主知识产权的焚烧炉技术，建成了许多现代化的垃圾焚烧发电厂，如上海御桥、天津双港、广州李坑等垃圾焚烧发电厂。

法国威立雅环境集团于 1992 年首次进入中国水处理市场，后来扩展到固体废物领域，项目包括垃圾卫生填埋场、填埋气发电厂、危险废物处理中心、垃圾焚烧发电厂以及市政垃圾清理服务等，成为在中国最大的外资废弃物管理公司。公司旗下的数个工厂成为中国开创性垃圾处置项目，如广州兴丰生活垃圾卫生填埋场，中国第一座通过国际招标由跨国公司负责填埋设计和运营的垃圾填埋场；上海江桥垃圾焚烧厂，首个外资企业在中国获得“运营—维护”合同的垃圾焚烧项目；天津危险废弃物综合处理中心，国内首座集焚烧、物化处理、安全填埋、资源化为一体的现代化综合性危险废物处理处置中心；杭州天子岭填埋气体发电厂，中国第一家填埋气体发电厂。

在 2014 年中国固废网公布的“十大垃圾焚烧企业”中，大部分企业是引进国外的技术，或者成立合资股份公司。如中国光大国际有限公司在香港宣布，集团取得江苏省无锡市锡东生活垃圾发电项目管理运营权；绿色动力在香港联交所主板上市，成为 2014 年固废行业新晋上市企业，公司是中国最早引进国际先进垃圾焚烧技术并进行国产化研发的企业之一，在炉排炉垃圾焚烧技术方面拥有先发优势；重庆三峰环境公司在 2007 年就已开始探索“混血”机制推进股权多元化和混合所有制改革，引入全球最大垃圾发电专业公司美国卡万塔成立合资公司，是国内垃圾焚烧发电行业的领军企业之一；金州环境集团是较早在中国开展环境业务的企业之一，由其投资建设并运营的北京朝阳区高安屯生活垃圾焚烧厂，是目前亚洲单线处理规模最大的垃圾焚烧厂，焚烧厂采用国际先进设备，引进世界先进的焚烧工艺和烟气净化技术。

（二）进口废物领域的国际合作

1. 参与联合国环境规划署《巴塞尔公约》制定和履行公约义务

《巴塞尔公约》于1992年5月5日正式生效，该公约是全球缔约方数量最多的国际公约之一，旨在控制危险废物和两类特别控制的废物的非法越境转移，特别是向发展中国家转移。中国是《巴塞尔公约》的缔约国，几乎全程参与了公约的制定和历次重要会议，参与公约后续履行中许多重要技术文件的制定，对公约的制定和遵守做出了贡献。可以说，参与《巴塞尔公约》制定和履行该公约义务是中国固体废物领域国际合作的最重要项目，对中国固体废物管理体系建设和水平提升都产生了无可替代的影响。

2. 中荷两国环境保护合作项目：中国废船拆解——培训与教育项目

2002年2月13日，荷兰住房、规划和环境部与中国国家环境保护总局签订了环境保护谅解备忘录，进一步促进两国在环境保护方面的合作。备忘录列出了11项优先合作领域，其中第2项为大型船舶的清洁拆除，主要研究在环境无害下进行拆船。根据备忘录，除了荷兰铁行渣华船务公司与中国江阴长江拆船厂进行了废船拆解的预清理项目外，中荷双方环保部门签订了为期3年的“中国废船拆解——培训与教育项目”，并于2003年制定了项目建议书，包括三个方面工作：一是建立国家和地方两级的拆船培训和教育中心；二是开展废船拆解的环境无害化管理研究；三是开展培训活动，提高地方环保部门和拆船企业的环境无害化管理水平和安全拆解能力。

该项目实际执行到2007年结束，在国家环保总局污控司和国际司的指导下，圆满地完成了项目规定的各项内容，向荷兰住房、规划和环境部提交项目进展报告共14次，得到了荷兰住房、规划和环境部的好评。项目取得的主要成果如下。

①在项目实施期间，共对地方环保部门、企业管理人员，企业操作人员进行了8次培训活动，极大地提高了地方环保部门、拆船企业管理人员和操作人员的环保意识和污染防治能力。

②推动拆船企业大力开展ISO14000环境管理体系和OHSAS18000职业健康管理体系的认证工作。主要拆船企业通过了两项认证，提高了企业的环境管理水平和污染防治能力，提高了职工健康和安全保障水平。

③在中国的拆船企业中开展创建绿色拆船厂的研究和创建活动，绿色拆船意识深入各企业。项目组完成的《绿色拆船通用规范》由国家发改委于2005年颁布，成为中国拆船行业第一个标准；“废船拆解环境无害化管理研究”获得了2006年中国物流与采购联合会（部级）科技进步二等奖。

④在国家环保总局污控司的指导下，项目组还扩充开展了“拆解利用处置废船污染环境防治办法”、“拆船企业环境保护考核评估标准”、“拆船企业突发环境事件应急导则”和“中国国内废船拆解现状和对策研究”等国内废船的研究工作。

3. 环保部与国外主管部门建立打击固体废物非法越境转移信息交换工作机制

环保部与欧盟、荷兰、日本等国家和地区建立了预防和打击固体废物非法越境转移信息交换工作机制。2009～2015年，累计交换情报信息798次，发现并阻止了其中56批次固体废物向中国非法出口。其中，2013年就完成交换信息144次，阻止了其中19批次固体废物向中国非法转移；2015年完成交换信息64次，阻止了其中2批次固体废物向中国非法转移。此外，环保部与日本环境省建立了“中日打击废物非法越境转移跨部工作组会议”热线联系机制，截至2015年，召开双边例会7次。

根据中日环境部长会议的安排，双方2007年建立了中日废物管理司长级对话机制，每年举办一次，由中国环境保护部污染防治司和日本环境省废弃物循环再利用部轮流举办，在固体废物管理的各个领域进行交流合作。2009年在北京举行的司长级对话确定，在废物进出口管理方面建立联系人制度，由两国相关部门参加，形成中日废物进出口管理的密切联系机制。

2008年11月10日，中国环保部与荷兰住房、规划和环境部在北京签订环保合作备忘录，同意在有毒有害废物管理等领域优先开展合作。此后，中荷双方围绕废物越境转移开展了卓有成效的合作，通过信息交流、互访、考察培训等方式，有效地打击了国际废物非法越境转移活动，仅2012年就交换情报信息163余次，阻止了其中14批次不合格的固体废物向中国非法出口，成功退运1批次非法进口废物。

根据2010年10月中美双方签署生效的《环境领域科学技术合作谅解备忘录》附件4《危险废物和固体废物》，2011年以来，双方确定了危险废物、电子废物、污染场地管理3个合作领域。2014年，环保部固体废物与化学品管理技术中心承担了中美电子废物越境转移情况调查项目，对两国电子废物进出口管理进行了比较研究。

（三）工业废物处理处置领域的国际合作

自20世纪90年代起，中国环保部门先后同世界卫生组织、联合国环境署等国际组织合作开展了区域性有害废物集中处置技术与管理等方面的研究，开展双边、多边的技术合作与交流，争取国外资金建设固体废物处理、处置工程，还多次举办了国际培训班和管理研讨会，引进了一些处理、处置技术和设备。

世界银行在江苏省的南京、无锡、苏州以及上海市开展了危险废物管理规划方案研究，北京、沈阳等城市也开展了类似的国际合作研究，规划建设城市固体废物和危险废物的安全填埋场。世界银行－上海环境项目，有害废物管理研究子项目于1993年8月正式启动，1994年6月通过世界银行评估。规划建设占地25公顷的危险废物安全填埋场，从1996年开始分5期建设，每期5年，年处理危险废物5000吨。

2003年1月，中国环境科学研究院为杭州大地环保有限公司编制了“杭州市工业固体废弃物安全处置项目二期工程可行性研究报告”，项目是中德两国政府环境保护合作协定的主要组成部分。1994年中德两国政府签订了环境保护合作协议；1996年国家环保局与德国环境部决定在中国建立一个省级危险废物管理系统的范例；1997年5月国家环保局和德国环境部签署了友好合作协议，确认在浙江实施。项目全部建成后，拥有2个废物处置与综合利用基地和1个危险废物安全填埋场。

2006年9月，中国商务部与挪威外交部在北京签署了中挪合作“中国危险废物与工业废物水泥窑共处置环境无害化管理”项目的政府间协议。国家环保总局对外合作中心（中方项目承担单位）受国家环保总局委托，将与挪威项目实施方签署合同联合实施该项目，并邀请国内有资力的专家和研究单位参与支持该项目。中挪项目Ⅰ期为3年（2007～2009年），极大地促进了中国危险废物与工业废物的水泥窑共处置技术发展，项目取得了丰硕的成果，当时已起草了《水泥窑共处置危险废物指南》、《水泥窑共处置危险废物污染控制标准》和《固体废物生产建筑材料环境保护控制标准》等技术文件。中挪项目Ⅰ期已证明，水泥窑共处置技术具有多方面的优势，适合在中国推广。污泥和飞灰的成分与水泥原料相似，可替代部分水泥生产原料，但城市污泥和飞灰在水泥窑内的共处置还存在一定的技术难点，其预处理和水泥窑投加等关键环节需要进一步深入研究，相关的配套政策和管理机制也不完善，地方环保部门和水泥企业对污泥和飞灰水泥窑共处置技术还存在疑虑，目前该技术只在少数水泥企业内开展了一些小规模的测试，远未形成完整和成熟的技术体系。基于这些理由，挪威外交部（MFA）和中国商务部签署合作协议，继续执行Ⅱ期项目（2010 年 11 月至 2013 年 11 月），即中挪城市污水处理污泥和垃圾焚烧飞灰水泥窑共处置环境无害化管理研究项目，项目验证和完善项目Ⅰ期编制的共处置指南和标准，针对中国目前难以处理处置的废物类别，如生活污泥、生活垃圾、飞灰等实施共处置示范工程，并开展 CO_2、Hg 和 POPs 的监测和分析，编制废物预处理指南并通过示范工程进行验证。Ⅰ期和Ⅱ期项目合作良好，取得了实质性效果，目前中挪合作项目Ⅱ期还在继续扩展合作中。

（四）固体废物“全球环境基金项目”的国际合作

2006 年 3 月，中国环境科学研究院固体废物研究所承担并完成了“中国实施《POPs 公约》的能力建设及国家实施计划的制定（GF/CPR/04/002）之废弃物和污染场地战略编制”子项目——“中国 POPs 废弃物和污染场地清单调查与处置战略研究”，并编制完成了中国 POPs 国家实施计划中的废弃物和污染场地部分的国家战略。项目组织单位是国家环保总局《斯德哥尔摩公约》履约办公室，即目前的环境保护部环境保护对外合作中心（同时又是环境保护部环境公约履约技术中心），经过 1 年的努力，圆满完成了任务。

为了落实《中国履行 POPs 国家实施计划》，实现中国 POPs 废物环境无害化管理与处置，由联合国工业发展组织（UNIDO）和环境保护部环境保护对外合作中心联合开展了全球环境基金（GEF）项目，支持国内相关领域减少和控制 POPs 污染，项目由环保部对外合作中心组织实施，通过招投标形式选择合适的技术合作单位，有的项目已经完成，有的正在推进中，包括中国用于防污漆生产的滴滴涕（DDT）替代项目之拆船作业中有毒有害防污漆的安全环境无害化管理示范、中国医疗废物环境可持续管理项目边远地区医疗废物处置技术和管理模式研究、中国 POPs 废物环境无害化管理处置项目之焚烧飞灰水泥窑协同处置技术示范综合检测、中国生活垃圾综合环境管理项目生活垃圾焚烧厂运行维护与安全技术规程修订、中国医疗废物环境可持续管理项目医疗废物非焚烧设施 BAT/BEP 技术示范性能测试和技术评价、中国履行《POPs 公约》运行管理项目下铅冶炼协同处置阴极射线管含铅锥玻璃技术研究、中国 POPs 废物环境无害化管理处置项目之 POPs 废物机械化学分解技术评估等子项目。

上述项目极大地促进了中国 POPs 废物环境无害化管理和处理处置技术的进步，很多研究内容具有开创性。

（五）固体废物领域其他国际合作

中国固体废物领域国际合作还有地方环保部门与国外的合作、其他部门与国外的合作、高校科研院所与国外的合作等，其合作面比较宽泛，例如：

中日环境保护友好合作中心是利用日本政府无偿援助资金105亿日元和中国政府资金6630万元合作建设的国家重点环境保护项目，于1996年5月建成。该中心还是中国亚太经济合作组织环境保护中心的重要组成单位，是开展国内外环境科学研究、技术开发、信息交流、人才培训的重要场所。20世纪90年代初中心建设时包括固体废物焚烧和填埋处置实验室，对中国危险废物无害化处置技术体系的建设发挥了积极作用。

根据1997年江泽民主席访问日本期间签署的《中日促进产业交流协议》，中国科学院工程热物理研究所与日本石川岛播磨重工业公司在环境能源领域进行了技术合作，特别是在城市垃圾处理及再利用技术方面取得了可喜的成果，开发了生活垃圾作衍生燃料技术项目，2001年6月石川岛播磨重工业公司向中国科学院工程热物理研究所无偿提供科研用垃圾衍生燃料（RDF）制备装置中的关键设备，设备总价值6000万日元，当时在北京建立了垃圾综合处理产业化基地。

2010年2月5日，再生资源国际合作研讨会暨中国再生资源回收利用协会再生资源国际合作专业委员会一届二次会议在北京举行，来自法国威立雅环境服务公司、香港创新投资集团公司、日本NPO法人、意大利梅洛尼公司等国际知名企业和机构的代表以及北京市再生资源回收利用有限公司、湖南万荣科技有限公司、北京市可持续发展科技促进中心等国内企事业单位代表，就再生资源相关合作项目进行了交流。再生资源行业类似的国际交流或展示会议每年都举行，促进了中国固体废物资源综合利用行业管理和技术的进步。

2013年10月至11月，在世界海关组织框架下，中国海关总署倡议发起第3期“大地女神”行动，这是以打击非法进口固体废物为重点的“绿篱”专项行动在国际执法合作平台的延伸，重点打击了从欧洲、北美洲等废物出口地向亚太地区走私有害废物的不法行为。该行动得到世界海关组织成员、情报联络办公室以及《巴塞尔公约》秘书处、国际刑警组织、联合国环境规划署等的支持和配合。

2015年4月12日至15日，国际固体废物工作组织亚洲区域（IWWG-ARB）第二届学术会议在同济大学举行。本次会议由同济大学固体废物处理与资源化研究所、住房和城乡建设部村镇建设司农村生活垃圾处理技术研究与培训中心、区域环境质量协同创新中心主办，参会的207位代表中有55位来自境外。

二 国际合作需求分析

（一）存在问题分析

在以往20多年的国际合作实践中，中国固体废物管理和技术不断进步，受益于国际合作，合作范围不断扩大和深化，提升了自身良好国际形象，同时也对固体废物的国际循环和参与全球环境治理做出了贡献。梳理以往固体废物国际合作项目，还可发现一些值得改进的地方，存在如下问题。

第一，中国固体废物国际合作缺乏中长期的多层面国家发展规划。大多数国际合作项目是基于国际公约、区域性国际组织、双多边政府间环境合作协议的推动而设立，虽然具有重要现实意义和积极作用，但有的项目设置具有一定的随意性、临时性、短期性、不可延续性、被动性、重复性，这使项目效果大打折扣，甚至有的项目实施单位是为了完成任务而应付，没有达到预设的目标要求。固体废物国际合作应建立在统一的国家规划指导原则和框架之下。

第二，中国固体废物国际合作项目缺乏科学的考评机制。有些项目的实施者意识到要建立长效合作机制，但如何建立、如何保障并没有国家制度或法规层面的保障措施要求，绝大多数项目完成后是项目组织单位进行自我评估或者简单评估，基本上都达到“很好”的效果，显然不切实际。今后，在建立科学严格的考评机制方面应加强。

第三，中国固体废物国际合作还存在一些盲点。比如，中国主动走出去的、中国发声为主的、中国技术和管理模式引领的、中国资本推动的固体废物国际合作项目都很少，今后，随着中国国力的加强、技术和管理水平的提高，可在这些方面进行探索，加强国际合作项目的开发，为全球环境治理贡献中国智慧和力量。

第四，中国固体废物国际合作的人才还比较缺乏。目前国内固体废物专业人员数量不少，但高端人才、综合型人才、国际化人才、工匠技能型人才等普遍缺乏，一定程度上弱化了国际合作的效果，也暴露出国内固体废物领域人才缺乏的真实状况，今后应持续加强固体废物领域人才培养计划。

（二）国际合作需求分析

1. 加强固体废物环境保护国际合作是中国环境保护自身发展的需要

环保部发布的《“十二五”环境保护国际合作工作纲要》提出要更好地

服务于抓住和用好战略机遇期、统筹国际国内两个大局，协同调动各方力量，创建多主体共同参与、多渠道全面推进、多形式相互促进的环保国际合作新格局，推动环保国际合作取得新成效，具有积极的指导意义。该纲要分析了环保国际合作面临的形势与挑战，提出了"十二五"时期环保国际合作工作的需求，明确了"十二五"时期环保国际合作工作的指导思想、基本原则和工作目标，从服务国家政治外交大局、服务国内环境保护中心工作、服务加强环境保护能力建设3个层面提出了重点任务，提出了在组织领导、体制机制、基础建设、经费保障、队伍建设等5个方面的保障体系，提出了基础能力建设、保障能力建设、环保国际合作人才工程等3个重点支撑项目。

长期以来，中国环境保护工作重点在水污染防治、大气污染防治、生态保护方面，土壤和固体废物环境污染防治相对较弱。由于中国经济发展方式总体粗放，产业结构和布局仍不尽合理，污染物排放总量较高，土壤作为大部分污染物的最终受体，其环境质量受到显著影响。当前，中国土壤环境总体状况堪忧，部分地区污染较为严重，已成为全面建成小康社会的突出短板之一，加强土壤污染防治势在必行。2016年5月，国务院发布了《土壤污染防治行动计划》（简称"土十条"），实施"土十条"是中国政府推进生态文明建设，坚决向污染宣战的一项重大举措，是系统开展污染治理的重要战略部署，对确保生态环境质量得到改善、各类自然生态系统安全稳定非常重要。在"土十条"中包含了固体废物环境污染防治的内容，也明确提出要加强国际合作。

总之，加强固体废物环境保护国际合作是中国环境保护面向未来自身发展的需要和要求，是环境保护国际合作新增长点。

2. 加强固体废物环保国际合作是融入世界经济体系的契机

2013年9月7日，习近平主席在哈萨克斯坦提出了加强政策沟通、道路联通、贸易畅通、货币流通、民心相通，共同建设"丝绸之路经济带"的倡议；2013年10月3日，习近平主席在印尼提出中国致力于加强同东盟国家的互联互通建设，发展海洋合作伙伴关系，共同建设"21世纪海上丝绸之路"。在"一带一路"倡议提出后，中国坚持对外开放的基本国策，构建全方位开放新格局，深度融入世界经济体系中。

在国务院2016年11月发布的《"十三五"生态环境保护规划》中提出：推进"一带一路"绿色化建设；加强中俄、中哈以及中国－东盟、上海合作组织等现有多双边合作机制，积极开展澜沧江－湄公河环境合作，开展全方位、多渠道的对话交流活动，加强交流和合作；建立健全绿色投资与绿色贸易管理制度体系，落实对外投资合作环境保护指南；开展环保产业技术合作园区及示范基地建设，推动环保产业走出去。在构建“一带一路”国际合作新格局体系中，固体废物国际合作仍然是环境保护合作的重要方面。例如，过去20多年中中国大量进口“一带一路”沿线国家的废物资源，受国内产业结构的变革、去过剩产能的要求、人民生活水平提高的要求等因素影响，这类再生资源进口需求将有所减少，反而有可能是国内废物资源要向国外输出，输出废物资源的同时也应将中国成功的管理经验输出，防止污染进口国的环境，这必然增强双边的国际合作。当然，正常的技术、资本输出过程中，同样面临合作项目产生的固体废物环境无害化处理处置的问题。当前国际贸易中、固体废物进口管理中、环境保护国际合作中，本身就存在需要持续改进和发展的地方，这些都需要加强国际合作。

3. 固体废物国际环境合作是全球性、区域性和双边国际环境合作的组成部分

以往，在大力开展全球性环境合作的同时，中国也积极参与区域性和双边环境合作。中国属于东北亚地区，近年来，由于该地区经济发展加快，工业化水平跃居世界前列，国民生活水平也得到显著提高，工业和生活排出的废气一直呈上升趋势。目前这里已成为全球环境污染压力最大的地区之一，存在海洋倾倒废物造成海洋环境污染、固体废物非法越境转移造成污染转嫁、循环经济发展水平不高等问题。这些问题不但是区域性问题，也是全球性和双边国际环境问题，应在不同层次的组织框架体系下共同应对、共同解决，构建固体废物国际环境合作可持续发展模式。

4. 加强国际合作是中国固体废物产业做强做大的必然要求

例如，杭州锦江集团在国内固体废物产业中属于成功者，2013年凭借其扎实的技术能力和管理实力，以超过5万吨的日处理总能力领衔固废企业业绩总榜，并已成功打开越南、印尼等东南亚地区市场。从企业在垃圾焚烧运营市场的业绩来看，杭州锦江的市场占有率就达到了15%以上，位居第一。国内业绩骄人，杭州锦江又放眼海外，积极“走出去”。中国工业产业体系非常齐全，各类固体废物的减量化、资源化、无害化的技术体系在中国都可以找到。未来一定还会涌现一批如杭州锦江一样有实力的企业，在国际上树立中国固体废物产业良好形象。

三 发展建议

综合以上分析，提出以下发展建议。

①继续在全球环境合作、区域性和双边环境合作平台拓展和深化固体废物领域国际合作，共同打击固体废物非法越境转移，共同防范固体废物非法海洋倾倒，共同减少持久性有机污染物对人类健康和环境的危害，建立更加清晰的、更具广泛意义的废物目录清单和法制体系。

②加强中国固体废物国际合作的需求研究，不但要在国际履约、双边政府合作协议框架下开展合作，还可探索更多途径的固体废物国际合作，探索更合理的废物国际循环模式，探索更多种类固体废物的国际合作，如鼓励固体废物处理处置与利用技术和资本输出，防范污染输出，减少因环境污染造成的国际负面影响。

③加强固体废物国际合作人才队伍的建设。这是一项需要长期引起重视和不断投入的工作，不能简单地想当然就可实现，要在具体的项目带动下培养人才，要在高水平教育和培训体系下产生人才。

④从服务国家政治外交大局、服务国内环境保护中心工作、服务加强环境保护能力建设3个方面要求出发，可制定固体废物国际合作的发展规划，明确原则方向、目标、任务、措施、途径等。

⑤目前，固体废物管理国别比较研究很少，固体废物环境贸易和绿色壁垒方面的研究很少，是中国环境外交的一块短板，也是中国企业走出去面临的问题，应加强这方面的研究。

第二章　吉尔吉斯共和国固体废物管理

第一节　废弃物管理现状

一　概述

吉尔吉斯共和国（通称“吉尔吉斯斯坦”）的废弃物主要分为三大类：消费废弃物、生产废弃物和放射性废物。

消费废弃物指的是由于物理或者精神磨损而丧失其使用性能的产品、材料和物品。消费废弃物还包括在人类生活过程中产生的固体生活垃圾。在大多数情况下，由地方当局负责管理这部分废弃物——负责垃圾收集、转运以及在规定场所进行处置。

生产废弃物指的是在产品生产或者工程施工过程中产生、已完全或者部分丧失其使用性能的材料、原料和半成品残渣，以及在生产过程中产生并且在该生产中无法使用的附属物品。

消费废弃物和生产废弃物可能含有危险成分，具有危险性（如有毒、有传染性、易爆、易燃、易发生各类反应）。从废弃物的来源看，消费废弃物中极少含有危险成分，生产废弃物中可能存在一些对人类健康或者对环境有直接或者潜在危险的废弃物。

统计数据显示，过去累积以及每年新增的废弃物总量不断增加，填埋垃圾所需的土地面积不断扩大，与此同时，减少废弃物产生量和废弃物二次利用、推广废弃物产生量少的工艺技术的进程发展缓慢。大部分有毒废弃物集中在伊塞克湖州和巴特肯州。巴特肯州有毒废弃物的主要排放源为海达尔坎锑矿联合企业和卡达姆扎伊锑矿联合企业。自库姆托尔金矿加工联合企业于1997年投产后，伊塞克湖州的废弃物数量猛增。最大的问题是废弃物、剥离的废石、平衡表外矿石和尾矿不断堆积，在居民点邻近地区、山区、集水区域占据了大片土地。费尔干纳盆地和楚河盆地边缘山坡跨界地区（迈卢苏市、舍卡弗塔尔镇等地区）受到的污染威胁最大。

吉尔吉斯共和国没有国家级垃圾焚烧厂和垃圾处理厂、有毒废弃物填埋场。吉尔吉斯共和国在废弃物的产生、利用、无害化处理、存放和填埋等方面的现状，导致吉尔吉斯共和国环境受到污染、自然资源被不合理利用、生物多样性丧失和土壤荒漠化，有害化学品、温室气体和消耗臭氧层物质的数量增加，给该国造成巨大的经济损失并严重威胁其国内现有人口以及子孙后代的身体健康。事实上，吉尔吉斯共和国境内所有地区在环境保护领域遇到的最迫切的问题都是固体生活废弃物和工业废弃物，包括有毒废弃物无害化处理的问题。

由于缺乏垃圾焚烧厂和垃圾处理厂，这些废弃物均被运往设施相当简陋的垃圾填埋场和垃圾场。随着非法垃圾场的不断增加，这一形势日益严峻。绝大部分用于堆放城镇生活废弃物和工业废弃物的场所均不符合卫生标准，流行病学风险很大。目前的垃圾处理现状对大型居民点附近乃至整个吉尔吉斯共和国的自然环境和卫生防疫形势产生不利影响。除了被大量非法垃圾场污染的土地外，每年还有几百公顷原本适合其他用途的土地被用来修建生活废弃物填埋场（垃圾场）。

现有的垃圾场使用状况不良，没有配备足够的机械设备，不仅破坏了自然景观，还是土壤、地下水和大气的污染源。官方无法全面统计产生的所有废弃物，在很多情况下都是根据垃圾车的容量来计算运往垃圾场的固体生活废弃物的数量。有毒危险品和失去使用性能的产品也常常与生活垃圾一道被运往垃圾场。其主要原因是没有专门用于对这些废弃物进行综合处理的填埋场。比什凯克市、奥什市、卡拉－巴尔塔市以及城市规划违反了环保要求的其他城市的固体生活废弃物大型填埋场已经超过了设计的使用寿命，成为大气、土壤、地下含水层——饮用水水源的潜在污染源。

一系列客观原因，包括国内缺乏垃圾分拣系统、用于修建垃圾无害化处理和利用装置及垃圾堆放设施的资金总体上严重不足，造就了目前这种现状。此外，市政服务部门现有的专用车辆和垃圾箱数量也严重不足。各居民区的卫生清洁系统不完善，无法保证安全清除生产、消费废弃物，无法在废弃物收集、运输、处理和最终处理过程中保护居民健康。没有对食品废弃物、包装材料、废纸、纺织品、金属废料以及其他废弃物进行分类收集，也没有对这些废弃物进行加工处理的工厂。

生物废弃物对环境有潜在危险，给卫生防疫形势造成压力，需要采取专门的措施对其进行无害化处理。畜牧业产生的废弃物对环境的污染也不容忽视，它是相当一部分温室气体的来源。

直接威胁人类健康的医疗废弃物的管理问题也异常重要。绝大部分医疗过程中产生的废弃物被运往设施简陋的垃圾场。无害化处理和销毁这类废弃物需要大量的资金。发生流行病和自然灾害时，风险将变得更大。

农业方面也存在使用禁用和过期杀虫剂以及其他化学品的问题。这类物质物理状态、化学成分不明，贮存条件不利，对环境和人类健康具有潜在危险。

由于没有专门的垃圾填埋场对有毒废弃物进行无害化处理和回收利用，这些废弃物被堆放在工业企业内部，然后被运往垃圾场。污水净化设施的沉淀物综合处理问题也刻不容缓。

全国各废石场和仓库累积了上亿吨采矿和矿石加工工业的有毒固体废弃物，其中得到有效利用和完全无害化处理的不到0.1%。

在这些没有得到利用的废弃物中含有几十万吨从生产中淘汰出来被永远遗弃的材料资源，实际上，其中绝大部分该国已经不使用了。从法律法规的层面看，这是由于该国缺乏一个可以促进废弃物处理厂建立、资源保护、推广环保技术的有效经济机制。

矿物开采时没有从矿石中综合全面地提取伴生成分，导致大量贵重原料被浪费。

吉尔吉斯共和国还缺乏一个可以对有毒生产废弃物从产生、堆积、运输、无害化处理、综合利用、加工到填埋的整个过程进行规范和监督的统一体系，以及对这些废弃物的处置场所的生态状况进行监控的体系。到目前为止，生物技术以及利用有机生活废弃物和农业废弃物生产环保有机肥的技术在吉尔吉斯共和国还没得到推广。

被废弃物占用土地的复垦问题是一个重要的生态问题。由于企业、国家预算和地方预算提供的资金数量逐渐下降，这些问题变得更加棘手。在新的社会经济形势下要解决这些问题，必须制定一套有效政策，尽快确定原料方针并获得国家支持，鼓励利用二次原料并减少其对环境的不利影响。

废弃物处理和清除不当可能成为环境污染、有害物质以及传染性有机体影响人体健康的原因。产生废弃物的强度既是推动力指标，也是一个反映人类活动情况的指标。这一指标与经济的活跃程度密切相关，体现了社会的生产与消费结构。废弃物产生量减少，说明经济向资源消耗量更小的生产与消费结构转变。

例如，2010年，吉尔吉斯斯坦共产生692.14万吨废弃物，其中574.59万吨为危险废弃物（占83%）；而在2011年，共产生了1132.67万吨废弃物，包括587.62万吨危险废弃物。

2010年，99.9%的危险废弃物为Ⅳ级危险，2011年的情况类似。2010年，吉尔吉斯斯坦全国97%的危险废弃物集中在伊塞克湖州，2011年的情况类似，没有关于奥什州和纳伦州危险废弃物排放情况的数据。

全国用于贮存危险（有毒）废弃物的场所中，有50%位于比什凯克市及其周边地区。为了存放废弃物而征用的土地面积中有65%位于伊塞克湖州，没有关于奥什州和纳伦州的数据。

吉尔吉斯斯坦共积累了8300多万吨有毒废弃物。伊塞克湖州的数量最多，全州2010年的有毒废弃物占全国总量的91.83%。2010年，吉尔吉斯斯坦全国共产生了111.45万吨城市垃圾。有80多万常住人口的比什凯克市产生的城市垃圾占全国总量的62%。2009年，吉尔吉斯斯坦全国的城市垃圾产生量骤增。由于比什凯克市各项指标的改善，2010年吉尔吉斯斯坦全国的城市垃圾产生量有所下降。2009年吉尔吉斯斯坦的人均城市垃圾产生量最大，大约为每人490千克，但城市人口增长速度赶不上城市垃圾产生量的增速。

长期以来，吉尔吉斯斯坦境内各废石场和尾矿场、固体生活废弃物填埋场和非法垃圾场堆积了几百万吨固体生活废弃物和工业废弃物。

近段时间以来，吉尔吉斯斯坦实现经济稳定运行并开始复苏，原有企业开始振兴，新的企业不断成立，这一点也体现在工业垃圾产生量的变化上。

污染最严重的仍然是采矿和矿石加工、皮革、水泥、建筑、灯泡制造、铸造、鞣革、化学、机械、火电、纺织等领域。其他领域产生的废弃物又以动力综合体的煤灰和废灰渣为主。

畜牧业废弃物，尤其是大型畜牧农场的牲口粪便是危险的环境污染源，其统计和回收利用未得到应有的关注。对环境污染极大的是生物废弃物和医疗废弃物（尸体、动物死胎、肉类加工废弃物等），这些废弃物是土壤和水资源的危险污染源，给卫生保健带来巨大压力，需要采取专门的措施进行无害化处理。

工业废弃物的利用、无害化处理和处置状况不佳，是由一系列客观原因造成的。例如，极度缺乏修建废弃物无害化处理和利用装置及其处置设施所需的资金，没有对现有的废弃物处理设施及因采矿而遭到破坏的土壤进行改造或者复垦处理，也没有关闭废弃物非法处置场所等。

随着大量生产废弃物的不断积累，其收集、处置、加工、无害化处理、存放以及填埋问题日益突出。目前相关技术均不能满足环境保护标准的要求，吉尔吉斯斯坦国内的生态问题变得更加复杂。

（一）固体生活废弃物

生活垃圾的综合利用是固体生活废弃物管理面临的主要问题，到目前为止，这一问题在比什凯克市，甚至在整个吉尔吉斯斯坦国内仍未得到有效解决。自20世纪90年代初开始，该国固体生活废弃物的收集、综合利用和填埋技术完全不符合相关要求。例如，大部分固体生活废弃物垃圾场未达到卫生标准；没有对固体生活废弃物进行分类收集；生活废弃物清理系统不完善，未对生活废弃物进行分类和作为二次原料加以利用，实际上没有对废弃物进行加工处理；城市和郊区无人监管的垃圾场数量骤增。

比什凯克市现有的城市垃圾填埋场是唯一一处用于填埋垃圾的场所。其距比什凯克市10公里，接收从市区及相邻村庄和新居民区运来的废弃物。这个垃圾填埋场自1972年投入运行，其实际使用年限已远远超出规定使用年限，成为一个不容忽视的卫生防疫和生态危险源。

该垃圾填埋场位于地下水水位较高的区域，垃圾填埋场的污水正在向地下含水层渗透。固体生活废弃物随风四处飘散，污染大气、土壤层和地表径流。废弃物阴燃、燃烧、腐烂和分解产生的物质对大气造成污染。

生活废弃物的数量不断增加，其化学性质发生变化，对人类健康和环境造成危害。吉尔吉斯斯坦国内人均每年产生的城市固体生活废弃物的数量已达到250~300千克，而人均每年产生废弃物的数量以6%的速度递增，是人口增长速度的3倍。

普通固体生活废弃物含有100多种有毒化合物，包括颜料、杀虫剂、汞及汞的化合物、溶剂、铅和含铅盐、药物、镉、含砷化合物、甲醛、铊盐等。尤其是塑料和合成材料，无法实现生物降解，在自然环境中可存留几十年，甚至几百年时间。塑料与合成材料燃烧时会释放大量有毒物质，包括聚氯联苯（二噁英）、氰化合物、镉等。经常会有废旧汞灯、金属废料、磨损过度的橡胶、纺织品等被运到垃圾场，这些废弃物原本可以作为原料用于生产其他产品。这种垃圾场已成为对自然环境危害很大的污染源，需要从根本上进行改造，使其成为垃圾填埋场。

因此，必须解决废弃物分类收集、加工和作为二次原料重新利用的问题。

例如，2000年和2009年吉尔吉斯斯坦全国分别对401.14万吨和1934.27万吨危险（有毒）废弃物进行无害化处理、加工（综合处理），其他年份只有极少一部分废弃物得到处理。2010 年共有 73% 的废弃物被运往专门的场所进行填埋，只有 24% 得到利用。2010 年有 18.55 万吨废弃物得到重新利用，而 2011 年这一数字大大下降，仅有 7.84 万吨。

在长年累月的经济活动中，吉尔吉斯斯坦境内堆积了大量含有核素、重金属盐（镉、铅、锌、汞），以及有毒成分（氰化物、各类酸、硅酸盐、硝酸盐、硫酸盐等）的固体废弃物和工业废弃物。这些废弃物对环境和居民健康产生了不利影响。因此，废弃物管理问题刻不容缓。近年来，吉尔吉斯斯坦废弃物处理设施的数量和填埋废弃物实际占用的面积如表 2－1所示。

表 2－1 废弃物处理设施的数量和填埋废弃物实际占用的面积

单位：个，公顷

年份	废弃物处理设施的数量	填埋废弃物实际占用的面积
2008	47	381.1
2009	47	381.1
2010	50	406.5
2011	46	354.5
2012	43	485.2
2013	46	566.7
2014	50	568.5

资料来源：吉尔吉斯共和国国家统计委员会。

（二）放射性废料

由于 20 世纪四五十年代大量开采和加工铀矿，吉尔吉斯共和国境内积累了大量放射性废弃物。自 20 世纪 50 年代中期至今，全国共关闭或封存了 18 家采矿企业，其中有 4 家铀原料开采企业。

全国共有 33 个尾矿场和 21 个废石场，占地 650 公顷。受到不同程度放射性污染的土地总面积高达 6000 公顷，共集中了 1.45 亿吨放射性废料。这些尾矿场容量为 7500 万立方米。矿山废石场总容量 6.2 亿立方米，占地 1950 公顷。同时，这些设施中的大部分位于跨界河流流域（纳伦河、迈卢苏河、苏姆萨尔河和楚河），对吉尔吉斯斯坦、哈萨克斯坦、塔吉克斯坦、乌兹别克斯坦等国超过 500 万人口造成直接威胁。很多尾矿场非常靠近居民点（迈卢苏、明库什、舍特弗塔尔、苏姆萨尔、卡吉赛、阿克－

科济、卡恩）。

随着近段时间以来由人类活动造成的灾难性现象、滑坡、泥石流和土壤侵蚀现象频频出现，环境受到放射性污染、有毒污染和化学污染的威胁日益加剧。

（三）化学废料

工业和消费化学品（工业化学品、石油产品、生活化学品、药品、化妆品、食品添加剂、农业化学品等）的使用，给环境带来严重污染。

化学品监管问题的迫切性在众多国际机构和国际大会的决议中得以体现，这些国际决议都明确提出，要制订并完善化学品安全流通的国家计划。

农业和采矿业在吉尔吉斯共和国国民经济中占有较大比重，这两个行业对环境产生的化学品污染最为严重，因此，解决吉尔吉斯共和国化学品安全流通的问题显得尤为迫切。目前，吉尔吉斯共和国缺乏化学品管理和非蓄意生产的持久性有机污染物监管方面的法律。

对几种化学品的使用要求在很大程度上与任何一种经济活动的要求相同，与使用的化学品的特征无关。

根据联合国开发计划署/全球环境基金《吉尔吉斯斯坦聚氯联二苯的管理与处置项目》的规定，全国共发现 39 台变压器，含有约 360 吨聚氯联二苯和受其污染的设备、2 吨熔合电介质聚氯联二苯、3545 个电容器。39 台变压器中有 16 台已烧坏。动力领域正在使用的很多变压器需要更换。初步评估显示，有色金属平均约占变压器质量的 20%。

根据《控制危险废物越境转移及其处置巴塞尔公约》，吉尔吉斯共和国在化学品使用领域存在以下问题：没有相应立法，没有用于临时存放的仓库以及存在跨界转移的问题。吉尔吉斯共和国在化学品使用领域的政策主要是限制和消除化学品带来的威胁，包括持久性有机污染物对人体健康和环境造成的威胁。该国还存在使用禁用和过期杀虫剂的问题。

为了采取措施降低持久性有机污染物带来的风险，吉尔吉斯共和国于 2006 年批准了《关于持久性有机污染物的斯德哥尔摩公约》，政府通过了履行该公约的国家计划。持久性有机污染物有毒，不易分解，具有生物累积的特征，可随着空气和水实现跨界转移，是一种移动物质，可以在距离排放源很远的地方沉积，并在陆地和水生态系统中累积。

目前环境保护主管部门，即吉尔吉斯共和国政府下属的国家环境保护署在不断完善这一计划，并且规定了以下内容。

（1）过期杀虫剂

——废料埋藏场和仓库：5437.4 吨；

——有毒废弃物填埋场：4873.3 吨（苏扎克 A 有 3000 吨，苏扎克 B 有 1023.3 吨，科奇科尔有 850 吨）；

——仓库：564.1 吨。

（2）聚氯联二苯

——受到聚氯联二苯污染的电容器有 597 个（13731 千克聚氯联二苯）；

——受到聚氯联苯污染的电容器有 52 个（小于 50 毫克/千克）；

——潜在污染地段 54 处。

（3）非蓄意排放的持久性有机污染物

全国总排放量为 49.172 克毒性当量/年，其中，

——排入大气的占 88%；

——排入水中的占 0.1%；

——排入土壤的占 1.2%；

——成为降解产物的占 3.9%；

——进入残渣的占 6.8%。

（4）新型持久性有机污染物

——多溴联苯醚：38.457 吨（包括六溴、七溴、五溴、四溴等所有同系物）；

——全氟有机化合物：380.557 ~3592.939 吨（分别为低限和高限）。

（四）电子废弃物

电子垃圾含有危险物质，如果进入大气，将对人类健康产生不利影响。要想确定吉尔吉斯共和国产生的电子垃圾的数量，必须对电子设备和电工设备废弃物进行清点，有必要通过立法进行调控并对电子垃圾处理实施经济激励机制，同时推广其他独联体国家的经验。

非官方数据显示，该国有大量进口的电子设备，包括废旧电子设备（移动电话、计算机、办公设备等），当其使用完毕和使用寿命到期后却不知在哪里进行最终处理。由于缺乏有用元件回收再循环使用的监管和经济激励机制，危险品多被直接运往固体生活废弃物垃圾场，最好的情况是直接存放在企业、单位内部或者家里。

（五）固体生活废弃物

国家卫生防疫监督部门的数据显示，目前吉尔吉斯共和国各大城市共有 31 个生活废弃物填埋场，其中一半以上（55%）未达到卫生标准。现

有的垃圾箱和专用车辆也不能满足城市的需求。垃圾（食品废料、废纸、纺织品、金属废料等）分类收集系统完全被破坏，大部分废弃物没有进行加工处理，生活废弃物清理系统不完善。城市和郊区无人监管的垃圾场数量骤增。

比什凯克市现有的城市垃圾填埋场是目前唯一一处用于填埋垃圾的场所。距比什凯克市 10 公里，接收从市区及 22 个新居民区运来的废弃物。这个垃圾场于 1972 年投入使用，实际使用年限已超出规定使用年限 10 年以上。截至目前，该垃圾场已堆放了 2400 万立方米垃圾，而其设计容量仅为 330 万立方米固体生活废弃物。该垃圾场位于地下水水位较高的区域，从垃圾场排放的污水向地下含水层渗透。垃圾随风四处飘散，污染大气、土壤层和地表径流。废弃物阴燃、燃烧、腐烂和分解产物对大气造成污染。目前，这个垃圾场已成为一个不容忽视的卫生防疫和生态危险源。

而尤其令人担忧的是，城市垃圾场周围不断修建新的住宅区。液体废弃物渗入地下，可能引发传染性疾病，而且可能会污染跨界河流——楚河，也可能会引发与哈萨克斯坦共和国之间的争端。

目前，吉尔吉斯共和国境内实际上没有负责处理固体生活废弃物的企业。今天，不到 1% 的生活废弃物被用作二次原料。

生活废弃物的数量不断增加，其化学性质变得更加复杂，对人类健康和环境造成的危害不断加大。现代化城市产生的固体生活废弃物的数量已达到人均每年 250 ~ 300 千克，而每年人均废弃物的产生量以 6% 的速度递增，是人口增长速度的 3 倍。由于从国外涌入的商品数量大增，城市生活废弃物的增速尤其明显。

根据运往比什凯克城市垃圾场的废弃物统计数据，比什凯克市每年产生约 230 万立方米固体生活废弃物。根据城市固体生活废弃物的平均密度，大约相当于 35 万吨。由于统计时未考虑垃圾车的实际装填情况，据专家评估，废弃物的实际数量应该要少一些。除此之外，以前常出现固体生活废弃物装运车驾驶员虚报的情况。2012 年 4 月开始按计划对运往比什凯克城市垃圾场的废弃物进行过磅，之后在最终总体研究时将重新评估产生的固体废弃物。

专家对比什凯克市固体生活废弃物的形态构成进行了分析，发现主要有如下废弃物来源：市中心、多层楼房、小区、私人住房、居民区、商业企业、垃圾篓和街道垃圾。根据所有废弃物的体积，城市固体生活废弃物中可用作二次原料的废弃物所占平均比重如下（根据垃圾清运车收集的废弃物的形态构成）：废纸占 10%，塑料制品占 8%，玻璃占 8%，金属占 1%，纺织品占 1%。

由于存在有用成分收集制度，主要是非正式部门在供应链的不同环节进行了收集，因此，部分废弃物未送去填埋。居民中的贫穷阶层收集垃圾箱中的二次原料，塔扎雷克市政垃圾清运公司的员工们在垃圾清运过程中以及其他人员在城市垃圾场收集废弃物中的二次原料。据专家评估，通过这种方式“分拣”的二次原料的总量每年可达 19000 吨。

下面分析两类废弃物：医疗废弃物和屠宰场废弃物。各医疗防疫机构单独收集医疗废弃物，在对传染性废弃物做专门处理后，将废弃物装入各单位内部单独的垃圾箱中。根据几种评估，每天大约产生 1 吨医疗废弃物。兽医废弃物的主要来源有合法屠宰场与地下屠宰场、兽医诊所、实验室和市场。目前没有关于这部分废弃物数量的确切信息。等比什凯克城市垃圾场设置汽车衡后，这种状况将有所改善。

目前，比什凯克市实行了两套固体生活废弃物收集体系：

• 约 50% 的居民（居住在多层住宅楼里的居民）将废弃物放入市区各垃圾站的垃圾箱中；

• 约 50% 的居民（分散居住的居民）将垃圾装袋，在每周固定时段将垃圾直接交给前来清运垃圾的塔扎雷克市政垃圾清运公司的工作人员。

比什凯克市共设有约 1200 个垃圾站，大部分垃圾站都配备有容量为 0.5 立方米、不带轮子的标准金属垃圾箱。除此之外，还有容量为 1.1 立方米的欧式垃圾箱。专家对全市 95 个垃圾收集点做了详细分析，评估了各垃圾站的现状。评估结果显示：

• 4% 的垃圾箱必须更换；

• 51% 的垃圾收集点无围栏；

• 22% 的垃圾收集点围栏受损或者部分围栏缺失。

比什凯克市采用三种专用车辆转运固体生活废弃物：

• 密封垃圾车（平均使用寿命 7 年）；

• 自卸汽车（平均使用寿命 23 年）；

• 拖拉机和挂车（运输少量废弃物）。

专家建议逐步采用密封垃圾车更换老旧的自卸汽车，同时给城市所有角落配备垃圾箱。

由“绿色建筑”市政企业负责绿色垃圾的收集与转运。绿色垃圾被转运至由塔扎雷克市政垃圾清运公司设立的专门场地，用于制作堆肥。

目前，工业危险废弃物在产地单独存放。市内没有实施工业危险废弃物收集制度。尽管医疗废弃物在各医疗卫生机构分类收集，但目前这些废弃物由塔扎雷克市政垃圾清运公司的专用车辆与普通固体生活废弃物一道被运往比什凯克城市垃圾场。比什凯克市形式上的垃圾分类收集仅限于一家单位在收集废纸。同时，在供应链的不同环节存在非正式的二次原料收集。

目前，比什凯克市的所有固体生活废弃物均被运往本市唯一一处垃圾场——比什凯克城市垃圾场。垃圾场占地 36 公顷，地质条件和水文条件有利。该垃圾场在使用过程中存在下列不足之处：

- 废弃物未压实；
- 废弃物未被土壤层覆盖；
- 废弃物卸料场地面积太大；
- 缺乏装填计划；
- 每年总计有 700～1000 人在垃圾场对废弃物中的有用成分进行非正式分类（每天有近 200 人在垃圾场工作）；
- 非法焚烧垃圾的情况普遍；
- 垃圾场无围墙；
- 进场道路无人维修和维护。

此外，部分原来的垃圾和滤液池位于大型输气管道保护区范围内，在垃圾场西侧卫生保护区内有一些非法住宅。因此，必须新建一座符合欧洲标准的垃圾填埋场，以确保填埋未来 15 年比什凯克市产生的固体生活废弃物。在新垃圾填埋场的几个候选场址中，与现有垃圾场相邻的地方最适合。

比什凯克市有多家从事二次原料加工的企业。专家评估了目前对各类二次原料的需求，得出如下结论：

- 废纸：5000～6000 吨/年；
- 玻璃：8000 吨/年；
- 塑料：9000～13000 吨/年；
- 金属：1 万～1.2 万吨有色金属/年，10 万～14 万吨黑色金属/年。

二 废弃物处理现状

根据《吉尔吉斯共和国生产废弃物和消费废弃物法》，废弃物处置指的是与废弃物收集、存放、利用、无害化处理、转运和填埋相关的所有活动。

如前所述，生产废弃物指的是在产品生产或者工程施工过程中产生、已完全或者部分丧失其使用性能的材料、原料和半成品残渣，以及在生产过程中产生并且在该生产中无法使用的附属物品。

生产企业内部设有自己的填埋场/用于堆放有毒废弃物的尾矿场，不接收其他企业产生的废弃物。未设危险废弃物填埋场的企业，将这些危险废弃物临时存放在专门的场所，不得运往别处填埋。

消费废弃物指的是由于物理或者精神磨损而丧失其使用性能的产品、材料和物品。消费废弃物还包括在人类生活过程中产生的固体生活垃圾。消费废弃物运往就近的合法垃圾场，但吉尔吉斯共和国境内许多垃圾场都不符合自然保护法的要求，如缺乏隔离设施、超出使用年限、未设定要求的卫生保护区等。

家庭和单位产生的有毒废弃物也被运往垃圾场，如电子垃圾、电池、医用注射器和制剂、水银灯和荧光灯、电工废弃物、玻璃包装容器、纸张和硬纸板、纺织品、鞋子、食品废弃物和农业废弃物、建筑垃圾等。家庭未对垃圾进行分类。有些居民对垃圾进行了分类，但流浪人员又将垃圾箱里的袋子拆开，寻找他们需要的食品和物品。近年来，该国成立了一些塑料加工企业，大街上和垃圾场塑料乱扔的现象得以减少。由于有私人企业出价回收金属废料，因此，实际上已无人再乱扔。建筑废弃物被运往废旧的建材采石场。

专家数据显示，吉尔吉斯共和国每年产生约600万立方米生活废弃物。生活废弃物的无害化处理方式是在填埋场或非法垃圾场进行填埋。由于未实施生活废弃物分类收集，与纸张、聚合物、玻璃包装容器、金属包装容器、食品废弃物一道被扔进同一个垃圾箱的还有过期药品、摔破的荧光灯和水银温度计及含农药、油漆、颜料残留物的包装容器等，形势变得日益严峻。所有这些废弃物被运往垃圾场，而这些垃圾场常常设在废采石场、冲沟、沼泽地，还经常设在住房附近。

（一）废弃物加工与综合利用工艺

吉尔吉斯共和国废弃物加工业发展缓慢，只有个别私人企业掌握了二次原料（塑料瓶、废纸、纸袋、废油、铅蓄电池、汽车轮胎等）加工技术。

清除危险废弃物是防止环境污染，实现化学品管理的一个重要的、不可分割的部分，然而由于一系列原因，如资金不足、国内缺乏对环境安全无害的技术，危险废弃物的清除仍是一个迫切需要解决的问题。

目前，其国内实际上没有负责处理固体生活废弃物的企业。目前，只有不到1%的生活废弃物被用作二次原料。因此，提高生活废弃物综合利用率，是改善环境质量、确保各地区和全国生态安全的重要任务之一。

其国内为居民点服务的各市政卫生部门不成体系，工作效果不佳。尽管该国进行了大量的改革，但固体废弃物管理方面的部分职能仍未移交给私人企业。各市政部门的国家预算资金不足，不得不通过提高服务收费的方式加以弥补。

比什凯克市和奥什市生活废弃物的形态构成分析结果显示，在不考虑有机成分加工的前提下，废弃物处理过程中可以回收约20%（重量比）的固体生活废弃物（联合国开发计划署的研究成果）。

非正规经济在吉尔吉斯斯坦国内生产总值中所占比重高达50%（联合国开发计划署的研究成果），毫无疑问，这对废弃物管理领域产生不良影响，形成不公平竞争，给出错误的市场信号，使官方统计数据失真，导致在经济政策方面做出无效决议。非正规经济催生贪污腐败行为，而同时，其本身也是贪污腐败行为的产物。

国家统计很难覆盖所有固体生活废弃物的产生、转运和处置设施，因此，资料统计并不能真实地反映废弃物的数量及其流向。统计数据显示，2008年从各居民点共运出250万立方米固体生活废弃物，而全国居民产生的固体生活废弃物平均值为600万立方米。国家统计中出现的类似情况对决策过程以及决策的实施产生不利影响。此外，现有的统计报表系统无法对相关部门采取的各项措施、固体生活废弃物的质量和数量、全国范围内的垃圾场进行跟踪，这大大提高了有关问题的解决难度。

国家管理机关和地方管理机关开始对卫生领域面临的严峻形势做出反应。产生目前这种情况的主要原因是缺乏解决固体生活废弃物管理问题的系统方法，市政服务部门没有配备足够的专用车辆和垃圾箱。没有对废弃物进行分类并收集其中的有用成分，又进一步加重了城市垃圾场的负荷。

该国人均年最终家庭消费额为29500索姆（2007年数据），固体生活废弃物收集、转运和处置服务的人均费用为每年72～182索姆，占人均年最终家庭消费的0.24%～0.62%。世界银行数据显示，全球这类服务费用的平均可接受范围为0.75%～1.7%。这样看来，吉尔吉斯斯坦2007年的生活废弃物清运费对于民众来说是可接受的范围。

其国内现行的固体生活废弃物处置系统未考虑在废弃物产生之地以及在转运过程中进行分类收集、分拣和处理。缺少垃圾处理厂和垃圾分拣站，导致没有固定住所的人们在对健康有害的环境下自发直接在垃圾站和垃圾场分拣垃圾。这种状况又常常对相邻区域造成二次污染。垃圾清运人员被迫在对健康有害的环境下在垃圾场工作，有感染传染性疾病和寄生性疾病的危险。垃圾填埋场周围则形成一些非法住宅，卫生保护区遭到破坏。住在附近的无业人员到垃圾场寻找二次原料，交给废品收购站。

因为没有合法市场供人们销售自己收集的二次原料，所以又滋生了地下市场，而这相应减少了政府部门的税收，又对发展固体生活废弃物处置系统产生不利影响。与此同时，实际的居民人口数量与统计数据相差很大，垃圾清运系统无法全面覆盖所有居民。

公共住宅管理系统的改革非常有限，极少涉及固体生活废弃物管理系统改革方面的问题，也没有触及行政调控和将部分职能移交商业机构的问题。当然，在资金匮乏的前提下，市政部门无法与商业机构达成伙伴关系。

在公共住宅管理领域发展私营企业和公营企业受到作为合同签约方的地方政府各项缺陷的限制：权力范围模糊不清，领导人换届后工作缺乏连续性，金融债务履约无保障。

社会资本对公共部门，包括固体生活废弃物处置领域的投资太少，主要是因为这一领域的项目投资回收期太长。废弃物管理系统的企业享有垄断地位，导致现有的金融资源和材料资源不能得到有效利用，市场不能通过采取合理的经济措施和管理决策来对消费者的需求做出有效反应，企业缺少对科技进步的需求，管理者和工作人员个人对保证工程和服务的质量、可靠性和生态安全缺乏兴趣。

目前，由市政管理机关和国家管理机关负责监督废弃物管理系统的企业。同时，市政机关履行部门监督的职能，因为在多数情况下这类企业都归属市政部门和地方自治机构所有，同时作为服务“委托方”和“执行方”，这种状况导致的后果就是服务质量低下，而服务价格却不断攀升。

生活废弃物是在人类活动中产生的，其形态构成决定了这些废弃物的收集、分拣特点，以及后续的处理和加工方式。因此，生活废弃物的一个重要特征是其形态构成，即各种组分的比例：包装材料、纺织品、金属、塑料、建筑垃圾以及处于混合状态的其他种类。关于居民点产生的生活废弃物的数量和成分的准确信息，有助于我们对废弃物管理做出有效规划，包括收集、转运、处置、使用和安全清除。

然而，自1990年起吉尔吉斯共和国就没有开展过这一课题的研究工作。固体生活废弃物主要有两个来源：住宅楼；公共机构和企业（公共餐饮、教学机构、游艺娱乐企业、宾馆酒店、幼儿园等)。影响固体生活废弃物组分的因素主要有：气候分区、住房设施配备程度（有无垃圾管道、输气管道、给排水管道、采暖系统）、楼层数、局部采暖使用的燃料类型、公共餐饮业的发展情况、贸易文化，以及重要性稍次的生活方式和居民生活水平。

根据形态特征，可以对固体生活废弃物进行分类：纸、硬纸板（废纸)；食品废弃物；木材；金属（黑色金属和有色金属)；纺织品；骨头；玻璃；皮革；橡胶；石头；聚合材料；其他（未分类的部分)；筛余物（小于15毫米)。

固体生活废弃物的成分呈季节性变化：食品废弃物的含量从春季的20% ~25%增加到秋季的40% ~55%，主要原因是日常饮食中蔬菜和水果的数量大增（尤其是南方各城市)。秋冬季节，南方城市细小筛余物（街道垃圾）的数量从20%下降到7%，而中部地区的城市，则从11%降至5%。城市组织回收废纸、食品废弃物和玻璃包装容器，对固体生活废弃物的成分有显著影响。经验显示，随着时间的推移，固体生活废弃物的成分会发生少许变化，纸张、聚合材料的含量将增加。调查期间研究了固体生活废弃物的下列形态构成：废纸；金属；玻璃；塑料；食品废弃物；建筑垃圾；纺织品；木材；橡胶、皮革；骨头及其他主要排放源产生的废弃物。

联合国开发计划署“提高吉尔吉斯斯坦废弃物可持续管理原则实施潜能项目”的专家们与捷克共和国专家米兰·诺维共同开展工作，确定了比什凯克城市垃圾场固体生活废弃物的形态构成。这项工作分两次进行：温暖季节（2008年7月29日至8月1日）和寒冷季节（2008年11月7日至11月9日)。

这项工作按如下方法进行。鉴于比什凯克市目前的固体生活废弃物管理条件和垃圾转运公司的技术能力，对污染不算严重的废弃物进行人工手动分拣，同时对有代表性的严重污染的垃圾样品进行分析。在此过程中分拣出以下组分：玻璃—塑料—纸张和硬纸板—金属—建材—电子垃圾—纺织品、破布—有机废弃物—灰/灰烬（只有寒冷季节才有）—其他。汽车从市区运来的废弃物在过磅后倒在垃圾场旁边的平地上，工作人员分成4人一组，在国际专家和当地专业人士的监督下分拣垃圾。可以鉴定和分离的所有成分均单独存放，然后再进行称量。将无法鉴定和分离的小馏分混合垃圾，再分成几份（通常为10份)，采用如上所述的方法对其中一份重新进行人工分拣。用这一次分离出来的各种成分的重量乘以份数。在此期间，一共分拣了38730千克固体生活废弃物，其中温暖季节17200千克，寒冷季节21530千克。总体说来，在温暖季节共处理了7辆汽车装载的固体生活废弃物，重量从600千克到3300千克不等，每辆汽车平均载重2460千克，共重17200千克。

根据比什凯克市目前的固体生活废弃物管理制度，市政服务部门定期将固体生活废弃物运往城市垃圾场，没有对垃圾进行分类收集。然而，有些市民直接从垃圾箱中挑选二次原料，用于卖钱。但是，没有相关数据。

（二）测定奥什市固体生活废弃物的形态构成

奥什是吉尔吉斯斯坦第二大城市，南方之都，是一座国家级城市。其位于中亚费尔干纳盆地东南边陲，面积约15.1平方公里。2005年统计数据显示，奥什市拥有25.36万人口，专家估计其人口目前超过50万人。负责城市管理和保障的机构有：市政府——地方自治机关；市议会（肯涅什）——代表机关；各管理局和管理署是城市职能机关；各地方苏维埃是集体自治机关。由“专用汽车基地”市政公司（МП Спецавтобаза）负责收集、转运和处置奥什市的垃圾。该公司共有22辆专用车辆，447个装固体生活废弃物的垃圾箱，实际上则有1200个。固体生活废弃物装入垃圾箱，私人住宅区则将垃圾装袋，未实行分类收集。固体生活废弃物的产生情况为：住宅区每人每年产生1.2立方米，其他楼房则是每人每年2.0立方米。2008年从居民区共运走124540吨固体生活废弃物，从机构单位运走82480吨固体生活废弃物。

对奥什市固体生活废弃物的形态构成开展的研究工作，自奥什市建市以来尚属首次。联合国开发计划署“提高吉尔吉斯斯坦废弃物可持续管理原则实施潜能项目”的专家们分两次（温暖季节和寒冷季节）开展了这项工作。测定固体生活废弃物的形态构成时采用的方法如下。依照“专用汽车基地”市政公司负责人的建议，在市内不同地方选择了试验段（12个试验点）。这些试验点内均包括不同类型的住房、不同收入水平的居民、具有不同服务领域的企业。为确保客观性，对垃圾收集站的垃圾箱进行随机选择，并且只对其中一个进行分拣。由“专用汽车基地”市政公司的工作人员负责分拣固体生活废弃物，项目专家负责称量分拣出来的各种成分，对整个过程进行拍照。这样，计算了每个垃圾箱的总重量、其形态构成的百分比、每个垃圾箱中垃圾的密度，以及12个试验点的平均值。

分析过程中将垃圾箱中的垃圾分成以下几个部分：有机废弃物——包括食品废弃物、落叶、割掉的杂草；废纸——纸张和硬纸板，包括包装纸；塑料——所有高密度和低密度聚合物，即塑胶、塑料、玻璃纸等；金属——所有有色金属和黑色金属；纺织品——所有纺织品，包括人造纺织品；玻璃——所有完全采用玻璃制造的制件；建筑垃圾——住房维修和拆除后产生的废弃物，不包括塑料、玻璃、金属、废纸；生产废弃物——家畜尸体和身体的部分；危险废弃物——含有有毒物质的废弃物，包括水银灯、水银温度计等；橡胶——橡胶制品；街道垃圾——清扫路基和公共场所产生的废弃物；木材——失去使用性能的木制品。玻璃的重量在整个固体生活废弃物中所占的比重范围为4.67%（温暖季节）到7.08%（寒冷季节）。其他成分（生物废弃物、危险废弃物、电子垃圾、塑料、木材）在整个固体生活废弃物中所占的比重不到1%。废弃物中有机成分含量偏高可能是由能源危机造成的，当时整座城市秋冬两季每天停电12小时以上，食品变质很快。奥什市固体生活废弃物的平均密度为115～158千克/立方米。1990年以前，苏联人口超过10万的城市中，设施完善的住宅楼和公共建筑物固体生活废弃物的平均密度为190千克/立方米，而设施相对不完善的住宅楼则为300千克/立方米，平均密度为245千克/立方米。由此可以得出结论，固体生活废弃物的形态构成发生了巨大变化，主要是有机废弃物和塑料增加了，固体生活废弃物中的废纸（纸张、硬纸板）的数量减少了，故固体生活废弃物的平均密度几乎下降了100千克/立方米。需要说明一点，要想更准确地测定固体生活废弃物的形态构成，必须在春、夏、秋、冬四个季节分别开展研究工作。研究期间，需阻止无关人员靠近垃圾箱（防止他们取走二次原料）。固体生活废弃物的形态构成分析至少应5年开展一次。必须由负责收集、转运和处置固体生活废弃物的单位来完成这项工作。

顺便说一句，还有其他方法可以测定固体生活废弃物的形态构成。在垃圾填埋场选择一块平整的具有硬质路面的场地。在市区不同区域选择试验点，各试验点应包括不同的住宅类型、不同收入水平的居民、具有不同服务领域的企业。确定居民人数、各企业机构的员工人数和企业资料（商业面积、大众餐饮机构的座位数或者顾客人数等）。不得挑选各试验点的固体生活废弃物。各试验点只能采用专用车辆装运固体生活废弃物。专用车辆驶入驶出固体生活废弃物分拣场所时，需过磅称量满载车和空车重量。将各试验点运来的固体生活废弃物在分拣场仔细混匀，然后将混合废弃物在地面摊平，分成四等份。只测定其中一份的形态构成，然后单独称量不同组分。必须在一年四季分别开展研究，每次时间为一周。

三 典型项目

一些外国公司、国际机构和地方机构在吉尔吉斯斯坦实施废弃物管理项目，包括联合国开发计划署、欧洲安全与合作组织、吉尔吉斯斯坦共同发展与投资署、中亚区域生态中心、“奥胡斯中心”、日本国际协力机构、ABR、NORSASAS、NISMIST。例如，联合国开发计划署“提高吉尔吉斯斯坦废弃物可持续管理原则实施潜能项目”自2004年开始实施。在这个项目框架内，共编写和出版了10份参考性质的规范性法律出版物和推荐性出版物，拍摄了社会短片和电视片，培训了500多名专业人员，制定了一系列废弃物管理领域的规范性法律文件。

大部分国际机构在对项目融资时仅限于对现状进行分析、评估和提出建议。大部分项目的主要方向是提高人类潜力，培养专业人才，在居民中间开展宣传运动。

首先是关于吉尔吉斯共和国履行《关于持久性有机污染物的斯德哥尔摩公约》（以下简称《斯德哥尔摩公约》）的国家计划概述与更新项目。

吉尔吉斯共和国已于2009年成立了国家环境保护与生态安全调控中心，归国家环境保护和林业署管辖。2012年8月2日批准通过了第536号政府令，该政府令规定，国家环境保护与生态安全调控中心参与实施吉尔吉斯共和国签署的国际生态公约和环境保护领域的其他国际条约。国家环境保护与生态安全调控中心的职责包括参与化学、生物和放射性安全领域的各项国家计划和地区计划的制订、批准和实施。

2015年吉尔吉斯共和国签署了实施联合国环境规划署/全球环境基金“关于持久性有机污染物的国家实施计划概述与更新项目”的无偿援助协议。该项目将根据新型持久性有机污染物来更新国家实施计划。其任务包括对新型持久性有机污染物引发的后果开展国家评估，根据КОП4和КОП5确定的9种新型持久性有机污染物更新国家实施计划，执行国家政策，制订行动计划以完成评估和更新。

更新国家实施计划的目的是保护人类健康和环境，降低因持久性有机污染物的不合理利用、管理和非蓄意排放而造成的风险。国家实施计划的任务包括：通过更新关于持久性有机污染物国家实施计划，满足《斯德哥尔摩公约》第七条的要求；在更新后的国家执行计划中创造潜力；《斯德哥尔摩公约》第七条规定，每一缔约方应“酌情按照缔约方大会决定所具体规定的方式定期审查和更新其实施计划”。

国家实施计划更新项目包括5个部分，每个部分均包括关于活动情况和项目实施结果的信息。

第一部分：启动国家实施计划的概述与更新过程。

预期结果：通过国家协调从制度上予以加强。

第二部分：评估国家基础设施和对所有持久性有机污染物进行管理的潜力，对新型持久性有机污染物进行清点登记，同时更新持久性有机污染物的初始清单，监控持久性有机污染物对人体和环境的影响。

预期结果：得到关于目前采取的用于监控持久性有机污染物的各项措施、管理方法、使用情况及其后果的详细信息，以查明与持久性有机污染物相关的问题并对如何解决这些问题做出合理规划。

第三部分：针对新型持久性有机污染物制定行动预案并更新针对初始持久性有机污染制定的行动预案，包括分析缺陷。

预期结果：精心制定的详细行动预案，可以简化为了解决持久性有机污染物相关问题而采取的具有经济效益并能引起人们关注的稳定措施。

第四部分：重新审查并更新的国家实施计划的表述以及所有25种持久性有机污染物的行动预案。

预期结果：深入了解所有持久性有机污染物以采取有效措施解决与持久性有机污染物相关的重要问题，使吉尔吉斯斯坦可以制定合理战略来降低国内持久性有机污染物带来的风险和履行《斯德哥尔摩公约》的相关义务。

第五部分：批准国家实施计划。

预期结果：由重要利益相关部门批准国家实施计划并提交秘书处，由此确定各级政府履行《斯德哥尔摩公约》相关要求的义务。

其次是关于聚氯联二苯的项目。聚氯联二苯指的是一类合成有机物质，由于其化学稳定性强，在全世界不同工业部门得到广泛应用。在20世纪70年代，人们确定这种物质可对人类健康和环境造成严重威胁。聚氯联二苯对免疫系统有害，能损坏人体免疫系统、肝脏、皮肤、再生系统、胃肠道和甲状腺。该项目可向吉尔吉斯斯坦提供各种手段和方法，以降低聚氯联二苯对环境和人体健康带来的风险。在该项目实施过程中，由联合国开发计划署负责收集聚氯联二苯，建立安全储藏库，并增强总体信息知情权。该项目旨在加强这一领域的法律措施和调节措施，协助各机构对聚氯联二苯进行管理。其取得的结果如下。

• 聚氯联二苯污染设备的长期监控计划。

• 考虑到社会性问题，对聚氯联二苯污染设备的使用现状进行分析简评。

• 在监控的基础上绘制当前聚氯联二苯的分布图。

• 聚氯联二苯管理领域的一系列新法律条文。

• 聚氯联二苯污染设备长期逐步清除计划。

• 废石场/含聚氯联二苯废弃物的安全存放。

• 将废石场/含聚氯联二苯废弃物运至/出口至处置场所，同时满足所有要求。

• 更新了含聚氯联二苯废弃物和聚氯联二苯污染设备的数据库，并在地图上绘制了相应位置；已提供资金用于更换含聚氯联二苯的老旧设备。

• 对负责监督聚氯联二苯持有者的国家检查人员开展了一系列训练活动；拍摄并播放了关于聚氯联二苯对人体健康的危害的电视节目；录制了教学视频并发送给项目合作单位。

• 根据聚氯联二苯安全处置技术规程，开展了6项鉴定工作；提出了现行法律《环境保护法》和《许可法》的修订案。

• 各主管机关、大学和图书馆收到关于聚氯联二苯处置的4本教科书和2个教学视频拷贝件。

• 主管机关的专业人员接受了关于查明聚氯联二苯含量的几种方法的培训；主管机关可以开展实验研究。

• 发布了关于聚氯联苯问题的两个电视节目，发表了10多篇文章。

第二节 废弃物处理领域的国家政策和法令法规

一 废弃物处理领域的全权代表机关

根据《吉尔吉斯共和国生产废弃物和消费废弃物法》，地方国家管理部门和地方自治机关在废弃物处理领域的职权包括：

①采取措施预防与废弃物有关的意外事故和灾难；

②采取措施消除与废弃物有关的意外事故和灾难造成的后果；

③制订和实施废弃物处理领域的地方计划，并执行相关国家计划；

④对辖区内各企业和单位在废弃物处理领域的活动进行监督；

⑤向法人单位和自然人、地方预算和预算外基金募集资金，为废弃物处理、加工和填埋设施的新建，以及现有设施扩容和改造提供资金；

⑥组建合理的废弃物收集系统，包括分类收集各种成分（食品废弃物、有色金属和黑色金属、纺织品、玻璃、纸张等），废弃物存放、定期转运、无害化处理、综合利用，以及对辖区土地复垦；

⑦保障居民能得到关于废弃物处理、区域内废弃物存放和加工情况的相关信息。

根据吉尔吉斯共和国2012年2月20日颁布的第123号政府令，负责生产废弃物和消费废弃物处置的全权代表机关为吉尔吉斯共和国政府下属的国家环境保护和林业署。

国家环境保护和林业署的任务包括：

①实施环境保护和自然资源利用领域的政策并进行调控，以及对各种自然成分和资源进行统计和现状评估，包括森林经营和狩猎经营；

②通过开展国家生态鉴定避免在实施规划的各类管理、经营活动和其他活动时可能给环境造成的不利后果；

③确定并开展吉尔吉斯共和国在健康保护、生态安全和自然资源利用方面的国际合作；

④在环境保护、自然资源利用和生态安全，包括化学、生物和放射性安全领域实施国家调控；

⑤征收自然资源使用费和排污费，将资金用于环境保护。

废弃物处理领域主管机关的权限范围包括：

①对与废弃物处理相关的文件进行国家生态鉴定；

②制定标准规范，确定废弃物安全处置程序和废弃物对环境和人类健康的安全要求；

③组织开展废弃物国家登记；

④组织清理废弃物，由废弃物产生单位承担相关费用，并要求其弥补废弃物造成的损失；

⑤对国家机关、地方自治机构、法人单位和自然人在废弃物处置领域的行为进行检查和监督；

⑥在废弃物处置领域开展国际合作，研究、总结国际经验并进行推广；

⑦为公众提供了解废弃物处置信息的机会；

⑧按规定程序发放和吊销许可证和许可。

其中，为下列活动发放许可证：

- 有毒材料物质废弃物，包括放射性废弃物的综合利用、处置、销毁和填埋；

- 有毒生产废弃物的转移（包括跨境转移）。

为下列活动授权许可：

- 向周围环境排放污染物；
- 在周围环境处置废弃物；
- 从固定污染源向大气排放污染物。

二 废弃物处置领域的法律法规

根据《吉尔吉斯共和国宪法》第48条，公民有权享有对生命和健康有益的周围自然环境，有权要求赔偿因个人或单位在利用自然资源方面的行为而使人们健康或财产遭受的损失。《吉尔吉斯共和国宪法》这一条款在吉尔吉斯共和国一系列规范性法律条文中有所体现。

目前，在国家层面还有大量与固体生活废弃物处置相关的规范性法律条文，主要有2001年11月13日颁布的第89号《吉尔吉斯共和国生产废弃物和消费废弃物法》以及协调环境保护领域各类关系的综合法律条文——1999年6月16日颁布的第53号《吉尔吉斯共和国环境保护法》、2009年5月8日颁布的第151号《生态安全保障总体技术规程》。

关于固体生活废弃物处置的一系列重要规定有：《吉尔吉斯共和国土地法典》、《吉尔吉斯共和国森林法典》、《吉尔吉斯共和国水法典》、《吉尔吉斯共和国地方自治法》、《吉尔吉斯共和国大气保护法》、吉尔吉斯共和国2010年1月15日发布的《关于批准危险废弃物分类表和确定废弃物危险等级的方法建议》的第9号政府令、吉尔吉斯共和国2015年8月5日第559号政府令批准的《吉尔吉斯共和国生产废弃物和消费废弃物处置规定》、吉尔吉斯共和国2015年12月28日第885号令批准的《吉尔吉斯共和国境内危险废弃物处置规定》、《吉尔吉斯共和国尾矿场和废石场法》。

吉尔吉斯共和国国家法律规定，生产废弃物指的是在产品生产或者工程施工过程中产生、已完全或者部分丧失其使用性能的材料、原料和半成品残渣，以及在生产过程中产生并且在该生产中无法使用的附属物品。

消费废弃物指的是由于物理或者精神磨损而丧失其使用性能的产品、材料和物品。消费废弃物还包括在人类生活过程中产生的固体生活垃圾。

危险废弃物指的是含有具有危险属性（如毒性、传染性、爆炸性、可燃性、反应能力强）的物质的废弃物（放射性废弃物除外），其数量和性状可直接或者在与其他物质接触时对人体健康或者环境造成直接危害或者潜在危害。

在生产废弃物和消费废弃物产生、收集、存放、使用、无害化处理、运输、填埋过程中，以及在实施废弃物处理领域的国家管理、监督过程中产生的各类关系由法律调节。废弃物处理指的是与废弃物收集、存放、利用、无害化处理、转运和填埋相关的所有活动。

废弃物处理领域国家政策的主要原则是：

①优先推广废弃物生成量少的工艺技术；

②实施经济激励机制，使废弃物重新进入经济流通；

③如果违反自然保护法和卫生法的要求，必须承担相应责任；

④在通过废弃物处理决议时必须开展国家生态鉴定；

⑤根据吉尔吉斯共和国法律规定，可随时了解与废弃物处理相关的信息；

⑥在通过触及民众利益的各项决议时需保护国家利益。

根据1999年6月16日颁布的第53号《吉尔吉斯共和国环境保护法》第23条，法人和自然人必须采取有效措施对生产废弃物和生活废弃物进行无害化处理、加工、综合利用、存放或者填埋，遵循现有生态、卫生保健以及流行病防治标准及规范的要求；在地方自治机关与吉尔吉斯共和国国家环境保护和卫生部门协商后确定的场所，按照法律规定的程序对废弃物进行存放和填埋；在取得吉尔吉斯共和国国家环保部门的许可并与吉尔吉斯共和国国家卫生部门协商后，在专门规定的填埋场对有潜在危险以及毒性很强的废弃物进行填埋或者处置。《吉尔吉斯共和国环境保护法》第36条规定，从事生态危险活动或者其他活动的法人和公民，必须投保强制性生态保险。

2013年10月19日通过的第195号《吉尔吉斯共和国许可证制度法》，旨在防止危害生命、健康、环境、财产、公共安全和国家安全行为的发生，以及管理有限的国家资源。这部法律规定了实施许可证制度的活动类型，涵盖有毒材料、物品废弃物，包括放射性废弃物（第16条第4款）的综合利用、存放、填埋和销毁。

《吉尔吉斯共和国许可证制度法》还规定了活动过程中许可行为类别清单，包括：在周围环境处置废弃物；向周围环境排放污染物；从固定污染源向大气排放污染物。

根据1999年6月12日颁布的第51号《吉尔吉斯共和国大气保护法》第31条，禁止在居民点或者居民点附近擅自处理可能是大气污染源或对大气产生有害影响的生产废弃物和生活废弃物，禁止在企业、机构、单位以及居民点内部焚烧这类废弃物。

作为大气污染源的生产废弃物和生活废弃物，需进行销毁、加工、净化处理、除臭处理或者在专业填埋场或者专门划拨的场所存放。这类场所由国家地方管理当局和地方自治机构确定，但需取得国家指定环境保护机关以及吉尔吉斯共和国法律规定的其他主管机关的同意。

根据2009年5月8日颁布的第151号《吉尔吉斯共和国生态安全保障总体技术规程法》附件1，有毒物质、危险物质、放射性物质仓库（第13条），工业废弃物和生活废弃物的综合利用、加工和填埋（第23条）都是生态鉴定的对象。根据该法第20条第2款的规定，提交国家生态鉴定的经营活动相关文件应包括使用最佳可靠技术的证明材料。

吉尔吉斯共和国2010年1月15日颁布的第9号政府令批准了危险废弃物分类表和确定废弃物危险等级的方法建议，根据这个分类表确定了所有危险废弃物的编码，包括统计编码。危险废弃物分类的具体情况见表2-2。

表2-2 危险废弃物分类

废弃物组别	废弃物名称	废弃物统计代码	废弃物代码
01采矿工业废弃物	矿井和露天采掘场废弃物	01013	N 010101/P 00/Q 01/WS13/T3/C00/H00/D（R）00/GD000
	矿物原料物理、化学加工过程产生的废弃物	01022	
	• 采矿工业生产过程中使用有毒物质对矿物原料进行物理、化学加工时产生的未做无害化处理的废弃物		№ 010200/P 00/Q 11/WS13/T2/C00/H00/D（R）00/GD000
	• 在对采矿工业矿物原料进行物理、化学加工时产生、已做无害化处理的废弃物，氰化物浓度不超过50毫克/升		№ 010200/P 00/Q 11/WS13/T3/C00/H00/D（R）00/GD000
	• 在对采矿工业矿物原料进行物理、化学加工时产生、已做无害化处理的废弃物，氰化物浓度低于5毫克/升		№ 010200/P 00/Q 11/WS13/T4/C00/H00/D（R）00/GD000
	• 在对采矿工业矿物原料进行物理、化学加工时产生、已做无害化处理的废弃物，氰化物浓度低于5毫克/升，使用了循环供水系统、半干保存方式，含水量低于30%		№ 010200/P 00/Q 11/WS13/T5/C00/H00/D（R）00/GD000
	使用了有毒试剂的矿物原料物理、化学加工过程产生的废弃物	01032	

续表

废弃物组别	废弃物名称	废弃物统计代码	废弃物代码
01 采矿工业废弃物	•采矿工业生产过程中使用有毒物质对矿物原料进行物理、化学加工时产生的未做无害化处理的废弃物		N 010205/P 00/Q 11/WM1/T2/C00/H00/D (R) 00/CD000
	•在对采矿工业矿物原料进行物理、化学加工时产生、已做无害化处理的废弃物，氰化物浓度不超过50毫克/升		N 010205/P 00/Q 11/WM1/T3/C00/H00/D (R) 00/CD000
	•在对采矿工业矿物原料进行物理、化学加工时产生、已做无害化处理的废弃物，氰化物浓度低于5毫克/升		N 010205/P 00/Q 11/WM1/T4/C00/H00/D (R) 00/CD000
	•在对采矿工业矿物原料进行物理、化学加工时产生、已做无害化处理的废弃物，氰化物浓度低于5毫克/升，使用了循环供水系统、半干保存方式，含水量低于30%		N 010205/P 00/Q 11/WM1/T5/C00/H00/D (R) 00/CD000
	钻井残渣	01043	N 010300/P 00/Q 09/WP1/T3/C00/H00/D (R) 00/GD000
02 农业、园艺、狩猎、捕鱼业废弃物	未能测定的其他废弃物	01992	N 010399/P 00/Q 01/WM1/T2/C00/H00/D (R) 00/GD000
	产品一次加工废弃物	02013	N 020100/P 00/Q 11/WS18/T3/C00/H00/D (R) 00/GM000
	冲洗和清洗残渣	02023	N 020101/P 00/Q 08/WP1/T3/C00/H00/D (R) 00/GM000
	受感染的动物胴体和生物废弃物	02032	N 020102/P 00/Q 13/WS17/T2/C61/H6.2/D (R) 00/A000
	未受感染的动物胴体和生物废弃物	02043	N 020103/P 00/Q 14/WS17/T3/C00/H00/D (R) 00/GM000
	植物废弃物（植物与植物的部分）	02053	N 020104/P 00/Q 14/WS18/T3/C00/H00/D (R) 00/GM020
	动物粪便和尿液（包括用过的秸秆）、废液	02062	N 020105/P 00/Q 14/WP4/T2/C61/H6.2/D (R) 00/AC260
	农业化学残留物（矿肥、杀虫剂、除草剂等）	02072	N 020106/P 00/Q 01/WS15/T2/C79/H12/D (R) 00/GM000

续表

废弃物组别	废弃物名称	废弃物统计代码	废弃物代码
02 农业、园艺、狩猎、捕鱼业废弃物	骨头、毛皮、羽毛、头发、犄角和蹄子	02083	N 020204/P 00/Q 16/WS18/T3/C00/H00/D（R）00/GM100
	制糖业废料	02093	N 020400/P 00/Q 16/WM1/T3/C00/H00/D（R）00/GM030
	奶油制造业废弃物	02103	N 020500/P 00/Q 16/WM1/T3/C00/H00/D（R）00/GM060
	面包和糖果点心业废弃物	02113	N 020600/P 00/Q 16/WL6/T3/C00/H00/D（R）00/GM000
	含酒精和不含酒精饮料（包括咖啡、茶、可可）生产废弃物	02123	N 020700/P 00/Q 16/WL6/T3/C00/H00/D（R）00/GM030
	未能测定的其他废弃物	02993	N 020799/P 00/Q 01/WL6/T3/C00/H00/D（R）00/GM000
03 林业、纸浆造纸、木材加工业废弃物	林业废弃物（树皮、锯末、刨花、边角余料、木材废品等）	03013	N 030100/P 00/Q 02/WS10/T3/C00/H00/D（R）00/GL010
	木材加工业废弃物（锯末、刨花、边角余料、木材废品、木板、胶合板等）	03023	N 030200/P 00/Q 02/WS10/T3/C00/H00/D（R）00/GI010
	家私制造中木制零件生产废弃物	03033	N 030401/P 00/Q 01/WS10/T3/C00/H11/D（R）00/GI010
	未能测定的其他废弃物	03993	N 030599/P 00/Q 16/WS10/T3/C00/H00/D（R）00/GI010
04 制革和纺织工业废弃物	制革废弃物	04012	N 040100/P 00/Q 11/WL6/T2/C40/H00/D（R）00/GN040
	石灰分解废弃物	04023	N 040101/P 00/Q 01/WS11/T3/C47/H00/D（R）00/GJ020
	石灰废料	04032	N 040102/P 00/Q 01/WS18/T2/C47/H00/D（R）00/GJ020
	脱脂废料	04043	N 040103/P 00/Q 01/WS18/T3/C00/H00/D（R）00/GJ020
	含铬的残渣	04052	N 040107/P 00/Q 13/WP1/T2/C40/H11/D（R）00/GJ020

续表

废弃物组别	废弃物名称	废弃物统计代码	废弃物代码
04 制革和纺织工业废弃物	不含铬残渣	04063	N 040109/P 00/Q 08/WP1/T3/C00/H00/D (R) 00/GJ020
	制革废弃物（轧片、钉接、切割、抛光）	04073	N 040110/P 00/Q 01/WS11/T3/C00/H00/D (R) 00/GJ020
	吸收材料、过滤材料、擦拭用布和防护服	04083	N 040111/P 00/Q 05/WS18/T3/C00/H00/D (R) 00/GJ020
	皮革制品生产废弃物	04093	N 040200/P 00/Q 14/WS18/T3/C00/H00/D (R) 00/AC180
	纺织业废弃物	04103	N 040300/P 00/Q 14/WS18/T3/C00/H00/D (R) 00/GJ120
	未能测定的其他废弃物	04993	N 040099/P 00/Q 16/WS11/T3/C00/H00/D (R) 00/GJ020
05 炼油、天然气精馏废弃物	含油残渣	05012	N 050100/P 00/Q 08/WP1/T2/C81/H11/D (R) 00/AT030
	加工油浆污水	05022	N 050101/P 00/Q 09/WL6/T2/C81/H11/D (R) 00/AE000
	除盐残渣	05032	N 050102/P 00/Q 08/WP1/T2/C81/H11/D (R) 00/A000
	减压渣油残余物	05042	N 050105/P 00/Q 08/WS17/T2/C81/H11/D (R) 00/AE050
	沥青残余物	05052	N 050106/P 00/Q 08/WS18/T2/C81/H11/D (R) 00/AC020
	未能测定的其他含油残渣和固体废弃物	05062	N 050107/P 00/Q 08/WP1/T2/C81/H11/D (R) 00/AE020
	不含油残渣和固体废弃物	05073	N 050200/P 00/Q 08/WP1/T3/C84/H11/D (R) 00/A000
	未能测定的其他废弃物	05993	N 050899/P 00/Q 01/WP1/T3/C84/H11/D (R) 00/A000

续表

废弃物组别	废弃物名称	废弃物统计代码	废弃物代码
06 基础化学废弃物	含硫化物的盐溶液	06012	N 060103/P 00/Q 07/WL1/T2/C43/H11/D (R) 00/A000
	硫酸盐、亚硫酸盐、硫化物和其他固体盐类	06022	N 060104/P 00/Q 07/WS15/T2/C43/H11/D (R) 00/A000
	金属氧化物	06032	N 060105/P 00/Q 08/WS15/T2/C84/H11/D (R) 00/AA070
	含贵金属的废催化剂	06042	N 060106/P 00/Q 06/WS7/T2/C00/H00/D (R) 00/GC052
	其他废催化剂	06052	N 060107/P 00/Q 06/WS7/T2/C00/H11/D (R) 00/GC053
	其他酸溶液	06062	N 060203/P 00/Q 08/WL1/T2/C46/H11/D (R) 00/AD110
	碱液	06072	N 060204/P 00/Q 08/WL1/T2/C47/H11/D (R) 00/AB110
	含氯化物、氟化物和其他卤化物的盐溶液	06082	N 060205/P 00/Q 08/WL1/T2/C38 +39/H00/D (R) 00/GG120
	含汞残渣	06092	N 060206/P 00/Q 08/WP1/T2/C26/H6. 1/D (R) 00/AA100
	含重金属包裹体的盐类（汞除外）	06102	N 060207/P 00/Q 08/WP1/T2/C84/H11/D (R) 00/AA070
	氮化学生产废弃物	06112	N 060500/P 00/Q 08/WL6/T2/C57/H11/D (R) 00/A000
	硝酸和亚硝酸	06122	N 060501/P 00/Q 07/WL6/T2/C57/H10/D (R) 00/A000
	氨和碱液	06132	N 060502/P 00/Q 07/WL6/T2/C74 +47/H11/D (R) 00/A000
	含有含氮成分的盐溶液	06142	N 060503/P 00/Q 08/WL6/T2/C57/H00/D (R) 00/A000
	铵盐	06152	N 060505/P 00/Q 08/WL6/T2/C74/H11/D (R) 00/A000

续表

废弃物组别	废弃物名称	废弃物统计代码	废弃物代码
06 基础化学废弃物	含氰化物的盐类	06162	N 060506/P 00/Q 08/WL6/T2/C45/H6.1/D (R) 00/AA150
	含重金属、砷溶液或者氰化物溶液的残渣	06172	N 060606/P 00/Q 08/WP1/T2/C84/H6.1/D (R) 00/A000
	含重金属包裹体的盐类	06182	N 060607/P 00/Q 08/WL6/T2/C84/H11/D (R) 00/A000
	含有机包裹体的金属氧化物	06192	N 060712/P 00/Q 08/WL6/T2/C00/H00/D (R) 00/A000
	未能测定的其他无机类化工废弃物	06992	N 060999/P 00/Q 01/WL6/T2/C84/H11/D (R) 00/A000
07 有机合成化学废弃物	—	—	—
08 油漆、清漆、铅封材料、粘胶、印刷颜料和搪瓷生产、加工、供货和使用产生的废弃物	油漆、清漆废弃物	08012	N 080100/P 00/Q 07/WS18/T2/C00/H4.1/D (R) 00/AD070
	吸附剂、过滤材料、擦拭用布料	08023	N 080111/P 00/Q 05/WS18/T3/C00/H4.1/D (R) 00/AD150
	粘胶和铅封材料（火漆）生产、加工、供货和使用产生的废弃物	08033	N 080300/P 00/Q 06/WS18/T3/C00/H4.1/D (R) 00/AC090
	受粘胶和铅封材料污染吸附剂、过滤材料、擦拭用布料、防护服	08043	N 080309/P 00/Q 05/WS18/T3/C00/H4.1/D (R) 00/AD150
	搪瓷生产、加工、供货和使用产生的废弃物	08052	N 080400/P 00/Q 06/WS18/T2/C67/H4.1/D (R) 00/A000
	吸附剂、过滤材料、擦拭用布料、防护服以及其他含搪瓷的废弃物	08063	N 080404/P 00/Q 05/WS13/T3/C00/H4.1/D (R) 00/AD150
	未能测定的其他废弃物	08992	N 080499/P 00/Q 01/WS18/T2/C00/H3/D (R) 00/A000
09 摄影业废弃物	摄影业废弃物	09013	N 090100/P 00/Q 01/WL6/T3/C00/H00/D (R) 00/AD090

续表

废弃物组别	废弃物名称	废弃物统计代码	废弃物代码
10 热处理无机废弃物	电站和其他企业废弃物	10012	N 100100/P 00/Q 08/WS14/T2/C15/H11/D（R）00/GG030
	灰分残余物	10024	N 100102/P 00/Q 08 + 09/WS3/T4/C00/H00/D（R）00/GG030
	干燃料、半干燃料和液体燃料加工废弃物	10032	N 100103/P 00/Q 09/WS4/T2/C84/H11/D（R）00/GG030
	其他有色金属生产企业产生的废弃物	10042	N 100800/P 00/Q 01/WM1/T2/C00/H00/D（R）00/G000
	玻璃和玻璃包装容器生产废弃物	10053	N 101100/P 00/Q 01/WS12/T3/C00/H00/D（R）00/GT010
	陶瓷、砖、瓷砖生产和建筑施工废弃物	10063	N 101200/P 00/Q 06/WS13/T3/C15/H11/D（R）00/GF010
	水泥、石灰、灰浆及其产品生产废弃物	10073	N 101300/P 00/Q 06/WS13/T3/C15/H11/D（R）00/G000
	未能测定的其他废弃物	10993	N 101399/P 00/Q 01/WS13/T3/C15/H11/D（R）00/G000
11 金属加工产生的含金属无机废弃物	金属和金属表面加工产生的液体废弃物和残渣（镀锌、浸蚀、无溶液除油）	11012	N 110100/P 00/Q 12/WP1/T2/C46 + 47/H11/D（R）00/AA130
	含重金属的氰化液（碱液）（不含铬）	11021	N 110101/P 00/Q 08/WL6/T1/C45 + 84/H6. 1/D（R）00/A000
	不含重金属的氰化液（碱液）	11032	N 110102/P 00/Q 08/WL6/T2/C45/H6. 1/D（R）00/AA150
	含铬和其他重金属的废弃物	11042	N 110103/P 00/Q 08/WL6/T2/C40 + 84/H6. 1/D（R）00/A000
	酸性腐蚀溶液	11052	N 110104/P 00/Q 07/WL6/T2/C46/H11/D（R）00/AA130
	未能测定的其他酸	11062	N 110105/P 00/Q 07/WL6/T2/C46/H11/D（R）00/A000
	未能测定的其他碱	11072	N 110106/P 00/Q 07/WL6/T2/C47/H11/D（R）00/A000

续表

废弃物组别	废弃物名称	废弃物统计代码	废弃物代码
11 金属加工产生的含金属无机废弃物	有色金属（水冶）废弃物和残渣	11082	N 110200/P 00/Q 08/WP1/T2/C84/H11/D（R）00/A000
	铜水冶残渣	11092	N 110201/P 00/Q 08/WP1/T2/C19/H11/D（R）00/A000
	锌水冶残渣	11102	N 110202/P 00/Q 08/WP1/T2/C41/H11/D（R）00/AA020
	阳极生产残渣	11112	N 110203/P 00/Q 08/WP1/T2/C00/H00/D（R）00/AA040
	混合处理过程产生的残渣与固体废弃物	11122	N 110300/P 00/Q 08/WP1/T2/C84/H00/D（R）00/AA070
	氰化物	11131	N 110301/P 00/Q 07/WL6/T1/C45/H6.1/D（R）00/AD050
	未能测定的其他废弃物	11992	N 110499/P 00/Q 01/WL6/T2/C00/H11/D（R）00/A000
12 机械加工废弃物	机械加工（锻造、压制、拉伸、扭转、钻孔、切割、锯、磨加工）残余物	12013	N 120100/P 00/Q 10/WS10/T3/C10/H00/D（R）00/G000
	黑色金属锯屑和颗粒	12023	N 120101/P 00/Q 10/WS10/T3/C10/H00/D（R）00/G000
	有色金属锯屑和颗粒（碎片）	12033	N 120102/P 00/Q 10/WS10/T3/C84/H00/D（R）00/G000
	陶瓷颗粒和玻璃微粒	12043	N 120103/P 00/Q 01/WS12/T3/C15/H00/D（R）00/G000
	含卤素机油废弃物（非乳化）	12052	N 120104/P 00/Q 12/WM3/T2/C68/H12/D（R）00/AC220
	不含卤素机油废弃物（非乳化）	12062	N 120105/P 00/Q 12/WM3/T2/C68/H12/D（R）00/AC210
	含卤素机油乳化剂	12072	N 120106/P 00/Q 07/WM3/T2/C68/H12/D（R）00/AC220
	不含卤素机油乳化剂	12082	N 120107/P 00/Q 07/WM3/T2/C68/H12/D（R）00/AC230

续表

废弃物组别	废弃物名称	废弃物统计代码	废弃物代码
12 机械加工废弃物	合成机油	12092	N 120108/P 00/Q 07/WM3/T2/C84/H12/D（R）00/A000
	其他蜡与脂肪	12102	N 120109/P 00/Q 07/WM3/T2/C00/H00/D（R）00/A000
	车旋、搪磨、研磨残渣	12112	N 120202/P 00/Q 08/WP1/T2/C00/H00/D（R）00/A000
	抛光残渣	12122	N 120203/P 00/Q 08/WP1/T2/C00/H00/D（R）00/A000
	未能测定的其他废弃物	12993	N 120299/P 00/Q 01/WS10/T3/C00/H00/D（R）00/G000
13 矿物类和合成类油料废弃物（第8和第11类除外）	液压油废弃物	13012	N 130100/P 00/Q 12/WM3/T2/C00/H00/D（R）00/AC060
	含聚氯苯或者甲苯的液压油	13021	N 130101/P 00/Q 12/WM3/T1/C58/H6. 1/D（R）00/RA010
	含氯液压油（非乳化剂）	13032	N 130102/P 00/Q 12/WM3/T2/C84/H11/D（R）00/AC060
	不含氯液压油（非乳化剂）	13042	N 130103/P 00/Q 12/WM3/T2/C00/H00/D（R）00/A000
	含氯乳化剂	13052	N 130104/P 00/Q 07/WM3/T2/C84/H11/D（R）00/A000
	不含氯乳化剂	13062	N 130105/P 00/Q 00/WM3/T2/C00/H00/D（R）00/A000
	矿物液压油	13072	N 130106/P 00/Q 12/WM3/T2/C00/H00/D（R）00/AC060
	机油、机械油和润滑油废弃物	13082	N 130200/P 00/Q 12/WM3/T2/C00/H00/D（R）00/AC060
	含氯机械润滑脂	13092	N 130201/P 00/Q 12/WM3/T2/C84/H11/D（R）00/AC060
	不含氯机械润滑脂	13102	N 130202/P 00/Q 12/WM3/T2/C00/H00/D（R）00/AC060

续表

废弃物组别	废弃物名称	废弃物统计代码	废弃物代码
13矿物类和合成类油料废弃物（第8和第11类除外）	绝缘油、导热油和传动油废弃物	13112	N 130300/P 00/Q 12/WM3/T2/C00/H00/D （R）00/AC060
	含聚氯苯或者甲苯，以及聚氯联二苯的绝缘油、导热油和传动油	13122	N 130301/P 00/Q 12/WM3/T2/C58/H6.1/D （R）00/AC060
	其他氯化物绝缘油、导热油和传动油	13132	N 130302/P 00/Q 12/WM3/T2/C84/H11/D （R）00/AC060
	不含氯绝缘油和传动油	13142	N 130303/P 00/Q 12/WM3/T2/C00/H00/D （R）00/AC060
	合成绝缘油和传动油	13152	N 130304/P 00/Q 12/WM3/T2/C00/H00/D （R）00/AC060
	矿物绝缘传动油	13162	N 130305/P 00/Q 12/WM3/T2/C00/H00/D （R）00/AC060
	油罐清洗废弃物	13172	N 130400/P 00/Q 12/WM3/T2/C00/H00/D （R）00/A000
	清洗油罐产生的乳化剂	13182	N 130402/P 00/Q 07/WM3/T2/C00/H00/D （R）00/A000
	未能测定的其他废弃物	13992	N 130799/P 00/Q 01/WM3/T2/C00/H00/D （R）00/A000
14使用溶剂产生的废弃物（化学类除外）	金属除油和机器运转产生的废弃物	14012	N 140100/P 00/Q 07/WM3/T2/C00/H00/D （R）00/A000
	氯氟碳化合物	14022	N 140101/P 00/Q 07/WM2/T2/C70/H12/D （R）00/AC150
	其他卤族溶剂	14032	N 140102/P 00/Q 07/WM2/T2/C70/H3/D （R）00/AC220
	不含卤素溶剂和混合溶剂	14042	N 140103/P 00/Q 07/WM2/T2/C70/H3/D （R）00/A000
	蒸汽除油产生的废弃物	14052	N 140104/P 00/Q 07/WM2/T2/C00/H00/D （R）00/A000
	含卤化溶剂的残渣	14062	N 140107/P 00/Q 07/WP1/T2/C70/H3/D （R）00/AC220

续表

废弃物组别	废弃物名称	废弃物统计代码	废弃物代码
14 使用溶剂产生的废弃物（化学类除外）	含非卤化溶剂的残渣	14072	N 140108/P 00/Q 07/WP1/T2/C47/H3/D （R）00/AC210
	纺织品精制产生的废弃物	14082	N 140200/P 00/Q 07/WM2/T2/C00/H00/D （R）00/A000
	电子产品生产产生的废弃物	14092	N 140400/P 00/Q 01/WM2/T2/C00/H00/D （R）00/A000
	未能测定的其他废弃物	14992	N 140699/P 00/Q 01/WM2/T2/C00/H00/D （R）00/A000
15 受到污染的包装物，受到污染的吸附剂和过滤器	受到污染的包装材料	15013	N 150200/P 00/Q 05/WS18/T3/C00/H00/D （R）00/A000
	受石棉纤维或者陶瓷纤维污染的包装材料	15022	N 150201/P 00/Q 05/WS18/T2/C48/H11/D （R）00/A000
	受矿物油或者合成油污染的包装材料	15032	N 150202/P 00/Q 05/WS18/T2/C00/H00/D （R）00/A000
	受溶液污染的包装材料	15042	N 150203/P 00/Q 05/WS18/T2/C47/H3/D （R）00/A000
	受杀虫剂污染的包装材料	15052	N 150204/P 00/Q 05/WS18/T2/C79/H11/D （R）00/A000
	受油漆、印刷颜料、清漆污染的包装材料	15062	N 150205/P 00/Q 05/WS18/T2/C67/H4. 1/D （R）00/A000
	受其他危险化学品污染的包装材料	15072	N 150206/P 00/Q 05/WS18/T2/C84/H11/D （R）00/A000
	含化学品仓库清理产生的废弃物	15082	N 150305/P 00/Q 07/WP1/T2/C84/H11/D （R）00/A000
	含油仓库清理产生的废弃物	15092	N 150306/P 00/Q 12/WP1/T2/C00/H00/D （R）00/A000
	未能测定的其他废弃物	15992	N 150099/P 00/Q 01/WP1/T2/C84/H11/D （R）00/A000

续表

废弃物组别	废弃物名称	废弃物统计代码	废弃物代码
16 未归入其他类别的工业废弃物	含聚氯苯或者甲苯，以及聚氯联二苯的变压器和电容器	16011	N 160101/P 00/Q 06/WM7/T1/C58/H11/D (R) 00/RC010
	报废的其他电子设备	16023	N 160102/P 00/Q 06/WM7/T3/C00/H00/D (R) 00/GC020
	报废的其他设备	16033	N 160103/P 00/Q 06/WM7/T3/C00/H00/D (R) 00/A000
	未能测定的其他废弃物	16992	N 160399/P 00/Q 01/WM7/T2/C84/H11/D (R) 00/A000
17 商业建设和拆迁产生的废弃物	混凝土［水泥混凝土：多孔（加气混凝土和泡沫混凝土），陶土制，重型，铺路用；硅酸盐混凝土：多孔混凝土（气孔硅酸盐、泡沫硅酸盐），致密的］	17013	N 170101/P 00/Q 05/WS18/T3/C15/H00/D (R) 00/GG140
	砖、瓷砖、陶瓷和石膏基材料	17023	N 170200/P 00/Q 05/WS12/T3/C00/H00/D (R) 00/GF010
	沥青、渣油和渣油产品	17033	N 170300/P 00/Q 05/WP2/T3/C84/H00/D (R) 00/G000
	染色木材和浸渍木材	17043	N 170402/P 00/Q 05/WS18/T3/C84/H4.1 +00/D (R) 00/G000
	玻璃（窗玻璃、橱窗玻璃、双层中空玻璃和装饰玻璃——玻璃砖、马赛克等）	17053	N 170501/P 00/Q 16/WS12/T3/C00/H00/D (R) 00/GE010
	金属	17063	N 170600/P 00/Q 16/WS6/T3/C00/H00/D (R) 00/GA090
	铜、青铜、黄铜	17073	N 170601/P 00/Q 16/WS6/T3/C19/H00/D (R) 00/GA120
	铝	17083	N 170602/P 00/Q 16/WS6/T3/C01/H00/D (R) 00/GA140
	铅	17093	N 170603/P 00/Q 16/WS6/T3/C27/H11/D (R) 00/GA150
	锌	17103	N 170604/P 00/Q 16/WS6/T3/C41/H00/D (R) 00/GB010
	铁和钢	17113	N 170605/P 00/Q 16/WS6/T3/C10/H00/D (R) 00/GA070

续表

废弃物组别	废弃物名称	废弃物统计代码	废弃物代码
17 商业建设和拆迁产生的废弃物	电缆	17123	N 170606/P 00/Q 16/WS6/T3/C19/H00/D （R）00/G000
	金属混合物	17133	N 170607/P 00/Q 16/WS6/T3/C84/H00/D （R）00/GA080
	塑料	17143	N 170700/P 00/Q 16/WS18/T3/C71/H4. 1/D （R）00/GH010
	聚氯乙烯	17153	N 170701/P 00/Q 16/WS18/T3/C84/H4. 1/D （R）00/GH013
	聚乙烯和聚丙烯	17163	N 170702/P 00/Q 16/WS18/T3/C84/H4. 1/D （R）00/GH014
	聚酯	17173	N 170703/P 00/Q 16/WS18/T3/C84/H4. 1/D （R）00/G000
	聚苯乙烯	17183	N 170704/P 00/Q 16/WS18/T3/C84/H4. 1/D （R）00/GH014
	橡胶制品	17193	N 170705/P 00/Q 16/WS18/T3/C84/H00/D （R）00/GK010
	其他塑料以及混合制品和橡胶制品	17203	N 170706/P 00/Q 16/WS18/T3/C84/H4. 1/D （R）00/GK030
	被污染的土壤和挖出的土	17213	N 170800/P 00/Q 15/WS15/T3/C84/H00/D （R）00/G000
	纤维绝缘材料	17223	N 170900/P 00/Q 05/WS18/T3/C84/H00/D （R）00/GF030
	石膏基建材	17233	N 170901/P 00/Q 05/WS18/T3/C00/H00/D （R）00/GG020
	建设与拆除时施工产生的废弃物	17243	N 171000/P 00/Q 05/WS18/T3/C00/H00/D （R）00/G000
	未受石棉和其他材料污染的建设与拆除时施工产生的废弃物	17253	N 171001/P 00/Q 05/WS18/T3/C00/H00/D （R）00/G000
	受石棉污染的建设与拆除时施工产生的废弃物	17261	N 171002/P 00/Q 05/WS18/T1/C48/H11/D （R）00/RB010

续表

废弃物组别	废弃物名称	废弃物统计代码	废弃物代码
17 商业建设和拆迁产生的废弃物	受其他材料污染的建设与拆除时施工产生的废弃物	17272	N 171003/P 00/Q 05/WS18/T2/C00/H00/D（R）00/G000
	未能测定的其他废弃物	17993	N 170099/P 00/Q 01/WS18/T3/C00/H00/D（R）00/G000
18 医疗、兽医部门以及相应研究机构产生的废弃物	照顾病人产生的废弃物	18013	N 180100/P 00/Q 16/WS13/T3/C59/H6.2/D（R）00/A000
	传染性废弃物	18021	N 180101/P 00/Q 13/WS17/T1/C61/H6.2/D（R）00/R000
	含化学品的传染性废弃物	18032	N 180102/P 00/Q 07/WS17/T2/C84/H11/D（R）00/A000
	含药物的传染性废弃物	18042	N 180103/P 00/Q 07/WS17/T2/C83/H11/D（R）00/A000
	人体解剖产生的废弃物	18052	N 180104/P 00/Q 13/WS17/T2/C84/H11/D（R）00/R000
	医院、门诊所、实验室、兽医诊所和实验室、制药厂、科研中心、内科医师、牙医、兽医外科医生的实验废弃物	18062	N 180300/P 00/Q 07/WS17/T2/C84/H11/D（R）00/A000
	报废和过期化学试剂	18072	N 180301/P 00/Q 03/WS15/T2/C84/H11/D（R）00/A000
	药物	18082	N 180302/P 00/Q 01/WS15/T2/C84/H11/D（R）00/A000
	用过的培养基	18091	N 180303/P 00/Q 13/WL1/T1/C84/H6.2/D（R）00/R000
	补牙的汞合金残余物	18102	N 180305/P 00/Q 06/WS16/T2/C84/H11/D（R）00/A000
	报废的水银温度计	18111	N 180306/P 00/Q 06/WM7/T1/C26/H11/D（R）00/R000
	报废的其他设备	18123	N 180307/P 00/Q 06/WM7/T3/C00/H00/D（R）00/A000
	解剖实验用动物躯体、尸体产生的废弃物	18132	N 180400/P 00/Q 13/WS17/T2/C84/H6.2/D（R）00/A000

续表

废弃物组别	废弃物名称	废弃物统计代码	废弃物代码
18 医疗、兽医部门以及相应研究机构产生的废弃物	实验用动物粪便和厩内干草	18142	N 180501/P 00/Q 13/WP2/T2/C84/H11/D （R） 00/A000
	未能测定的其他废弃物	18992	N 180099/P 00/Q 01/WS17/T2/C84/H11/D （R） 00/A000
19 废弃物加工和水产业产生的废弃物	工业废弃物专业物理、化学处理（如脱铬、中和处理、脱氰处理）产生的废弃物	19012	N 190300/P 00/Q 07/WL6/T2/C84/H11/D （R） 00/A000
	固体废弃物增氧处理产生的废弃物	19023	N 190600/P 00/Q 09/WS17/T3/C00/H00/D （R） 00/AC270
	城市垃圾及类似垃圾中不可用于堆肥的部分	19032	N 190601/P 00/Q 14/WS17/T2/C00/H00/D （R） 00/AD160
	动、植物废弃物中不可用于堆肥的部分	19043	N 190602/P 00/Q 14/WS17/T3/C00/H00/D （R） 00/A000
	对废弃物进行增氧处理产生的废弃物	19053	N 190700/P 00/Q 09/WM3/T3/C00/H00/D （R） 00/A000
	由废水处理产生、未能测定的废弃物	19063	N 190900/P 00/Q 09/WS19/T3/C00/H00/D （R） 00/A000
	过滤废弃物	19073	N 190901/P 00/Q 09/WP1/T3/C00/H00/D （R） 00/A000
	离子交换树脂中被吸收的离子	19083	N 190910/P 00/Q 09/WS19/T3/C00/H00/D （R） 00/A000
	恢复离子交换剂产生的溶液和残渣	19093	N 190911/P 00/Q 09/WP1/T3/C00/H00/D （R） 00/A000
	饮用水和工业用水处理产生的废弃物	19103	N 191000/P 00/Q 09/WS19/T3/C00/H00/D （R） 00/A000
	未能测定的其他废弃物	19993	N 191099/P 00/Q 01/WL6/T3/C00/H00/D （R） 00/A000

续表

废弃物组别	废弃物名称	废弃物统计代码	废弃物代码
20 家庭废弃物以及与贸易相关的废弃物	固体生活废弃物	20015	N200100/P00/Q01 + 16/WS13/T5/ C00/H00/D (R) 00/G000
	纸张和硬纸板、单独堆放的碎纸片	20024	N200101/P00/Q01 + 05/WS18/T4/ C00/H00//D (R) 00/GI010
	玻璃，单独堆放的玻璃碎片	20034	N200102/P00/Q01 + 04/WS18/T4/ C00/H00/D (R) 00/GE010
	塑料，单独的小块塑料	20044	N200103/P00/Q01 + 04/WS18/T4/ C00/H00/D (R) 00/GH010
	小型金属废弃物、棒、单个金属块、碎片	20054	N200104/P00/Q01 + 04/WS18/T4/ C00/H00/D (R) 00/GA090
	压实的（可制堆肥的）废弃物，单独堆放的少量废弃物	20065	N200105/P00/Q01 + 14/WS17/T5/ C00/H00/D (R) 00/G000
	破布	20075	N200106/P00/Q01 + 14/WS18/T5/ C00/H00/D (R) 00/G000
	园艺废弃物	20085	N200200/P00/Q01 + 16/WS17/T5/ C00/H00/D (R) 00/G000
	混合肥料废弃物	20095	N200201/P00/Q01 + 16/WS17/T5/ C00/H00/D (R) 00/G000
	冰箱（含氟利昂），单个配件	20104	N200301/P00/Q01 + 14/WS13/T4/ C00/H00/D (R) 00/G000
	印刷机	20114	N200302/P00/Q01 + 14/WS13/T4/ C00/H00/D (R) 00/G000
	电子设备，单个配件	20124	N200303/P00/Q01 + 16/WS13/T4/ C00/H00/D (R) 00/GC020
	铜、青铜、黄铜（大块），单独堆放的小块、部分	20133	N200304/P00/Q16/WS18//T3/C19/H00/D (R) 00/GA120
	铝（大块），单独堆放的小块、部分	20143	N200305/P00/Q01 + 14/WS18/T3/ C01/H00/D (R) 00/GA140
	铅（大块），单独堆放的小块、部分	20153	N200306/P00/Q01 + 14/WS18/T3/ C27/H11/D (R) 00/GA150

续表

废弃物组别	废弃物名称	废弃物统计代码	废弃物代码
20 家庭废弃物以及与贸易相关的废弃物	锌（大块），单独堆放的小块、部分	20163	N200307/P00/Q01 + 14/WS18/T3/ C41/H00/D（R）00/GB010
	铁和钢（大块），单独堆放的小块、部分	20173	N200308/P00/Q01 + 14/WS18/T3/ C10/H00/D（R）00/GA070
	混合金属（大块），单独堆放的小块、部分	20184	N200309/P00/Q01 + 14/WS18/T4/ C00/H00/D（R）00/G000
	聚氯乙烯（大块），单独堆放的小块、部分	20193	N200310/P00/Q01 + 14/WS18/T3/C84//H4.1/D（R）00/GH013
	聚乙烯和聚丙烯（大块），单独堆放的小块、部分	20203	N200311/P00/Q01 + 14/WS18/T3/C84/H4.1/D（R）00/GH014
	聚酯（大块），单独堆放的小块、部分	20215	N200312/P00/Q01 + 14/WS18/T5/ C00/H00/D（R）00/G000
	聚苯乙烯（大块），单独堆放的小块、部分	20223	N200313/P00/Q01 + 14/WS18/T3/ C84/H4.1/D（R）00/GH014
	橡胶（大块），单独堆放的小块、部分	20230	N200314/P00/Q01 + 14/WS18/T0/ C00/H00/D（R）00/G000
	其他混合塑料和橡胶（大块），单独堆放的小块、部分	20243	N200315/P00/Q01 + 14/WS18/T3/ C84/H4.1/D（R）00/GK030
	木材，单独堆放的小块、部分	20254	N200317/P00/Q16/WS18/T4/C00/H00/D（R）00/GL010
	荧光产品废弃物和其他含汞废弃物	20261	N200318/P00/Q06/WS12//T1/C26/H11/D（R）00/AA100
	混合的大块废弃物	20275	N200320/P00/Q16/WS13/T5/C00/H00/D（R）00/G000
	注销的陆路运输工具，其残渣	20284	N200400/P00/Q06/WS06/T4/C84/H12/D（R）00/GC040
	废旧轮胎	20294	N200402/P00/Q06/WS18/T4/C00/H00/D（R）00/GK020
	电池	20303	N200500/P00/Q06/WS06/T3/C00/H08 + 12/D（R）00/AA180

续表

废弃物组别	废弃物名称	废弃物统计代码	废弃物代码
20 家庭废弃物以及与贸易相关的废弃物	铅电池重新充电废弃物	20313	N200501/P00/Q06/WL01/T3/C27/H08 +12/D (R) 00/AA170
	酸性电池废弃物	20320	N200502/P00/Q07/WS13/T0/ C18 +23/H08 +12/D (R) 00/A000
	含 Ni - Cr 干电池	20330	N200503/P00/Q06/WS06/T0/ C23 +40/H11 +12 +13/D (R) 00/G000
	含汞干电池	20340	N200504/P00/Q06/WS06/T0/ C26/H6. 1 +11 +12 +13/D (R) 00/A000
	其他干电池	20350	N200505/P00/Q06/WS06/T0/ C00/H08 +11 +12/D (R) 00/A000
	洗涤剂，单个成分	20360	N200606/P00/Q05/WL1/T0/C00/ H00/D (R) 00/G000
	杀虫剂，单个成分	20372	N200609/P00/Q01 + 13/WL01 + S2 + 15/T2/C79/H6. 1 +11 +12/D (R) 00/GM000
	公园废弃物（包括墓地废弃物）	20385	N200701/P00/Q16/WS17/T5/C00/H00/D (R) 00/G000
	清扫街道产生的废弃物	20395	N200702/P00/Q16/WS17/T5/C00/H00/D (R) 00/G000
	未能测定的其他废弃物	20995	N200799/P00/Q01 + 16/WL + S/T5/ C00/H00/D (R) 00/G000

注：1. 废弃物代码第 2（P）单元表示可产生废弃物的主要活动类别，由企业或者其他经营主体根据可产生这类废弃物的活动类别进行填写。本清单中本单元标记为 P00。

2. 废弃物代码第 8（R、D）单元规定了实际使用的分类垃圾处理方法。企业或其他经营主体在苏联国家标准 GOST30775 - 2001 附件 F 的清单中选择一项或多项形成。本清单中本单元标记为 D（R）00。

3. 废弃物分类表中第 7 组（有机合成化学废弃物）未填，是因为吉尔吉斯共和国境内未开展这项活动。

4. 废弃物清单中没有危险等级为 G、A、R 的分类，这类垃圾的代码最后是三个零（000）。

三 废弃物处置领域责任的界定

国家立法界定了违反废弃物处置规定应承担的责任。

根据 1998 年 8 月 4 日颁布的第 114 号《吉尔吉斯共和国行政责任法典》

第 181 条，“如果在有毒工业废弃物、生产废弃物和消费废弃物存放（处置）、转运、使用、无害化处理和填埋过程中违反生态要求，将对公职人员处以 150 个计算指标的行政罚款，对法人单位处以 500 个计算指标的行政罚款”。

同时，根据该法第 181－1 条，“不采取措施减少使用对环境和大气臭氧层有害的 1987 年 9 月 16 日通过的《关于消耗臭氧层物质的蒙特利尔议定书》、1989 年 3 月 22 日通过的《控制危险废物越境转移及其处置巴塞尔公约》、1998 年 9 月 10 日通过的《关于在国际贸易中对某些危险化学品和农药采用事先知情同意程序的鹿特丹公约》规定的各种化学品，将对公民处以 10～15 个计算指标、公职人员处以 30～50 个计算指标、法人单位处以 100～200 个计算指标的行政罚款”。

“在施加行政处罚后一年内再次出现相同的行为，将对公民处以 15～20 个计算指标、公职人员处以 50～100 个计算指标、法人单位处以 200～500 个计算指标的行政罚款。”

根据 1997 年 10 月 1 日颁布的第 68 号《吉尔吉斯共和国刑事法典》第 265 条，确定了违反卫生防疫规定的处罚方式：

①违反卫生防疫规定，引发群体性疾病或人们被感染，罚其从事 240 小时以内的公益性工作或者 500～2000 个计算指标的罚金或者限制人身自由 2～5 年，或者 2 年以下的监禁。

②同样的行为，造成严重后果，处以 2～5 年的监禁同时无权担任某些职位或者 3 年内不得从事某些活动。

该法第 266 条确定了对违反生态危险物质和废弃物处置规定的处罚方式：

①放射性、细菌性、化学物质和废弃物的转运、填埋或者综合利用违反了规定，如果这些行为给人类健康或者环境造成重大危害，处以 100～300 个计算指标的罚款或者 3 年以下的劳动改造，或者 3 年以下的监禁。

②同样的行为，造成环境污染、中毒或者传染，危害人体健康或者动物群体性死亡，以及这类行为发生在生态灾难区或者在生态环境极度脆弱区，处以 3～5 年的监禁。

③本条第 1 款规定的行为，如果因疏忽造成人类群体性疾病或者人员死亡，将处以 5～8 年的监禁。

2005 年 8 月 19 日第 389 号政府令批准通过的《废弃物国家登记簿和危险废弃物登记造册规定》同样有效，根据该规定，需对危险废弃物进行登记造册。1997 年 7 月 9 日第 407 号政府令批准通过了《关于不适合销售的产品（商品）销毁（加工）程序的规定》。

吉尔吉斯共和国 2011 年 9 月 19 日颁布的第 559 号政府令《批准吉尔吉斯共和国排污费计算法》，确定了废弃物处置费用的计算方法（第 7 章）。根据第 23 ~ 24 条，排入周围环境的所有废弃物均需缴纳排污费，包括排入专用场所（设施）和（或）设置用于堆放（存放、填埋）这些废弃物的场所（设施）；在经营过程中产生废弃物，但未进行二次利用就排入周围环境的经营主体需缴纳废弃物处置费，包括排入专用场所（设施）和（或）设置用于堆放（存放、填埋）这些废弃物的场所（设施）。如将废弃物移交加工处理，则不征收排污费。

四 危险化合物和废弃物处置相关国际协定

吉尔吉斯共和国缔结了多份与安全处理危险化合物和废弃物相关的多边生态协定。

——1989 年 3 月 22 日通过的《控制危险废物越境转移及其处置巴塞尔公约》（根据吉尔吉斯共和国立法会议 1996 年 1 月 18 日颁布的第 304 - 1 号令和吉尔吉斯共和国人民代表大会 1995 年 11 月 30 日颁布的第 225 - 1 号令，吉尔吉斯共和国加入公约）；

——1998 年 9 月 10 日通过的《关于在国际贸易中对某些危险化学品和农药采用事先知情同意程序的鹿特丹公约》（吉尔吉斯共和国 2000 年 1 月 15 日颁布的第 15 号法批准）；

——2001 年 5 月 22 日通过的《关于持久性有机污染物的斯德哥尔摩公约》（吉尔吉斯共和国 2006 年 7 月 19 日颁布的第 114 号法批准）；

——《保护臭氧层维也纳公约》（吉尔吉斯共和国 2000 年 1 月 15 日颁布的第 16 号法批准）；

——1987 年 9 月 16 日通过的《关于消耗臭氧层物质的蒙特利尔议定书》（吉尔吉斯共和国 2000 年 1 月 15 日颁布的第 16 号法批准）。

由于吉尔吉斯共和国加入了欧亚经济联盟，因此，有义务按照 2014 年 5 月 29 日签订的《吉尔吉斯共和国加入〈欧亚经济联盟条约〉议定书》的规定调整吉尔吉斯共和国的法律体制。

根据 2014 年 5 月 29 日签订的《欧亚经济联盟条约》第 52 条第 2 款，欧亚经济联盟的技术规程是吉尔吉斯共和国的标准法律文件，在吉尔吉斯共和国境内直接生效。

根据《欧亚经济联盟条约》附件9第4条，为了履行欧亚经济联盟技术规程的相关要求，欧亚经济委员会将批准一份国际和地区（政府间）标准清单，如果没有这种标准，则是国家标准清单，即通过自愿实施这些标准可确保遵循欧亚经济联盟技术规程的相关要求。

五 处理废弃物时的相关要求

（一）根据《吉尔吉斯共和国生态安全保障总体技术规程法》第14条

1. 为了遵循生产废弃物和消费废弃物处置领域的生态安全要求，禁止以下行为：

①使用未按照本技术规程和其他专门制定的技术规程的要求，配备生产废弃物和消费废弃物无害化处理和安全处置技术设施和工艺技术的经营设施及其他设施；

②在不能保证环境安全等级的情况下进行生产和废弃物处置；

③将废弃物运入吉尔吉斯共和国境内填埋或者无害化处理；

④在村庄、森林公园、疗养区，以及治疗、保健、休闲娱乐区和水保护区，生产饮用水和市政生活用水水源的地下水体蓄水区内填埋生产废弃物和消费废弃物；

⑤在周围环境擅自处置废弃物；

⑥擅自焚烧垃圾；

⑦擅自回收填埋的垃圾。

2. 根据吉尔吉斯共和国相关立法规定的标准，依照生产废弃物和消费废弃物对周围环境和人体健康的负面影响程度，对其进行分类。

3. 将废弃物处置设施列入国家废弃物处置设施登记簿，并作为国家统计的对环境造成不利影响的各类设施的一部分。

4. 按照获得专门授权的国家环保部门规定的格式，编写危险废弃物登记证。危险废弃物登记证包括危险废弃物的组成和特性，以及危险性评估结果，由获得专门授权的国家环保部门确定登记程序。

5. 只有获得按照法律规定程序发放的许可后，方可将废弃物（原料）运入吉尔吉斯共和国境内使用。依照国际要求，由吉尔吉斯共和国法律确定在废弃物越界转移时需进行调控的规定、程序和废弃物清单。

6. 在设计、建设、使用、改造、封存和清除各类经营设施和其他活动设施时，需根据专门制定的技术规程要求，设置用于收集和/或积累废弃物的场地。

7. 将危险废弃物运至积累、存放、综合利用、填埋和/或销毁场所时，需满足下列条件：

①有危险废弃物登记证；

②配备具有特殊标识的专用运输工具；

③具备危险废弃物运输和移交文件，注明运输的危险废弃物数量、运输目的及目的地。

8. 在废弃物处置设施存放（填埋）废弃物时，应满足隔离和资源保护要求，确保可以进行下一步加工、装料、运输、卸料、回收利用和销毁。

9. 根据不利影响程度，经营设施和其他设施必须：

①制定并按规定程序批准废弃物（考虑使用的原材料成分）产生量定额草案；

②对产生的、用过的、无害化处理过的、已移交第三方或者从第三方获得的废弃物，以及已处置的废弃物进行统计；

③对废弃物及其处置设施进行清点登记；

④对废弃物处置设施内的环境状况进行监控；

⑤恢复贫瘠化土地，使其达到原特殊用途的状态；

⑥遵循关于废弃物处置的各项限制条件，实施规划的各项减排措施。

（二）根据《吉尔吉斯共和国生产废弃物和消费废弃物法》

1. 第6条对企业、构筑物与其他设施设计、建设和改造的要求

在设计、建设和改造既有企业、构筑物、垃圾处理厂、有毒废弃物无害化处理和回收利用填埋场时，法人单位和自然人必须遵循废弃物处置领域的环境质量标准、规范和其他定额要求；在方案实施前需通过国家生态鉴定并具有与废弃物处置活动相关的文件。

2. 第7条对现行生产设施使用方面的要求

（1）在现行生产设施使用过程中，法人单位和自然人必须：

对产生的废弃物进行清点登记，向统计部门和主管部门提供真实可靠的信息；

对废弃物处置领域实施生产监督；

向主管部门提交关于废弃物处置的必要信息；

遵循意外事故防范要求；

出现不利生态后果的紧急情况时，立即通报主管部门、地方自治机关和民众；

出现废弃物越境转移时，遵循《控制危险废物越境转移及其处置巴塞

尔公约》、本法和其他标准法律条文的要求。

（2）不得使用可产生危险废弃物，但无法安全排除的生产设施。

3. 第 8 条对废弃物处置的要求

（1）禁止在企业、机构、单位和居民区内擅自处置可成为环境污染源的废弃物，也不得进行焚烧。

（2）作为环境污染源的废弃物需在专门的填埋场或者其他用于处置废弃物的场所进行销毁、加工、净化、存放或者填埋，或者在专用装置中进行焚烧。

（3）由国家权力机关地方当局（必须考虑公众意见）根据主管部门的要求进行废弃物处置设施选址，需开展环保、地质、水文和其他研究，通过国家生态鉴定并满足吉尔吉斯共和国法律的规定。

（4）废弃物填埋场所应列入国家废弃物登记簿。

（5）填埋废弃物时必须对填埋地进行监控。由废弃物处置设施所有者根据主管机关同意的程序开展监控。

（6）废弃物处置设施的所有者在该设施（或者地块）使用完毕后，必须采取措施恢复受损的土地（地块）。

4. 第 9 条对居民点垃圾清理的要求

（1）应定期清扫居民点的垃圾。

（2）由地方自治机关组织确定合理的垃圾收集系统，对有用成分进行分类收集、临时存放、定期转运和无害化处理，应满足防疫规范、卫生标准和生态标准的要求。

（3）由地方自治机关以及负责环境保护领域国家监查和卫生防疫监督的部门，检查是否遵循了居民点维护的各项规范和标准。

5. 第 10 条危险废弃物处理的相关要求

（1）与危险废弃物的产生有关的法人单位和自然人，在处理这些废弃物时必须确保周围环境和居民安全，防止对其造成危害。

（2）根据危险废弃物对人体和环境的危害程度进行分类。

（3）由产生废弃物的单位根据国家环保部门、卫生防疫部门、矿山和技术监督部门在其权限范围内批准的标准文件，确定废弃物的危险等级。

（4）只能在专门设置的设施内处理危险废弃物。

（5）负责处理危险废弃物的法人单位和自然人必须按照国家统计部门和主管部门规定的程序对危险废弃物进行登记。

6. 第 11 条废弃物运输的要求

（1）只能采用专用车辆运输危险废弃物。

（2）采用具体运输方式（公路、铁路、水路运输）运输废弃物的程序、对装卸作业的要求以及确保生态安全的其他要求见相应的规范性文件。

（3）自废弃物装车和负责运输的单位或个人接收废弃物之时起，直到在目的地卸车之时止，在此期间由运输车辆所属运输单位承担废弃物安全流通的法律责任。

7. 第12条废弃物越境转移要求

（1）禁止将废弃物运入吉尔吉斯共和国境内处置。

（2）由吉尔吉斯共和国政府规定对危险废弃物和其他废弃物越境转移的国家调控程序。

（3）由负责海关、生态和卫生防疫检查的国家执行权力机关对危险废弃物和其他废弃物的运出（运入）进行监督。

8. 第13条废弃物处理许可制度

（三）根据《吉尔吉斯共和国境内危险废弃物处置规定》

1. 处理过程

危险废弃物处理过程（废弃物生命周期）包括以下阶段：产生、积累（收集、临时存放、仓储）、运输、无害化处理、回收处理、用作二次原料、填埋。

根据每一种危险废弃物的来源、聚集态、底物的物理化学性能、各种成分的数量比，以及对人体健康和人类生存环境的危害程度分别处理。

根据吉尔吉斯共和国2010年1月15日颁布的《关于批准危险废弃物分类表和确定废弃物危险等级的方法建议》的第9号政府令批准的危险废弃物分类表和确定废弃物危险等级的方法建议，确定废弃物的危险等级。

危险废弃物分为五种危险等级：

➢ 一级：极度危险的物质（废弃物）；
➢ 二级：高度危险的物质（废弃物）；
➢ 三级：中等危险程度的物质（废弃物）；
➢ 四级：危险较小的物质（废弃物）；
➢ 五级：实际上没有危险。

2. 处理设施

危险废弃物处理设施分为以下几类：

①工业企业内部危险废弃物临时存放和仓储设施（仓库、生产厂房、车间和工段内的贮藏间，临时非固定仓库、露天场地）；

②危险废弃物固定仓储和填埋的设施，这些设施是专门设置用于固定

处置、存放和填埋废弃物的场所：填埋场、矿泥堆积场、尾矿场等。

3. 处置数量

根据吉尔吉斯共和国2015年8月5日发布的《关于批准吉尔吉斯共和国生产废弃物和消费废弃物处置规定》的第559号政府令批准的《吉尔吉斯共和国生产废弃物和消费废弃物处置规定》，确定在工业企业内部临时存放和仓储设施内最多可以堆放的危险废弃物的数量。

4. 危险废弃物处置的安全要求

（1）废旧化学品包装容器和包装物的处理

①处理废旧化学品包装容器和包装物时必须采取安全措施，包括：

➢ 具有警告标识和标记：内装化学品，危险或者有潜在危险；

➢ 在专业企业进行回收利用；

➢ 保持个人卫生，员工应有个人防护用品和工作服；

➢ 防止意外情况，具备消除意外情况的设备。

②在存放和处置废旧化学品包装容器和包装物时需遵守特殊规定，防止发生火灾和自然分解，包括产生危险产品和相互之间发生危险反应，这些情况可能引起：

➢ 燃烧和（或）释放出大量热能；

➢ 释放出易燃、有毒或窒息性气体；

➢ 产生其他化学活性物质和危险物质，包括腐蚀性物质。

③在专门设置的带有遮棚的场地处置和存放废旧化学品包装容器和包装物。

➢ 如需重复利用包装容器，只能用于同一种物质。

➢ 采取各种措施确保包装物、包装容器的安全重复利用和/或回收利用。

④为了保障员工安全，在包装物处置时需遵循下列条件：

➢ 采取各种劳动保护手段和方法，降低包装物和包装容器底部和内壁上的危险化学品危害人类生命和健康、环境的风险；

➢ 提供必要的个人卫生设备、个人防护用品；

➢ 让员工熟悉安全使用化学品包装物的各项措施；

➢ 制定措施预防和消除紧急状况。

（2）含汞废弃物处理

所有含汞废弃物和含汞的故障仪表，需收集并返给专业单位回收汞。

只有接受了施工安全措施指导并通过了知识考核的电气安装工和电气

钳工方可从事含汞灯更换和收集作业。

只能在专门设置的房间内收集和保存含汞废弃物，且该房间应与生产厂房隔离开。保存含汞废弃物时应遵循安全技术和卫生标准的规定。

更换和收集废旧含汞灯时，最重要的条件是保证含汞灯密封完好。

收集和保存装荧光灯的完整包装，包括纸盒、胶合板制盒子、刨花板盒、聚乙烯袋子和纸袋。

包装好的旧灯泡和其他含汞废弃物应存放在格板上，防止包装受损。

采用钢制密封容器收集和存放破碎的含汞灯，容器有方便手提的把手并有“破碎的含汞灯”的标记。

不得打碎含汞废弃物或将其运往垃圾场及不是专门用于处理危险废弃物的其他场所。

只有生产和使用汞的企业、单位和机构可以将汞从装有破碎的含汞废弃物的金属容器中取出。

采用专用交通工具运输含汞废弃物。如无专用运输工具，则用其他车辆运输，但需防止出现意外事故，破坏环境和危害人体健康。

运输含汞废弃物时必须将其排列整齐，防止运输途中包装损坏、汞漏出污染车辆和现场。

运输破碎的灯泡时必须将其装进密封容器，容器上有把手方便手提。

装卸、运输含汞废弃物时必须有企业负责人在场。装车时禁止抛掷包装物。放置包装物时，尽量将结实的包装容器放在底层。

企业应对废旧含汞灯泡、温度计和其他废弃物的数量做登记。

(3) 废旧蓄电池处理

废旧蓄电池指的是已无法再按其直接用途使用、需进行回收处理的蓄电池。

仍含电解液的废旧蓄电池需进行收集、存放、统计并移交处理。

废旧蓄电池就地收集。应与其他生产废弃物和消费废弃物分开收集。

收集废旧蓄电池时应确保蓄电池密封完好，防止电解液流出。

废旧蓄电池不得承受机械作用。

废旧蓄电池应存放在专门的房间内，并且远离行政综合楼。

废旧蓄电池存放在密封容器（金属桶、金属箱、木盒等）内，容器下设专用底盘，防止电解液洒出。

防止水和其他杂物进入存放废旧蓄电池的容器和房间。

只能在底盘内倾倒废旧蓄电池中的电解液，防止电解液洒出污染环境。

为了消除因电解液洒出可能发生的意外事故，在存放电解液的房间内必须放置足够数量的石灰、纯碱和水，进行中和处理。

如果发生电解液溢出，应撒上锯末，然后必须清理干净。沾过电解液的地方，必须用碳酸钠溶液进行中和处理，然后用水冲洗，再用抹布擦干。完成这些工作时必须戴手套。电解液排入下水管之前需先用碳酸钠溶液中和处理。

禁止将废旧蓄电池存放在儿童可以触及的地方，或者放在土壤表面，或者与其他废弃物一起露天存放。

（4）用过的石油产品处理

用过的石油产品指使用过程中丧失规定的质量指标或者机械设备、机器技术文件规定的使用期限届满的油品；被用作冲洗液的其他石油产品，以及从含油水中提取的石油产品混合物，清洗存放设施与运输设施时产生的石油产品混合物。

用过的石油产品分为以下几种：

航空活塞式发动机、汽化器式发动机和柴油发动机废油，压缩机油、真空油和工业用油；

工业废油和液压系统用工作液体，燃气轮机用油、仪表用油、变压器油和涡轮机用油；

废石油产品混合物，包括石油冲洗液、金属热处理用油、汽缸油、车轴油、传动油、轧钢机用油，从用过的石油乳化剂中提炼的石油产品、清洗油品存放和运输设施时收集的石油混合物和石油产品混合物，以及从净化设施和含油水中提炼的石油混合物和石油产品混合物。

在收集各类用过的石油产品时应避免塑性润滑油、腐蚀性物质和有毒物质、有机溶剂、油脂、油漆、颜料、化学品和污染物混入石油产品，收集发动机废油和工业废油时应避免与石油、汽油、煤油、柴油燃料和重油混合。

初次收集废油应在专门的密封容器内进行，与其他废弃物分开。

用于收集和临时存放废油的容器既可以放在生产区内，也可以放在生产区外。如果容器安装在相邻区域，则用于积存废油的场地应有硬质地面，有遮棚防雨防杂物。

废油容器应设金属底盘。出现废油溢流时，该底盘应至少能容纳5%的废油。

存放废油容器的场地和遮棚应设围栏。

废油容器存放期间必须随时检查容器密封情况，防止废油污染环境。

运输废油时，油桶塞必须旋紧。考虑到液体膨胀系数，油桶内应预留足够空间防止运输途中出现泄漏或者容器变形。

废油处置时禁止：

➢ 将废油容器靠近加热表面；

➢ 将废油容器与其他材料和物质放在一起；

➢ 将油倒入下水管道，倒入土壤、水体或者燃烧；

➢ 雇用未接受过培训的人员或者未满18周岁的人员参与废油处理。

废油存放处应悬挂废油处理程序说明和防火制度说明。同时应配备沙箱和铲子，防止出现溢流的情况。

发现废油溢流时必须：

➢ 禁止人员靠近溢流处；

➢ 通知企业领导；

➢ 向溢流处撒沙；

➢ 用铲子将沙收入专用密封容器（将沙子移交负责危险废弃物收集、使用、无害化处理、运输、处置和受重油污染的土壤无害化处理的专业公司做进一步无害化处理）；

➢ 如果室内发生溢流，则用肥皂水仔细清洗，然后给房间通风。

在企业或厂区外从事废油收集、利用、无害化处理、运输和处置的专业化公司必须：

➢ 签订服务合同，接收和分析废油，并根据其是否适合加工和使用的情况对废油进行分类；

➢ 在建设（改造）时通过了国家环保审查的装置内对废油进行处理或者销毁；

➢ 不得加工和使用含持久性有机污染物和毒性特别强烈的成分（聚氯联二苯、聚氯联三苯）的废油，应销毁这类废油；

➢ 完善加工工艺，保证工艺过程环保性，最大限度地将废油作为补充原料来源返回生产流通。

（5）危险废弃物填埋场选址要求

危险废弃物填埋场选址时应考虑本地区的功能分区，应设在远离建筑物并且通风良好的地方，不会被暴雨、融雪和洪水淹没。应采取工程方案防止污染居民点、休养度假区、饮用水源和生活用水水源、矿泉水水源、露天水体和地下水水源。

填埋场应设置在：

➢ 考虑主风向，设在居民区的下风口；

➢ 根据河流流向，应设在生活饮用水水源地下游，鱼类越冬池、大规模产卵场和上膘场下游；

➢ 露天水体蓄水区以外，地下水埋深超过 20 米并且上覆渗透性差的岩石，渗透系数不超过 10^{-6}米/天的地方。

垃圾填埋场朝居民点、工业企业、农用土地和水沟倾斜的角度不得超过 1.5%。

禁止将危险废弃物填埋场设置在以下场所：住宅建设、工业企业扩容、休闲娱乐区预留用地，各类水体的水保护区、地表径流形成区，水源卫生保护区第 1、2、3 保护带，干涸的河床，沉降土和膨胀土所在区域，以及喀斯特地貌发育区。

确定填埋场的面积时应考虑以下因素：废弃物产生量、种类和危险等级，加工工艺，设计使用年限 20 ~ 25 年，以后是否可以使用这些废弃物。

填埋场四周应设置一道环形水渠，用以截断雨水和融雪，内部采用挖掘深坑（堑沟）的土壤筑一道高度不超过 2 米、宽 3.0 ~ 3.5 米的土堤，防止有毒废弃物进入环形水渠和周围环境。

填埋场既可供工业企业自用，也可以由一座或多座城市的工业区共用（市政设施）。

5. *危险废弃物的转移和运输*

可以用企业自己的专用车辆或者专业运输公司的车辆将危险废弃物运往填埋场。

可以采用各种类型的管道运输颗粒废料，优先采用真空气动管道。

对于其他类型的废弃物，可以使用带式输送机、其他水平机械装置和倾斜式传动装置，以及场内汽车、窄轨铁路和普通铁路运输。

运输途中以及从一种运输工具转至另一种运输工具时，这些专业运输工具的结构和使用条件应避免出现意外事故，防止环境污染。在主厂区和辅助厂区从事废弃物装卸作业和运输时，应实现机械化操作并确保密封性。

危险废弃物运输途中禁止开箱重装。

废弃物运输、装卸过程中应注意以下几点：

➢ 半液态（膏状）废弃物运输车应配备软管；

➢ 运输固体废弃物和粉末状废弃物时需要独立设施或者配备夹持件的容器，方便汽车起重机卸料；

➢ 处理粉末状废弃物时，在装车、运输和卸车的整个阶段均需做好抑尘措施；

➢ 危险废弃物运输期间，除驾驶员和工业企业的押运员外，不得有外人同行。

6. *危险废弃物无害化处理和填埋*

填埋场接收危险废弃物并对其做无害化处理和填埋，需要长期存放，同时在填埋场的整个使用期间以及关闭后应确保居民的生态安全和卫生防疫安全。

填埋场不接收以下废弃物：放射性废物、包装容器（金属容器、木制容器、合成材料容器）、建筑废弃物、建筑垃圾、皮革业废弃物、缝纫业废弃物以及其他属于二次原料的废弃物。

在填埋场对危险工业废物进行无害化处理和填埋的方式有：焚烧、中和处理和填埋。

填埋场设两个分区——用于填埋有毒废弃物的生产区和辅助区，两个区之间设一道不小于25米宽的隔离带。

鉴于不同危险等级的废弃物需分别填埋，将生产区划分为不同区段。根据废弃物的数量和填埋场的设计使用年限，具体确定每个区段的大小。

如果不同种类的工业废弃物一起填埋不会产生更加有害和易燃易爆物质，则可以在同一区段进行填埋。

生产区应设置一片带有遮棚的场地用于停放车辆、机械设备，以及用于存放设置防水层所需材料的场地。

如有自主锅炉房、废弃物焚烧专用装置、机械冲洗设备、蒸汽吹扫和消毒设施，则这类设施应设在生产区，并且距离辅助区不得小于15米，而安装可燃废弃物焚烧设备的场地距离辅助区不得小于50米。

填埋场生产区周围设一条钢筋混凝土板铺设的环形公路，与各废弃物填埋区段相连并与场外公路相通。

环形公路与安装废弃物焚烧设备的场地之间的间隔不小于10米。

规划环形公路时应避免填埋场邻近区域的暴雨、融雪和洪水灌入生产区。

未经处理，填埋危险废弃物的各区段的暴雨和融雪不得直接排出填埋场。应将这些水收集到专门的区段——填埋场内蒸发池，或者用于循环供水系统满足生产需要。设置局部净水设施，用于净化地表径流和排污水。

为了防止污染物进入含水层，需在填埋场底部和四壁设防渗挡板，该挡板由夯实黏土层、聚合物材料、沥青混凝土、沥青聚合物混凝土和其他材料组成。在设计前期和设计过程中对防渗挡板的结构进行计算和选择。

必须在填埋场内外设置观察井网，作为填埋场施工设计的一部分，以监测土壤水和地下水埋深、其化学成分，并对废弃物污水渗入地下的情况进行监测。观测井选址及其配备情况需与国家地下资源保护机关协商确定。在填埋场投运之前完成观测井配备工作。

一级和二级危险废弃物填埋场（尾矿场、矿泥堆积场）应配备检测仪表，对运行情况进行观测。必须观测的内容包括：填埋场堤坝坝体、地基、岸坡的沉降情况，水平位移和垂直位移，坝体内部以及填埋场底部渗透过程的发育情况，渗透污水的化学成分。

辅助区设收发室，兼作值班室和消防器材存放室，以及其他行政用房。

分析实验室设在生活区一间单独的房间内。

傍晚和夜间，通往生产区的道路和生产区应有高杆探照灯照明。

填埋场环形水渠四周设 2.4 米高铁丝网围栏，种植浓密灌木丛。

要在填埋场填埋不可回收的工业废弃物，废弃物物主/所有者需编制不可回收废弃物登记证，根据危险等级确定其产生的数量（每天、每年）。

7. 危险工业废弃物填埋方式的选择要求

根据各种物质及其化合物的聚集状态、水溶性、危险等级来确定废弃物的存放和填埋方式。

在填埋场内处理废弃物的方式有分阶地、锥形石堆、成排三种，装入深坑、探沟、槽车、容器、贮存器、分区段和平台。

填埋含水溶性物质的一级危险废弃物时，采用箱子包装好后装入深坑，如采用钢瓶则需在填充前后两次检测气密性，然后再装入混凝土箱。装有废弃物的深坑需用土层隔离，上覆不渗水覆盖层。

填埋含一级危险微溶物质的废弃物时，深坑底部与四壁应采取补充防水措施，确保渗透系数不超过 10^{-8} 厘米/秒。

含二级和三级危险可溶性物质的固体膏状废弃物埋入深坑，深坑底部与侧壁做防水处理。将含二级和三级危险废弃物且不溶于水的固体和粉末状废弃物埋入深坑，土壤夯实且渗透系数不应大于 10^{-6} 厘米/秒。

四级危险的固体工业废弃物堆在专门区域，分层夯实。

结构均质、粒度小于 250 毫米的四级危险工业废弃物，如果滤液中生化需氧量为 100 ~ 500 毫克/升，化学需氧量不超过 300 毫克/升，则可以运往填埋场用作中间隔离层，数量不限。

允许与固体生活废弃物一起存放的危险废弃物需满足下列工艺要求：

非易爆品、非自燃品，并且湿度不超过85%。允许与固体生活废弃物一起处理的危险废弃物种类见表2-3。

表2-3　允许与固体生活废弃物一起处理的危险废弃物种类

废弃物的种类
Ⅰ类
发泡聚苯乙烯塑料
橡胶毛边
电工胶纸板（生产电绝缘材料产生的废弃物）
粘胶带（生产电绝缘材料产生的废弃物）
聚乙烯管（生产电绝缘材料产生的废弃物）
悬浮法制备苯乙烯与丙烯腈或甲基丙烯酸甲酯共聚体
悬浮法制备聚苯乙烯塑料
悬浮聚苯乙烯和乳化聚苯乙烯
玻璃漆布（生产电绝缘材料产生的废弃物）
玻璃纤维布（生产电绝缘材料产生的废弃物）
电工胶布板（生产电绝缘材料产生的废弃物）
酚醛树脂（生产电绝缘材料产生的废弃物）
乳化法制备丙烯腈-丁二烯塑料
Ⅱ类
木材废料和锯末刨花（不含用于撒在生产厂房地板上的锯末）
不用退回的木制和纸质包装容器（不含油纸）
Ⅲ类（与固体生活废弃物以1:10的比例混合）
含铬废料（轻工业废弃物）
漂白用土（食品工业废弃物）
Ⅳ类（与固体生活废弃物以1:20的比例混合）
生产维生素B6所用活性炭
皮革代用品切头

运至填埋场的所有废弃物需具有登记证，说明废弃物各种成分的化学特性并简单介绍在填埋场填埋或者焚烧时应采取的安全措施。

将含有危险等级为二级和三级且不溶于水的有毒物质的固体和粉末状废

弃物埋入深坑。深坑大小未做规定。深坑内的废弃物应分层夯实。深坑内废弃物的最大高度应至少比深坑相邻场地的规划标高低2.0米。修建深坑时，相邻场地的宽度不得小于8.0米。填埋用土的渗透系数不超过10^{-6}米/天。

含二级和三级危险可溶于水的有毒物质的固体和膏状废弃物埋入深坑，深坑底部与侧壁用一层1.0米厚的夯实黏土层做防水处理。

在深坑内填埋粉末状废弃物时，应采取相关措施防止从车上卸载时废弃物被风吹走，可以采取浸湿或者装在纸袋和聚乙烯袋中运输的方式。应尽量减少昼夜回填工作面积。每次往深坑装入粉末状废弃物后，应撒土隔离。

坑内回填部分应铺上一层夯实土层，然后再倒入运来的废弃物。夯实土层上方倒入的废弃物不得破坏夯实层。

填埋含一级危险微溶物质的废弃物时，应采取补充措施防止废弃物发生迁移，包括：

➢ 在深坑底部和四壁抹一层黏土，厚度不小于1.0米，或者使用规定结构的防渗挡板，确保渗透系数不超过10^{-8}厘米/秒；

➢ 在深坑底部铺一层混凝土板，深坑四壁采用混凝土板加固，混凝土板结合处浇沥青、渣油或者其他防渗材料。

填埋含有极度危险物质的少量水溶性废弃物时，采用箱子或钢瓶包装好后装入深坑，钢瓶壁厚10毫米，并在装填前后两次检测气密性，然后再装入混凝土箱。

装有废弃物的深坑用一层2.0米厚的夯实土隔离，然后再覆盖一层由渣油、快速固化树脂、水泥渣油或者其他不渗水材料制作的防水层。

夯实层和防水层应高出深坑周围的场地。防水层应超出深坑每一侧2.0~2.5米，并与相邻深坑的这种防水层接合。接头处的设计应便于收集深坑表面的雨水和融雪，便于将其运往专门的蒸发场。

根据每个地方的具体地形、水文地质条件、有无适合的机械设备，组织设置隔离层和防渗挡板、排水渠，安排深坑填埋和填埋方式。

六　固体废弃物加工领域的相关费用计算

吉尔吉斯共和国固体生活废弃物处理系统的财务模式如下：

• 市政部门和私人单位收集、转运和存放固体生活废弃物的有偿服务费费率；

• 因处置废弃物造成污染的额定费用；

• 非课税的居民区垃圾清运费；

- 自然保护基金的诉讼、罚金、投资、无偿援助和资金；
- 市政、国家补贴和其他资金来源。

私人公司回收塑料瓶每千克 12 索姆，废纸则为每千克 10 索姆。

（一）固体生活废弃物管理领域的费率政策

吉尔吉斯共和国境内为居民和法人单位提供的固体生活废弃物清运和处置服务均为有偿服务。向居民和法人单位收取的费用不包括垃圾场使用完毕后复垦的费用。

几乎所有城市环卫部门的一个共同特征是：有财政补贴（实行私有经济的城市除外），服务费的收取率不高，日常活动和规划活动的管理不善。例如，在贾拉拉巴德市只对 40% 的居民处收取了费用，对 100% 的法人单位收取了费用（2007 年）；在奥什市对 48% 的居民处收取了费用，对 68% 的法人单位收取了费用（2007 年）。上面提到的问题使情况进一步恶化（例如，有几个居民点垃圾箱的数量减少了 80%，专用车辆的数量减少了 90%），市政服务部门的资金来源减少，这一点也影响了服务质量。

在多数居民点收取的费用入不敷出（在零收益率范围内）。垃圾清运费为每人每月 15 索姆。

（二）废弃物排污费

废弃物处置（包括存放和填埋）会对环境产生不利影响，为有偿服务。征收环境污染费（以下称“排污费”）是废弃物处置领域的主要经济调控手段。

目前，向直接处置废弃物的经营主体征收废弃物处置费，也就是说，向固体生活废弃物垃圾场的运营单位，而不是产生废弃物的单位征收费用。根据现行法律，因处置固体生活废弃物而收取的环境污染费交当地自然保护和林业发展基金，依照批准的预算用于自然保护。由于市政部门未履行法令文件规定的标准，这一模式没能产生良好的效果。

吉尔吉斯共和国 2011 年 9 月 19 日颁布的第 559 号政府令批准的《吉尔吉斯共和国排污费计算法》仍然有效。根据该法令，环境污染费的征收对象为有权从事经营活动但给环境造成不利影响的所有法人单位和自然人（不管其组织形式和所有制形式如何），包括有外国法人和自然人参与的合资企业，由国家财政或地方财政出资的机构和单位除外。

对下列行为征收环境污染费：

- 从固定和移动污染源向大气排放污染物质；
- 向周围环境［天然水体和人工水体，地表和地下，干管排水系统、灌溉场、过滤场和蒸发场，当地地形（小山谷、冲沟、深坑、干涸河床等）］排放含污水（净化过的和未净化的）的污染物质；

• 在周围环境中设置废弃物和废石场处置场所，包括专用场地（设施）和（或）设置用于堆放（存放、填埋）所有类别废弃物的场地（设施）。

考虑到物价变动，由环保部门确定缴费额度。由国家环保部门及各地方环保部门根据吉尔吉斯共和国国家统计委员会提供的官方数据，每季度重新确定缴费指数。取2015年第三季度的缴费指数为基准指数1。各经营主体在每季度结束后次月15号前向地方环保部门提供原始数据，供其计算应缴费用。排污费以批准的费率为基准，用排污费和废弃物处置费缴费标准乘以各地区生态状况和生态重要性系数、缴费指数和污染物的实际重量得出。

（三）废弃物处置费

在周围环境中处置所有类别的废弃物均需交费，包括在专用场地（设施）和（或）配备的用于堆放（存放、填埋）这些类别废弃物的场地（设施）处置。

确定废弃物种类（清单）及其危险等级时，必须遵守吉尔吉斯共和国2010年1月15日颁布的《关于批准危险废弃物分类表和确定废弃物危险等级的方法建议》的第9号政府令批准的危险废弃物分类表和确定废弃物危险等级的方法建议。

如果经营主体在经营活动中产生了废弃物，但未对这些废弃物加以二次利用，需要在周围环境，包括在专用场地（设施）和（或）配备的用于堆放（存放、填埋）所有类别废弃物的场地（设施）中进行处置，则需交废弃物处置费。如将废弃物移交加工处理，则不征收排污费。

(1) 废弃物处置费限额

如满足下列条件，则处置费不超过限额。

$$M_i \leq M_{iл},$$

式中：

M_i——计算期内 i 类废弃物实际产生量，单位为吨；

$M_{iл}$——计算期内 i 类废弃物产生量的最大值，单位为吨。

废弃物产生量的最大值（$M_{iл}$）指的是国家指定环保部门专门为法人单位或者自然人规定的，在一定期限内最多允许处置的废弃物数量。

根据企业内废弃物的产生和使用定额、原材料消耗标准、生产规模、废弃物处置场所（设施）的环保特征、其设计处理规模和实际处理规模来确定废弃物产生量的最大值。

对于经营活动中产生大规模废弃物的企业（采矿工业），根据矿床开发设计并考虑采取各项措施恢复受损土地来确定废弃物处置的最大限量。

按下式计算规定限额内的废弃物处置费：

$$Пotx.\ л. = \sum_{i=1}^{n} H_i \times Kинд \times M_i \times K_э$$

式中：

i——废弃物种类（$i = 1, 2, 3, \ldots, n$）。

$Kинд$——缴费指数。依照吉尔吉斯共和国国家统计委员会提供的官方数据确定。

$K_э$——生态状况系数与生态重要性系数的乘积，即 $K_э = K_1 \times K_2$。具体取值见表 2－4 和表 2－5。

H_i——每吨废弃物的付款定额（单位为索姆），按下式计算：

$$H_i = P \times A_i$$

式中：

P——费率（索姆/换算吨），3.24 索姆/换算吨。

A_i——相对危险指标，根据废弃物危险等级按下式计算：

$$A_i = 5 + |K_{Ti} - 5|^{3,5}$$

式中：

K_{Ti}——根据吉尔吉斯共和国 2010 年 1 月 15 日颁布的《关于批准危险废弃物分类表和确定废弃物危险等级的方法建议》的第 9 号政府令批准的确定废弃物危险等级的方法建议，确定的废弃物危险等级。

（2）超额排放废弃物处置费

如果 $M_i > M_{iл}$，则需缴纳超额排放废弃物处置费。

按下式计算超额排放废弃物处置费：

$$Пotxcл. = 5 \times \sum_{i=1}^{n} H_i \times Kинд \times (M_i - M_{дi}) \times K_э$$

超额处置废弃物包括：未在规定期限内使用的废弃物，超出产品生产所需原材料消耗标准规定的废弃物，工艺规程和标准未规定的不合格产品，以及未按规定程序办理废弃物处置许可的废弃物。

如果企业未取得有毒废弃物和生产废弃物处置许可，则需缴纳双倍废弃物处置费。

如果超出废弃物处置限额，则按下式计算废弃物处置费总额：

$$Потх.\ сум_{废弃物总量} = Потх.\ л._{废弃物限额} + Потх.\ сл._{超额废弃物}$$

废弃物处置场所（设施）分为固定处置场所和临时处置场所两种。

废弃物固定处置场所（设施）指的是在专用场地（设施）和（或）配备的用于堆放（存放、填埋）这些类别废弃物的场地（设施）。

废弃物临时处置场所（设施）指的是用于堆放废弃物，依照合同在达到一定数量后再整理移交（供给）其他自然人或法人的场所（设施）；在缺乏专门用于处置这类废弃物的固定场所（设施）的情况下设置的用于处理废弃物的场所（设施）。

如果在废弃物填埋场、废石场、尾矿场、垃圾场及其他专用设施、配备和设置用于处置这类废弃物的设施内处置废弃物，且不超过规定的限额，而且这些设施的使用完全满足生态安全要求，则将缴费系数降低 0.3。

在废弃物临时处置场所（设施）内处置废弃物时，如果根据检测数据该场所（设施）满足生态安全要求（对大气、土壤层、水资源的影响），则免征这类废弃物的处置费。

经营活动中产生固体生活废弃物的预算拨款经营主体和居民，如果遵循了自然保护要求，则不需要支付在区级、市级专用垃圾填埋场和垃圾场处置固体生活废弃物的费用。

（3）计算废石场处置费

按下式计算废石场处置费：

$$Пго = H \times Кинд \times M \times K_э,$$

式中：

M——计算期内废石场的实际产生量，单位为吨；

$Кинд$——缴费指数，依照吉尔吉斯共和国国家统计委员会提供的官方数据确定；

$K_э$——生态状况系数与生态重要性系数的乘积，$K_э = K_1 \times K_2$。具体取值见表 2－4 和表 2－5；

H——每处理 1 吨岩石的付款定额（单位为索姆），按 $H = P \times A$ 计算；

P——费率（索姆/换算吨），3.24 索姆/换算吨；

A——相对危险指标，根据待处理岩石的危险等级按下式计算：

$$A = 5 + |K - 5|^{3,5}$$

式中：

K——废石场中待处理岩石的危险等级。具体如下：

➢ 放射性核素含量超过标准文件规定值的所有矿物废石场；

➢ 矿石类矿物和可燃性矿物废石场；

➢ 非矿石类矿物和其他矿物废石场。

如果在专用场所和设置的填埋场处置废石场，而且这些场所的使用完全满足生态安全要求，则将缴费系数降低 0.02。

如果监测数据显示，或者在按法律规定程序实施检查时发现有违规行为，则不允许降低缴费系数。

表 2-4 废弃物和废石场处置场所（设施）的生态状况系数

处置场所（设施）的特征	生态状况系数（K_1）
满足生态安全要求的废弃物和废石场处置场所（设施）	1
未满足生态安全要求的废弃物和废石场处置场所（设施）	4

表 2-5 废弃物和废石场处置场所（设施）的生态重要性系数

处置场所（设施）与居民区边缘之间的距离	生态重要性系数（K_2）
3 公里以内	5
3～10 公里	2
10 公里以上	1

注：根据批准的总平面布置图、区域规划示意图、当地建筑平面图，以及与居民区规划相关的其他正式文件的数据确定居民区边缘。

（四）非课税的居民点固体生活废弃物清运费

依照吉尔吉斯共和国法律，居民点垃圾清运费的缴费对象为拥有这些建筑物的法人单位和自然人。2009 年前颁布的《吉尔吉斯共和国税收法典》对其征收做了严格规定。目前，垃圾清运费为非课税费用。

由各地方议会根据其执行管理机关的提议确定垃圾清运费的额度，同时需考虑企业面积和员工人数（针对法人单位），以及建筑物面积和居住人数（针对自然人）。

目前，向自然人征收的垃圾清运费为 15 索姆/（人·年）。

七 废弃物处置领域的国家标准

①苏联国家标准 GOST 17.9.0.2-99《环境保护、废弃物处置、废弃物

技术登记证、组成部分、内容、表述和修订规则》。

②苏联国家标准 GOST 1639 – 93《有色金属和合金废铁与废料总体技术条件》。

③苏联国家标准 GOST 28192 – 89《有色金属和合金废料样品采集、准备方法和试验方法》。

④苏联国家标准 GOST 29114 – 91《放射性废物通过长期碱洗测量固化放射性废弃物化学稳定性的方法》。

⑤苏联国家标准 GOST 30774 – 2001《资源保护、废弃物处置、危险废弃物登记证、主要要求》。

⑥吉尔吉斯共和国 2016 年 4 月 11 日第 201 号政府令批准的卫生防疫标准与规范《企业、构筑物和其他设施的卫生保护区和卫生分类》。

⑦卫生规范与标准 СанПиН 2. 1. 7. 010 – 03《生产废弃物和生活废弃物处置与无害化处理卫生要求》，吉尔吉斯共和国国家首席防疫师 2003 年 10 月 29 日第 45 号令批准通过（具有建议性质）。

第三节　废弃物处置市场准入与监管

一　鼓励与限制政策

根据吉尔吉斯共和国的法律规定，各生产主体需要采用少废料和无废料的工艺技术。

依照《吉尔吉斯共和国生产废弃物和消费废弃物法》，以及吉尔吉斯共和国的其他法律文件要求，确定对废弃物处置实施经济调控。

根据征收的废弃物处理费用，并依照废弃物的体积、危险等级及处理标准，对废弃物处置实施经济调控。超过规定限额的废弃物处理费会有相应变化。征收的废弃物处理费交付国家环境基金体系，用于环境保护。

废弃物处置方面的经济激励机制和措施、收费方法，以及废弃物处理费额度均依照吉尔吉斯共和国法律进行规定。

自然资源利用方面的经济手段有利于建立合理的消费结构。吉尔吉斯共和国制定并使用以下经济手段：

——排污费（规费和税款）；

——生态破坏费；

——民事责任。

吉尔吉斯共和国目前已制定，但仅部分实施的措施如下：

——补助金（可划拨，但由于只能获得微薄的拨款，因此效果不明显）；

——财政政策工具（税务监察员和生态监察员）；

——抵补费用的支付款（水区和废弃物）。

同时依照1998年8月4日第114号《行政责任法典》（第181-1条）的要求进行调整。

二 对企业规模的要求

对企业规模的要求包括以下主要指标：

- 成立规模；
- 废弃物的结构；
- 加工水平；
- 基础设施的发达程度；
- 填埋特征。

目前，相关企业应用最广泛的工艺技术如下。

①加工混合的废弃物——这是一种最简单的技术方法，对废弃物的预处理要求也最低。这种工艺技术可以加工任何形态的废弃物。

②对分类收集的废弃物的加工方法与上述工艺类似，但如果由使用者在分类收集站或预分站进行预分，则更为有效。处理废弃物能够减少各工程建设所需的投资额，并通过自动控制降低运营费用。只有需要二次加工（反复使用）的部分被运往处理企业。

有两种分类收集的方法。第一种方法是选取全部需重复使用的部分（纸、纸板、玻璃、塑料等），随后将湿的有机废弃物与污染部分分开（被称为“干湿分选”）。第二种方法是建议预先分类收集需加工的部分［通常包括纸、纸板、玻璃、塑料（瓶）、金属（铝罐）］。

③通过有氧发酵和/或厌氧发酵的方式对有机废弃物进行处理，可从生物群中获得有机肥料和沼气。该工艺技术常应用在规模不大的设施中。利用空旷的山脊是最廉价且实施技术最简单的一种方式。这一工艺技术用于刺激生物相互作用，防止它们直接在填埋场扩散。

需要注意的是，只有在仔细处理和清理掉“多余”部分（玻璃、金属）的情况下，才能将这些产物作为肥料加以使用。为确保原料的质量而收集废弃物，会导致该工艺技术的成本大幅提高。实施该工艺技术的单位成本可达300~600欧元/吨，加工深度可达20%~40%。

④焚烧废弃物会产生能量，可确保最大相对加工深度，是所有方法中技术最复杂的一种。复杂性表现在：使用昂贵的大气减排检测仪器和检测方法，为了确保热处理过程的所需参数而必须连续控制进料流。

设施能否稳定可靠运行在很大程度上取决于废弃物的成分和质量。值得注意的是：从检测燃烧产物的角度来看，高燃烧热（和能量产生效益）的部分一般都是最危险和最复杂的。在连续有大量废弃物（每年100000～150000吨）的情况下，设施才能产生最大的效益，这多少也会限制本工艺技术是否能得到使用。

由于部分废弃物经初选后进行二次加工，因此本工艺技术的效果可能会有所下降。

三　废弃物处置领域的国家监督

废弃物处置领域的国家监督范围包括：

——监督法人和自然人是否遵守废弃物处置法律的要求（其中包括国际协定和条约规定的要求），查明是否违反这些要求且是否采取措施纠正违反行为；

——在处置废弃物时，监督自然保护标准、卫生标准和生态标准的执行情况；

——检查所提供的废弃物信息和报告的真实性；

——废弃物处置信息的采集、处理和分析；

——分析现有生产能力、寻找是否采用可以降低废弃物生成量和危险程度的方法、检查是否更全面地将废弃物用作原料；

——按规定程序追究过失人的责任并进行处罚、提出因违反废弃物法律而损害环境和人体健康的赔偿诉讼；

——做出限制、暂停和终止废弃物处置活动的决策；

——检查居民是否能自由获取废弃物处置信息。

一些地方自治机关在《吉尔吉斯共和国生产废弃物和消费废弃物法》第4条规定的权限范围内，对废弃物处置情况进行监督。

有关主体可依照吉尔吉斯共和国法律规定的程序，对监督废弃物处置情况的国家机构决策提起申诉。

（一）废弃物处置的生产监督

从事与废弃物有关的经济活动的单位负责组织和实施废弃物处置的生产监督，其目的是检查废弃物处置的生态要求、卫生要求和其他要求是否符合吉尔吉斯共和国法律的规定。

（二）废弃物处置的社会监督

社会联合会依照章程、劳工团体或公民依照吉尔吉斯共和国法律规定的程序，对废弃物处置进行社会监督（包括检查国家权力机关、地方自治机关、法人和自然人是否遵循法律的要求）。

法人和自然人应遵守吉尔吉斯共和国关于废弃物处置的规范性法律文件的要求。

废弃物的最高处置量及其有毒物质的最高含量标准应确保：废弃物处置量及其所含的有毒物质不会导致环境中的污染物浓度超标。

四　危险废弃物处置领域的国家统计

在吉尔吉斯斯坦，与产生危险废弃物有关的法人和自然人，需对废弃物进行初步数量统计和质量统计。

在确保所提供信息的完整性和真实性之后，依照统一体系和国家统计机关规定的程序，对危险废弃物的处置情况进行国家统计。法人和自然人进行统计，并向统计机关和主管机关提交自产危险废弃物，以及符合规定程序的外来废弃物的现存情况、产生情况和利用情况报告。

危险废弃物处置的初步统计程序由主管机关确定，而正式统计程序则由国家统计机关与主管机关协商后确定。

对废弃物统计资料进行系统汇总后列入国家废弃物登记簿。主管机关依照以国家分类表、技术经济信息和社会信息为基础的统一方法编制废弃物登记簿。废弃物登记簿的编制程序及其内容均由主管机关确定。

违反生产废弃物和消费废弃物相关法律的行为包括：

——不遵守有关法律、国际协定和条约的要求；

——不遵守废弃物处置标准、规范及其他环境质量标准；

——在处置废弃物时，危害环境和居民健康，以及法人和自然人的财产；

——不符合初步统计要求、未及时向国家相关监察机关提交废弃物处置信息或提交的信息不真实；

——废弃物处置文件未通过国家生态鉴定；

——废弃物未放置在专门规定的区域；

——未执行国家监察机关下达的指令；

——违反废弃物越境转移程序；

——违反废弃物掩埋场地的监控和复垦要求；

——违反清除居民点废弃物的规定程序；

——违反规定的废弃物运输程序。

违反生产废弃物和消费废弃物相关法律的自然人和法人，依照吉尔吉斯共和国法律承担相应责任。

追究责任并不免除法人和自然人对给公民和其他法人的健康和/或财产以及环境造成的损害进行赔偿的义务。

因违反法律要求而造成的污染，需由违反者予以消除。

依照吉尔吉斯共和国法律规定的程序解决与废弃物处置相关的纠纷。

根据国际法规协调解决国家间的争端。

五　固体废弃物处置领域的海关政策以及对产品进出口的非海关要求

依照《吉尔吉斯共和国生产废弃物和消费废弃物法》的规定，越境转移废弃物是指从受其他国家管辖的区域随意将废弃物转移到/经过吉尔吉斯共和国管辖的区域。

该法第 11 条还列出了危险废弃物的运输要求，具体如下：

①只允许用专门配备的车辆运输危险废弃物。

②采用具体运输类型（公路运输、铁路运输、水路运输等）的废弃物运输程序、对装卸作业的要求，以及其他确保生态安全的要求均由相关规范性文件确定。

③自负责废弃物运输的单位或法人将废弃物装至运输车辆并验收之时起，到将废弃物从运输车辆卸到指定地点之前，运输车辆所属的运输单位都对废弃物的安全处置负有法律责任。

根据该法第 12 条规定，禁止将废弃物运入吉尔吉斯共和国境内进行处置。

依照《控制危险废物越境转移及其处置巴塞尔公约》的规定进行跨境转移。由一些负责海关检查、生态检查和卫生防疫检查的国家执法机关检查危险废弃物及其他废弃物的出口（进口）情况。同时，发放废弃物处置许可证。应当依照《吉尔吉斯共和国许可制度法》的规定，对与废弃物处置有关的法人和自然人的活动（包括越境转移）发放许可证。

根据《吉尔吉斯共和国生产废弃物和消费废弃物法》第 7 条的规定，在生产运行期间，法人和自然人必须依照《控制危险废物越境转移及其处置巴塞尔公约》（以下简称《公约》）对废弃物进行越境转移。根据吉尔吉斯共和国立法会议 1996 年 1 月 18 日发布的第 3 N 304－1 号令和吉尔吉斯共和国人民代表会议1995年11月30日发布的第Π N 225-1号令，批准吉尔吉斯共和国加入《公约》。

根据《公约》的规定，使用过的完整或受损含铅电池（A 1160）是跨境转移的危险对象。

按照《公约》规定，一方：

——禁止所有受其国家管辖的人员在未获得相关许可或同意的情况下，对危险废弃物或其他废弃物进行运输或处置；

——需根据通用的包装、标识和运输国际规范和标准的要求，并结合国际公认的实践经验，对越境转移的危险废弃物或其他废弃物进行包装、标识和运输；

——要求危险废弃物或其他废弃物随附危险废弃物转运（从开始越境转移至处置地点）文件。

根据《公约》第6条规定：

①出口国要通知或要求生产商或出口国，通过出口国的主管机关以书面形式将任何预计越境转移危险废弃物或其他废弃物一事告知有关国家的主管机关。各种类似通知中必须包含附件所规定的报告书和信息。

②进口国书面回复通知人，回复内容包括在某些特定条件下或没有特定条件下同意转运、拒绝转运或要求提供补充信息。将发给进口国的最终回复副本，提交给各方的有关国家主管机关。

③出口国在收到下列书面确认之前，不允许生产商或出口国进行越境转移：

——通知人已经取得了进口国的书面同意；

——通知人已经取得了进口国的确认，即出口国与废弃物处置负责方之间签订了约定依照生态要求使用这些废弃物的合同。

进口国不允许在未取得过境国书面同意之前进行越境转移。

此外，根据2016年3月24日第142号吉尔吉斯共和国政府令的规定，国家环境保护和林业署是出口单位，而吉尔吉斯共和国经济部是许可证发证单位。

根据《吉尔吉斯共和国生产废弃物和消费废弃物法》第12条规定，由负责海关检查、生态检查和卫生防疫检查的国家执法机关检查危险废弃物及其他废弃物的出口（进口）情况。

根据《行政责任法典》第546-5条的规定，被授权监督检查生态安全和技术安全的国家机关，负责审理违反该法典第181条的行政违法事件。

根据《〈欧亚经济联盟协议〉修订纪要》（2014 年 5 月 29 日）的规定，吉尔吉斯共和国加入了欧亚经济共同体。

欧亚经济联盟是一个具有国际法律主体资格并依照《欧亚经济联盟条约》建立的区域经济一体化国际组织。欧亚经济联盟会确保商品、服务、资本和劳动力移动自由，并实施经协调、同意或统一的经济政策。

欧亚经济共同体成员包括俄罗斯、白罗斯、哈萨克斯坦、亚美尼亚和吉尔吉斯斯坦。

欧亚经济联盟成立协议已于 2015 年 1 月 1 日生效。

建立欧亚经济联盟的目的是使国家经济实现全面现代化、协作和提高竞争力，以及创造有利于提升成员国国民生活水平的可持续发展条件。

欧亚经济共同体的各项文件均在吉尔吉斯共和国领域内有效。

2015 年 4 月 15 日的欧亚经济共同体委员会第 30 号决议批准了禁止进口和需在进出口时进行管控的危险废弃物清单。

依照吉尔吉斯共和国国家法律规定，进出口危险废弃物必须取得吉尔吉斯共和国经济部发放的危险废弃物进出口许可证、必须取得国家环境保护和林业署发放的在进口和（或）出口时限制经海关联盟的海关边境转移的危险废弃物的鉴定结论，限制依据包括由欧亚经济委员会 2015 年 4 月 21 日通过的第 30 号决议批准的《统一商品目录》第 2. 3 条，出口单位和列入《统一商品目录》且在与第三国贸易时适用非关税调控政策的特殊商品进出口许可证发证单位清单，吉尔吉斯共和国 2016 年 3 月 24 日发布的第 142 号政府令批准的吉尔吉斯共和国几份政府决议的增补和修改项。

六　对废弃物处理项目的环境影响评估要求

根据《吉尔吉斯共和国环境保护法》《生态安全法》《生态鉴定法》的规定，有关机构应评估经济活动和其他国家生态鉴定活动项目是否符合生态安全的要求，防止环境和居民在吉尔吉斯共和国法律规定的其他情况下受到计划活动的潜在不利影响。经济活动发起人提交的国家鉴定文件中应包含使用最佳可用工艺技术的证明材料。

所有这些活动都要由设计单位或项目发起人进行环境影响评估，并在吉尔吉斯共和国政府下设的国家环境保护和林业署进行国家生态鉴定。

国家生态鉴定期限为自提交完整文件之日起，不超过 3 个月。

环境影响评估的编制依据是吉尔吉斯共和国 2015 年 2 月 13 日发布的第 60 号政府令批准的环境影响评估程序。

环境影响评估过程的参与者包括：

①项目发起人；

②环境影响评估工作执行人；

③国家地方管理机构和地方自治机构；

④国家环保授权机构和/或其地区机构；

⑤公众（社会组织、居民）。

项目发起人：

①在设计过程中组织开展环境影响评估；

②确保开展综合研究与工程勘察，获得关于拟建项目所在地区自然条件的真实信息，以及获得相关资料以便预测拟建项目实施期间环境可能发生的变化；

③向所有环境影响评估参与者提供机会让其及时获得与拟建项目及其环境状况相关的完整、真实信息；

④确保公众可获得环境影响报告书和/或环境影响评估文件；

⑤在国家地方管理机构和地方自治机关的协助下与公众协商；

⑥考虑环境影响评估结果并确保采纳对环境和居民健康危害最小的基础方案（各种研究方案中的一种）；

⑦根据环境影响评估结果准备环境影响报告书，并将其列入环境影响评估文件中，以进行国家生态鉴定；

⑧确保为环境影响评估工作（包括越境工作）拨款；

⑨向国家环保授权机构或其地区机构、公众提供有关实施拟建项目决议的结果信息。

环境影响评估工作执行人：

①收集和分析拟建项目所在区域的环境状况和居民生活社会经济条件状况的信息，分析影响环境和居民生活社会经济条件类似项目的信息；

②确定环境影响评估工作量和细化程度；

③找出所有可能影响环境，以及环境保护、自然资源合理利用的措施和解决方案完整性、真实性和有效性的源头；

④确定项目整个实施阶段（施工、运营和清算）的潜在事故源头，并制定预防和消除其影响的解决方案；

⑤对拟建项目实施期间环境状况的变化进行预测；

⑥确定必要的勘察和研究方向，若在环境影响评估过程中发现达到环境影响评估目的所需信息不完整，则需制定方案组织开展补充勘察和研究；

⑦分析实施拟建项目的几种备选方案（包括不同意实施拟建项目的方案），从生态安全角度来论证拟实施的方案；

⑧制定企业施工、运营和清算过程中的环境状况监控资金保障方案；

⑨编制环境影响评估文件（作为设计文件的一个组成部分）；

⑩依照环境影响评估文件编制环境影响评估报告书；

⑪对评价的完整性和真实性，以及是否符合生态安全要求负责。

环境影响评估工作执行人与项目发起人共同：

①参加与公众协商；

②提交环境影响评估文件，以进行国家生态鉴定和社会生态鉴定（在按规定程序进行鉴定的情况下）；

③准备回复国家环保授权机构及其地区机构、公众对环境影响评估文件提出的建议和意见；

④根据获得的有依据的意见和建议，对环境影响评估文件进行修正。

国家地方管理机构和地方自治机构：

①在通过决议准备在管辖区实施拟建项目时，确保向管辖区的公众、国家环保授权机构和/或其地区机构提供拟建项目的有关信息；

②协助项目发起人与公众进行协商；

③选派（如果需要的话）几位鉴定人为鉴定委员会代表，对计划在己方区域或相邻的行政管理区实施的项目开展生态鉴定；

④按规定程序组织开展社会生态鉴定；

⑤确保向公众告知在管辖区可能会实施项目的相关信息。

国家环保授权机构和/或其地区机构：

①对所有环境影响评估参与者提供咨询帮助；

②对设计文件中的环境影响评估文件进行国家生态鉴定；

③按规定程序向国家权力机关、地方自治机构、社会团体和组织、大众传播媒体提供其询问的有关环境影响评估文件国家生态鉴定结果的信息；

④在项目实施阶段对项目进行生态监测。

公众：

①在环境影响评估的所有阶段，在环境影响评估框架下参与协商（包括协商跨国环境影响评估的程序）；

②在必须开展环境影响评估的情况下，获得任何有关可能对环境和居民健康产生不利影响活动的信息。

与公众协商的目的：

①向公众通报环保问题的相关信息；

②保障公众参与讨论和通过生态决策的权利；

③在评估项目实施影响和通过实施决策过程中，收集公众对环保问题的意见和建议；

④寻找项目发起人和公众都能接受的解决方案（针对实施项目的过程，防止或将对环境的有害影响降到最低）。

与公众协商的途径：

①让公众了解环境影响评估文件的内容，并将发表的意见和建议编成文件；

②如果公众有兴趣，则召开讨论环境影响评估的会议。

公共讨论的程序包括以下阶段：

①将开展公共讨论一事告知公众；

②确保公众可从项目发起人和/或其他地方（国家地方管理机构、地方自治机构、地区环保机构）获知环境影响评估文件，以及将环境影响评估报告上传到活动发起人网站上（如有网站的话）；

③让公众了解环境影响评估文件的内容；

④如果公众有兴趣：

——将讨论环境影响评估文件会议的召开时间和地方告知公众；

——收集和分析环境影响评估文件的公众讨论意见和建议，并形成评论汇总。

公共讨论通知应包含：

①项目发起人的信息（名称、法定地址、电子信箱地址、电话号码和传真号码）；

②项目的名称、依据和描述；

③项目所在位置；

④拟建项目的实施期限；

⑤对环境影响评估文件进行公共讨论和提出意见的期限；

⑥了解环境影响评估文件的渠道，以及发送意见和建议的渠道（名称、通信地址、网站、联系人姓名和职位、电话号码和传真号码、电子邮箱地址）；

⑦国家地方管理结构和地方自治机关的所在地、提出召开环境影响评估文件讨论会议申请和实施公共生态鉴定意愿申请的期限。

公共讨论的期限为自公布公共讨论通知之日起不得少于 30 个日历日。

自公布公共讨论通知之日起，相关国家地方管理机构和地方自治机构与项目发起人共同将环境影响评估文件放到《条例》第16.2条规定的地方，确保公众能够了解环境影响评估文件，并将整个公共讨论期间对相关文件的问题、意见和建议编成文件。

环境影响评估文件讨论会议（“圆桌会议”、公共听证会、见面会）的程序包括以下各阶段：

①参会者登记；

②召开会议；

③业主代表发言（口头报告或演示）；

④环境影响评估工作执行人发言（演示）；

⑤收到问题并解决、回复不需要准备或进行补充研究和勘察的问题；

⑥做出总结，之后会议结束。

如果在环境影响评估文件讨论会上不能对提出的问题给予答复，则会在自召开会议之日起30个日历日内将问题的答案通过登记的通信地址或电子邮箱地址发送给提问者。

根据环境影响评估文件的讨论会议结果，形成包含会上提出的有关环境影响评估文件问题、意见和建议清单的会议纪要，并注明提问者、答复者，以及参会人员总数。

会议纪要还包括环境影响评估工作执行人依照与项目发起人之间的合同准备的评论汇总。该汇总包含在公共讨论过程中提出的所有有关环境影响文件的意见和建议。

项目发起人和环境影响评估工作执行人需根据环境影响评价文件的公共讨论结果，从项目实施的生态影响，与之相关的社会经济影响以及其他后果提出关于在规划区域实施拟建项目的可能性和合理性的建议。

必要时，项目发起人可以暂停公共讨论程序，以便依照为了收集补充信息和实施补充研究勘察而讨论、分析意见和建议的结果，将更改项和补充项记入设计文件方案。在修改项目设计方案和环境影响评估文件之后恢复公共讨论，以审查其他先前未考虑的影响和后果。

如果公众未向相关国家地方管理机构和地方自治机构提出参与讨论的意愿，则不召开环境影响评估文件的讨论会议。

环境影响评估包括以下阶段：

①通过必须进行环境影响评估的决议；

②初步环境影响评估；

③环境影响评估；

④设计后分析。

环境影响评估的第一阶段——做出必须开展环境影响评估的决策，该阶段要从环境影响角度确定是否必须实施或评估拟建项目（包括跨境影响的可能性）。项目发起人根据开展环境影响评估的活动类型清单做出相应决策。

在做出决策将拟建项目归入可能产生较大不利跨境影响类型时，必须遵循联合国欧洲经济委员会《跨界环境影响评价公约》补充Ⅰ和补充Ⅲ的规定。

危险等级为Ⅰ级的活动，以及有可能产生重大不利跨境影响的项目必须进行全部环境影响评估。

危险等级为Ⅱ级和Ⅲ级的活动可放宽环境影响评估。

对于环境影响较小的项目，完整填写施工图设计所附的环境影响报告书就可获得国家生态鉴定报告。

环境影响评估第二阶段——附有项目可行性论证的初步环境影响评估，以便对实施项目可能产生的后果进行综合分析、评估备选方案，以及制订环保计划（方案），内容如下：

①拟建项目简述；

②在拟建项目可能产生影响的潜在区域范围内，对区域环境现有状况进行评估；

③评估拟建项目可能对环境产生的几种影响；

④评估几种拟建项目方案对环境产生的影响；

⑤预测和评估在拟建项目施工、运营和停工期间环境状况的变化情况；

⑥制定在拟建项目施工、运营和停工期间防止对环境产生重大不利影响并将影响降至最小和/或补偿的措施；

⑦环境影响评估结论；

⑧环境影响报告书。

环境影响初步评估结果需形成环境影响评估报告。

环境影响评估的第三阶段——评估拟建项目对环境的影响，并随附设计文件（初步设计和施工图设计），内容如下：

①对选择的项目实施基础方案影响进行明确的综合评估；

②防止、减轻并将拟建项目的影响降至最低，消除对环境和居民健康影响的明确技术方案和综合措施；

③在拟建项目施工、运营和停工期间对环境状况进行生产监督和监控的资金保障方案；

④设计排放量、污染物排放标准，以及废弃物形成和放置标准；

⑤生态影响报告书。

环境影响评估的第四阶段——项目实施一年后开展设计后分析，以确认项目对环境是否安全并修改自然保护措施，内容如下：

①在设计后分析的过程中，对确定本项目的自然保护方案和其他方案的实际效果进行综合研究，以便及时修正并保障环境与居民健康的安全；

②根据环境影响评估材料制订设计后分析计划，需经国家环保授权机构的地区机构同意；

③由项目发起人组织并检查设计后分析；

④由专业单位（科研单位、设计单位或其他单位、公司）开展设计后分析；

⑤根据设计后分析结果编制报告，该报告中应包含最大限度降低活动对环境产生不利影响的具体建议、对之前确定的标准进行修订的建议，以及许可条件和附件（测量数据、实验室分析、图片资料、会谈结果等）；

⑥将设计后分析结果报告提交给项目发起人，以采取必要措施降低具体活动对环境产生的不利影响，编制文件的设计单位将报告提交给环境影响评估工作执行人、国家环保授权机构和公众；

⑦征询公众意见的项目发起人需告知设计后分析的结果。

在规划能够产生重大不利跨境影响的活动时，需根据联合国欧洲经济委员会《跨界环境影响评价公约》相关规定，以及其他依照法律规定程序生效的吉尔吉斯共和国国际协议的要求开展环境影响评估程序。

环境影响评估文件应包括：

①项目发起人和环境影响评估工作执行人相关信息；

②拟建项目描述，以及必须实施的依据；

③在环境影响评估的每个阶段，评估拟建项目对环境的影响；

④根据各纪要形成的向公众提供消息和统计公共意见的资料，其中包含依照讨论拟建项目生态安全的结论；

⑤环境影响评估的主要结论；

⑥环境影响报告书；

⑦生态影响报告书；

⑧环境影响评估文件附件（地图、方案、图表、使用材料清单、研究

结果、研究单位和个人名单等);

⑨在进行环境影响评估时采用的自然保护和环保方面的规范性法律文件、标准技术文件和方法指南。

环境影响评估文件由项目发起人批准并归入设计文件中,以进行国家生态鉴定。依照吉尔吉斯共和国法律《吉尔吉斯共和国生态安全保障通用技术规程》的要求确定各类型活动的危险性等级。

第四节 与中国在废弃物处理领域的合作需求与建议

吉尔吉斯共和国是上海合作组织的创始国之一,上海合作组织的前身是“上海五国”:哈萨克斯坦、中国、吉尔吉斯斯坦、俄罗斯、塔吉克斯坦(乌兹别克斯坦于2001年6月加入)。该组织的主要目标和任务是开展政治、经贸、文化教育和其他领域的合作,以及维护和保障地区和平、安全与稳定。上海合作组织框架内合作是吉尔吉斯共和国多边外交的优先方向之一,符合其国家利益。

自加入上海合作组织后,吉尔吉斯共和国积极开展上海合作组织框架内合作。吉尔吉斯共和国提出设立上海合作组织地区反恐机构。在这种背景下,2002年9月25~28日在吉尔吉斯共和国举行了启动上海合作组织地区反恐机构的上海合作组织成员国第一次元首会晤。

2007年8月16日,在上海合作组织比什凯克峰会上签署了一系列上海合作组织国际条约,重点强调在上海合作组织框架内合作:《上海合作组织成员国长期睦邻友好合作条约》、《上海合作组织实业家委员会和银行联合体合作协议》和《上海合作组织成员国政府间文化合作协议》。

吉尔吉斯共和国在担任上海合作组织2012~2013年轮值主席国期间,尽最大努力进一步推动各方合作。在此期间,吉尔吉斯斯坦境内召开了两次上海合作组织高级会议:2012年12月召开的上海合作组织成员国政府首脑理事会会议和2013年9月召开的上海合作组织成员国元首理事会会议。上海合作组织自成立之日起就是独一无二、不可复制的。

2012年12月4~5日在比什凯克召开的上海合作组织成员国政府首脑理事会会议最大的成就是审批通过了一系列文件,其中较重要的有:《2012~2016年上海合作组织进一步推动项目合作的措施清单》、《上海合作组织成员国关于协助消除紧急情况后果的政府间合作协议纪要》和《上海合作组织成员国海关关于加强知识产权保护合作备忘录》。

根据会议日程，各国首脑就进一步完善上海合作组织的工作、发展长期睦邻友好关系、保障地区安全、推动上海合作组织框架内的经济与人文合作交换了意见。

此外，各国首脑还讨论了最迫切需要解决的国际和地区问题，决定由塔吉克斯坦担任上海合作组织2013～2014年的轮值主席国。

成员国元首共同签署了上海合作组织成员国元首理事会关于《〈上海合作组织成员国长期睦邻友好合作条约〉实施纲要（2013～2017）》的决议；关于批准《上海合作组织地区反恐机构理事会关于地区反恐机构2012年工作的报告》的决议；关于批准《上海合作组织秘书长关于上海合作组织过去一年工作的报告》的决议。此外，还签署并发表了重要的上海合作组织成员国元首理事会政治文件——《比什凯克宣言》。

同时，会议期间还签署了《政府间科技合作协议》。

综上所述，吉尔吉斯共和国在废弃物处理方面的问题非常多，若没有国际组织的援助，这方面的工作将非常困难且周期非常漫长。在废弃物安全处置方面，起主要作用的是资金与国家潜力。

吉尔吉斯共和国应采取措施，加强与中国在废弃物处置和生态安全方面的合作，主要有以下几个合作方向：

- 为建立一个确保废弃物管理系统正常运行的有效金融机制提出建议；
- 对居民、私营企业主和国家职员进行信息培训；
- 推广废弃物加工工艺技术；
- 建立危险废弃物和固体生活废弃物填埋场；
- 修建垃圾处理厂和垃圾分拣厂；
- 在废弃物收集、转运和综合利用服务领域引入相关企业；
- 合作研发和生产用于对危险废弃物进行无害化处理的装置。

第三章　俄罗斯联邦固体废物管理

第一节　城市固体废弃物管理现状

一　管理政策

俄罗斯绝大多数城市周边都有大量的填埋场和非法垃圾堆放场，而这些填埋场和垃圾堆放场通常位于水源保护区、主要管道保护区和饮用水水井卫生防护区，因此将污染地下饮用水并对地下水源产生负面影响。全国废弃物占用的总面积约2000平方公里，其中约600平方公里为泥浆池和尾矿池，1000多平方公里为废石堆、废物堆和灰堆。设计用于填埋废弃物的填埋场占地约为6500公顷，已经批准的垃圾堆放场占地约为350平方公里。但是，未经批准的垃圾堆放场遍布各地，对环境和人类健康构成威胁，其占地总面积未知。目前，俄罗斯并未根据现代环境要求专门针对生产废料和城市固体废弃物规划填埋场。

随着废弃物排放量每年以100万吨的速度持续增长，城市固体废弃物管理问题日益严重。目前，约95%的城市固体废弃物被送至填埋场填埋或直接燃烧。在俄罗斯，50%～60%的城市固体废弃物为包装废弃物（在部分地区，例如加里宁格勒州，包装废弃物的比例甚至高达80%），而在这些包装废弃物中，30%～40%为具有价值的再生原料，这一比例有时甚至可高达60%。在包装行业和包装废弃物管理方面缺乏有效的国家控制，已对俄罗斯造成严重的生态破坏，带来很大的经济损失。

目前，降低单位国内生产总值能耗和物耗已成为俄罗斯经济面临的首要任务，而这一任务与废弃物作为再生原料进行处理直接相关。虽然俄罗斯在科学和工业上拥有能够处理几乎所有类型废弃物的技术、物质资源和技术资源，但目前不太可能广泛应用。在过去几年，俄罗斯再生原料与二次能源的消耗量有所下降，这主要有两点原因：一是俄罗斯现行立法没有对再生原料的使用给予经济鼓励；二是废物利用技术水平低下。之所以在技术上存在劣势，主要原因在于缺乏有针对性的科技政策，在技术和废物回收利用设施开发方面没有做好系统市场调查，导致不得不从国外进口二手设备，从而削弱了俄罗斯工业的竞争力。

二　管理改革历程

废弃物管理领域的立法环境与新的经济形势和合理使用原料与物质资源的现代科学观点并不完全适应，而且在对待需要特殊监管的废弃物源流（生物、包装、大容量废弃物等）方面没有任何区别。目前，废弃物管理及处理应当被视为与其他产业部门密切混合的一个独立国民经济部门。对于国家发展而言，一年并不长，但在一年时间内，改革已经出现了一些不和谐的现象和问题。为了解决问题，防止问题成倍增加，负责改革和社会发展的各部门之间应当不断交换意见。

俄罗斯已经开始了废弃物管理监管的全面改革，并确立了一个新的经济机制——城市固体废弃物管理机制。俄罗斯 458 - FZ 号联邦法律《关于工业和消耗废弃物》修正案（根据 1998 年 6 月 24 日 89 - FZ 号联邦法律修订）专门针对城市固体废弃物管理确定了新的监管机制，而不是针对生活固体废弃物管理。法律中确定的城市固体废弃物管理机制将完全取代之前的生活固体废弃物管理条例。

虽然在城市固体废弃物管理领域制定新法规的进程尚未结束，但为贯彻落实俄罗斯自然资源部 2015 年 1 月 28 日第 3 号令批准通过的 458 - FZ 号联邦法律，俄罗斯联邦政府及相关联邦执行机构已列出一份规范性法令清单。清单共列出 49 项法令，法令草案定于 2015 年第四季度完成，现其中已有 12 项法令通过批准，包括 2015 年 12 月 29 日颁布的 404 - FZ 号联邦法律《关于修正联邦环境保护法》（以下简称“404 - FZ 号联邦法律”）及部分俄罗斯联邦立法。

458 - FZ 号联邦法律提出的规范不能直接适用，已引起许多冲突。改革的主要问题在于变更监管范围，即从根据 2014 年 12 月 30 日颁布的 210 - FZ 号联邦法律《关于居住综合体企业资费调节依据》（以下简称“210 - FZ 号联邦法律”）确定的资费监管范围变为根据 89 - FZ 号联邦法律第 253 条原则确定的新的监管范围。考虑到废弃物管理国家监管变更的范围和重要性，404 - FZ 号联邦法律建议在关键程序和时间上循序渐进地实施改革，这是非常现实的。

俄罗斯联邦各主体可自行决定改革期限。在确定地区经营者之前，各主体有权执行210－FZ号联邦法律提出的规范，并在确定城市固体废弃物管理服务的一般资费后要求支付公共服务设施费（也属于俄罗斯联邦主体的权限范围）。到2017年1月1日，俄罗斯联邦主体应完成对废物产生源的全面清查，实现所在区域的废弃物管理平衡，初步完成一个地区经营者的工作。

从2015年9月至2016年3月，俄罗斯联邦18个主体的执行机构针对地区废弃物管理方案细化公开招标，其中1个已取消，5个进入标书收集阶段，12个进入地区方案细化阶段，目前已全部完成采购。部分俄罗斯联邦主体可自行制定地区废弃物管理方案，不需要第三方参与。在地区废弃物管理方案细化方面，俄罗斯联邦主体的执行机构采取一定法律行为的原因有以下几点：

- 在地区废弃物管理方案的组成和内容上，缺乏规范性要求（只有2016年3月16日俄罗斯联邦政府第197号决议通过的要求）；
- 由于相关联邦执行机构对问题的关注度较低，俄罗斯联邦主体当局缺乏明确定位；
- 俄罗斯住建部对459－FZ号联邦法律部分规定延迟生效的态度。

三 固体废弃物概况

2015年1月1日以前，“城市固体废弃物”在俄罗斯立法中并未单独定义，而是作为联邦法律《关于工业和消耗废弃物》中定义的“工业和消耗废弃物”的一部分。

“城市固体废弃物”已被明确定义为住宅单元居民个人消费过程中产生的废弃物以及为满足住宅单元居民的个人和生活需要而在使用过程中失去消费属性的物品，包括法人和民营企业日常活动中产生的在内容上与住宅单元居民个人消费过程中所产生废弃物类似的废弃物。

上述联邦法律将工业和消耗废弃物（“废弃物”）定义为生产、工作、服务提供或消费过程中产生的物质或产品，这些物质或产品应根据89－FZ号联邦法律运走。

图3－1揭示了工业和消耗废弃物中，城市固体废弃物与合法机构消耗废弃物和个人生活废弃物的关系。

根据俄罗斯国家统计调查数据，俄罗斯2013年产生近7000万吨城市固体废弃物，其中近6000万吨填埋处理，近1000万吨回收再利用（见图3－2）。

从2000年开始，随着福利与消费者购买力的增加，俄罗斯消费水平开

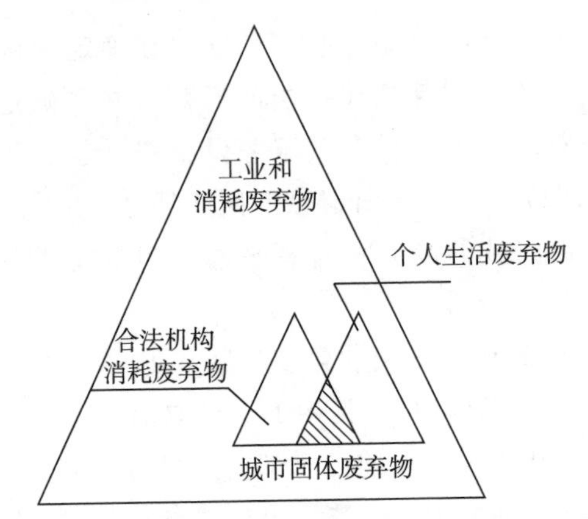

图 3－1　工业和消耗废弃物中的城市固体废弃物

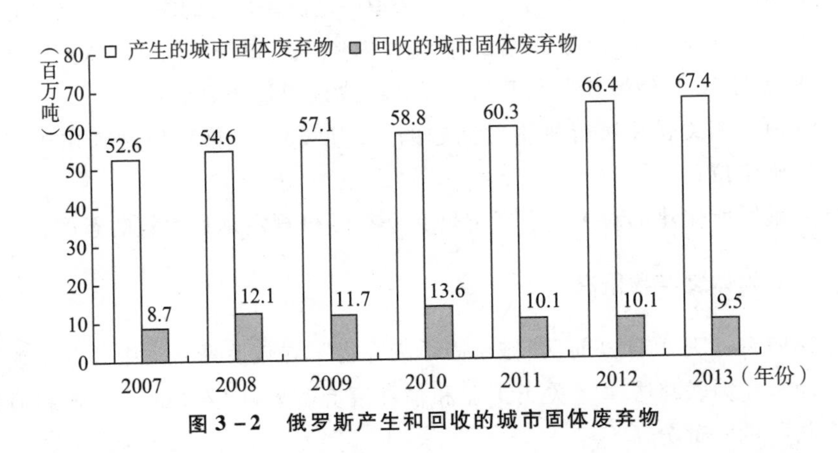

图 3－2　俄罗斯产生和回收的城市固体废弃物

始提高，消费结构开始发生变化，出现了越来越多的污染性商品和服务，市场上的非食品类商品数量也随之增加，从而产生更多的包装废弃物。同时，在 2002 年以后，俄罗斯没有对城市固体废弃物进行系统调查。

关于城市固体废弃物结构的唯一信息来源是经营者和社会团体进行的各种小型调查，但由于其是在不同地区和不同时间进行的调查，因此得出的结论存在很大差异。例如，根据回收协会的调查，纸/纸板和玻璃在俄罗斯城市固体废弃物中占的比例分别为 41% 和 3%；而根据经营者的统计数据，二者占的比例分别为 16% 和 12%。这两个结论存在较大差异的原因在于缺乏研究城市固体废弃物结构的方法和采样系统。

2013～2014 年潘菲洛夫市政服务研究院（Pamfilov Academy of Municipal Services）在 Rostekh State Corporation 的请求下，根据俄罗斯联邦政府制定的《关于工业和消耗废弃物》修正案框架进行的调查可以被认为是有关城市固体废弃物结构的最可靠的信息来源。

根据该项调查，城市固体废弃物结构如下：

纸/纸板——25% ~32%；

高分子材料——7% ~15%；

玻璃——5% ~8%；

纺织和缝制产品——4% ~7%；

皮革、橡胶——2% ~5%；

黑色金属——3% ~6%；

有色金属——0.5% ~1.5%；

电池——0.5% ~1.5%。

显然，俄罗斯城市固体废弃物中有机废弃物所占比例可能达到24%，仍然远高于北欧和西欧国家。塑料和玻璃占的比例相对较小。俄罗斯目前的城市固体废弃物结构更类似于波兰、捷克、斯洛伐克及波罗的海国家等东欧国家。

根据国家统计调查数据，虽然城市固体废弃物中有很大一部分被回收利用，但俄罗斯的总体回收水平正逐渐下降。

四 管理现状

目前，关于城市固体废弃物和不符合城市固体废弃物特征的部分废弃物的所有权，俄罗斯联邦法律《关于工业和消耗废弃物》并未明确定义。

根据“污染者付费”原则，由污染者负责将废弃物搬运走。因此，企业应为其经营过程中产生并倾倒的废弃物付费。同时，经营者和地区经营者还需为在垃圾填埋场倾倒城市固体废弃物付费。

这种所有权与责任的划分带来了一系列不良后果：小型企业对个别盈利较少的领域缺乏参与兴趣，在行政管理上存在资费压力；市政公司垄断带来威胁（企图控制整个服务业），资费和预算政策无效；而一些拥有解决废弃物管理问题所需技术和财政资源的企业进入市场受到限制。总而言之，这种划分不会达到预期的环保和回收目的，而且还将给管理部门和市民带来高额费用。

目前，立法已对公司产生的废弃物所有权做出规定，这是保护其利益（例如，通过回收废弃物并将其转化为再生原料所获得的利益）的一个重要条件。

同时，废物收集和处置由市政机构负责，废物掩埋位置和具体安排由俄罗斯联邦主体的主管部门负责确定。事实上，在对管理公司和个人房主同时适用的情况下，地方当局经常要求消费者与专门的市政公司签订废物处理合同，有时候也通过竞标的方式确定城市维护公司。

在当前形势下：

希望在某个地区经营的经营者必须与每个消费者签订合同，而且消费者人数可能达到数千人；

消费者可自由地与任何公司签订合同（无须考虑市政府的选择），但前提是消费者选择的公司不会对所在地区的所有废弃物源实施全面控制；

在关于垃圾填埋场的使用（由地方管理部门控制）上，经营者之间可能发生冲突，若某个经营者计划收集、搬运和填埋废弃物，该经营者应向俄罗斯联邦主体的主管部门说明其意图。

若一个公司希望搬运废弃物或回收一定的城市固体废弃物，则需与多个消费者协调并签订合同，并同时承担长期维持的风险。

在一个废物产生量和生产连续性具有重要意义的行业，缺乏具有保证的废物源和选择承包商时的不确定性将使私人筹资更加困难。

大多数问题发生在垃圾填埋场附近。因此，根据联邦法律《关于工业和消耗废弃物》，禁止在《国家废弃物填埋名册》以外的填埋场处置废弃物。《国家废弃物填埋名册》以外的填埋场被认为是非法废弃物处理场所，但目前仍可继续用于处理废弃物。

图 3 -3 展示了中央联邦区废弃物填埋场分布情况。

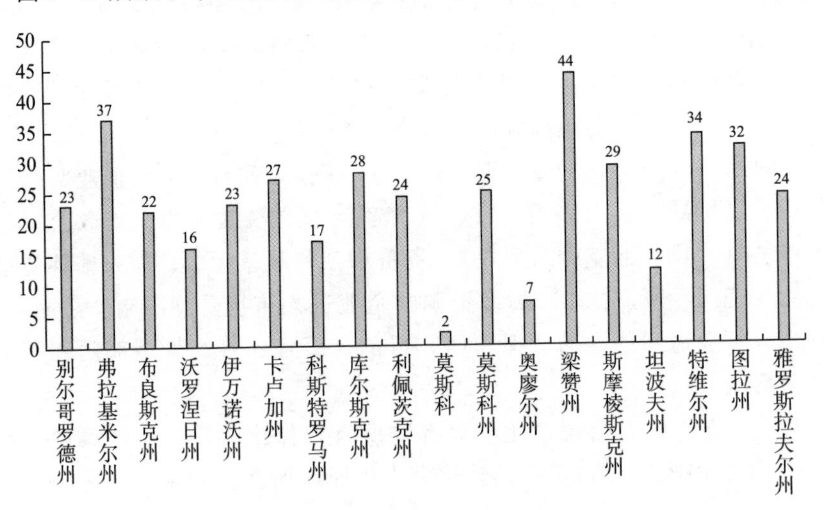

图 3 -3　中央联邦区废弃物填埋场分布

根据俄罗斯联邦国家统计局（Rosstat）2014年9月4日第548号法令中联邦统计调查表1－KX“城市住宅区信息”的数据，俄罗斯联邦主体的城市固体废弃物回收水平如表3－1所示。

表3－1 俄罗斯联邦主体的城市固体废弃物回收水平

城市固体废弃物年回收率（%）	俄罗斯联邦主体
超过40	雅罗斯拉夫尔州、利佩茨克州、莫斯科、摩尔曼斯克州、克麦罗沃州
30～40	别尔哥罗德州、布里亚特共和国、滨海边疆区
10～20	圣彼得堡、斯塔夫罗波尔边疆区、巴什科尔托斯坦共和国、萨马拉州

城市固体废弃物年回收率最高的几个地区为：中央联邦区，25%；西北部联邦管区，35%；西伯利亚联邦管区，15%。

对各联邦主体进行的城市固体废弃物回收，俄罗斯联邦自然资源部表示赞同。其中，在城市固体废弃物回收方面成效最为显著的有以下区域。

①基洛夫州：2011年收集150.5吨纸，21.8吨塑料；2012年收集264.7吨纸，42.78吨塑料；2013年企业和企业家共收集287.8吨纸，127.4吨塑料。

②马里埃尔共和国：2013年共收集370吨包装纸板，12.5吨聚乙烯填充物，291.5吨废旧玻璃，31.6吨废旧塑料，13.3吨破损的塑料包装，115吨废纸。

③萨拉托夫州：2013年回收83.3吨金属帘线轮胎，34.8吨纺织帘线轮胎，181.3吨水银灯和发光水银管（包括废旧的和有缺陷的，之前累积的计算在内），31.7吨电解液未排放且完好无损的废旧铅电池，939.9吨废旧裁剪纸和打印纸，17.7吨废旧纸和纸板，3115.3吨未被污染的贸易服务业产生的瓦楞纸，4903.7吨未被污染的包装纸板（之前累积的计算在内）。

④秋明州：2013年共回收618400吨废旧铁撬棍、黑色金属和有色金属，16281吨废旧玻璃，2640吨废纸，1092.1吨废旧电池。

⑤滨海边疆区：2013年共回收645吨饮料瓶（玻璃），56.19吨有色金属废料，1500吨黑色金属废料，2987吨废纸，750吨塑料，2256吨玻璃废料。

根据开放信息来源，俄罗斯市场对城市固体废弃物中单个成分的需求稳定。俄罗斯联邦部分废旧产品的平均市场购买价格如表3－2所示。

表 3-2 俄罗斯联邦部分废旧产品的平均市场购买价格（截至 2015 年上半年）

原料	购买价格
废纸	
报纸	≥ 3000 卢布/吨
瓦楞纸板	≥ 3500 卢布/吨
杂志	≥ 4000 卢布/吨
平装和精装书籍	≥ 1500 卢布/吨
印刷厂废料	≥ 2000 卢布/吨
废旧蓄电池和电池	
各类电池	20 ~ 40 卢布/千克
高分子废弃物、塑料	
各类聚对苯二甲酸乙二酯（PET）	8 ~ 40 卢布/千克
聚乙烯收缩膜	≥ 10000 卢布/吨
高密度聚乙烯	≥ 10000 卢布/吨
废旧有色金属	
铝质罐	55 ~ 90 卢布/千克
铝混合物	63 ~ 90 卢布/千克
食品级铝	75 ~ 90 卢布/千克

（一）俄罗斯城市固体废弃物回收技术

俄罗斯所有城市固体废弃物回收技术均基于分离混合的城市固体废弃物，而人工分离仍然是采用最广泛的一种方式。

俄罗斯废弃物分拣厂的年平均处理能力约为 180000 吨，相当于城镇产生的废弃物量。废弃物分拣厂主要设于陶里亚蒂、别尔哥罗德、莫斯科、圣彼得堡、沃罗涅日、乌法、阿尔汉格尔斯克、小雅罗斯拉夫韦茨、阿尔梅季耶夫斯克、巴尔瑙尔等城市。

分拣厂通常由以下部分组成。

（1）废弃物分级区：包括废弃物接收、转移和分拣设施以及有价值初级产品存储仓库。

分级区的主要功能是将不能挤压且未分拣的体积较小的城市固体废弃物（<100mm）分离出来，并从中挑选出有价值的废物（>100mm）。

（2）未回收废物压缩区：包括废弃物接收设施、挤压车间（三条废弃物挤压线组成）和转运货场。

城市固体废弃物压缩工艺设备主要由国外（德国、意大利）设计和交付。

分拣车间有4条分拣线（3条正在运行，1条用于预防性维修），1套压缩物转移系统和4台用于压缩有价值废弃物的压缩机。废弃物收集车负责将城市固体废弃物倒入分拣线料斗中，然后带有特殊抓取工具的起重机将大块废弃物抓起并放入单独的料斗中。

城市固体废弃物通过带式输送机送入筒式分离机。金属屑和垃圾在筒式分离机中完成分离，然后通过输送系统送入具有多个起升机构的装置，最后运输至垃圾填埋场。可放置3台装置用于装载垃圾：1台已装载并等待运走，1台正在装载，1台等待装载。

剩下的垃圾离开分离器后倒入分拣线输送机，分拣线输送机的处理能力为180000～250000吨/年，每小时52.68吨。分拣线输送机将垃圾送入专门的分拣车间，分拣车间中的工作台可提取有价值的废弃物并通过锥形料斗将提取的废弃物送入专门的容器。

剩下的城市固体废弃物通过分拣车间外的输送机输送至黑色金属分离器，分离器挑选出的黑色金属将通过锥形料斗送入专门的容器。

不能回收的废弃物将通过输送机送到挤压车间的废弃物转移输送机。

装有玻璃和金属的特殊容器（1m×1m×1m）通过升降车从分拣区转移到有价值废弃物仓库并放在空位上。此类装有玻璃的容器约1.4吨重，装有金属的约1.2吨重。

纸、纸板和塑料瓶通过升降车放到托板输送机（有两条挤压线）上并送入捆包机，然后升降车将捆包（0.8m×0.9m×1m）转移到有价值废弃物仓库。一捆纸约0.46吨重，一捆纸板约0.8吨，一捆塑料约0.25吨。

金属罐和纺织品进行人工挤压并打包（0.5m×0.6m×1m），每捆约0.64吨重，通过升降机转移到有价值废弃物仓库中。图3－4为俄罗斯城市固体废弃物回收线结构示意图。

值得注意的是，俄罗斯于2008年在喀山修建了一座大型城市固体废弃物分拣厂，年处理能力达到180000吨，成本约5亿卢布。

通过多次分拣，可有效分离可回收利用的废弃物和有机废弃物，最终可分离出18种可回收利用的废弃物。剩余废弃物压缩后将送至垃圾填埋场进行填埋。

分拣厂可实现15%的转化率，也就是说，约30000吨废物将作为回收资源，而不是直接送至填埋场进行填埋。对未经处理的废弃物进行预处理

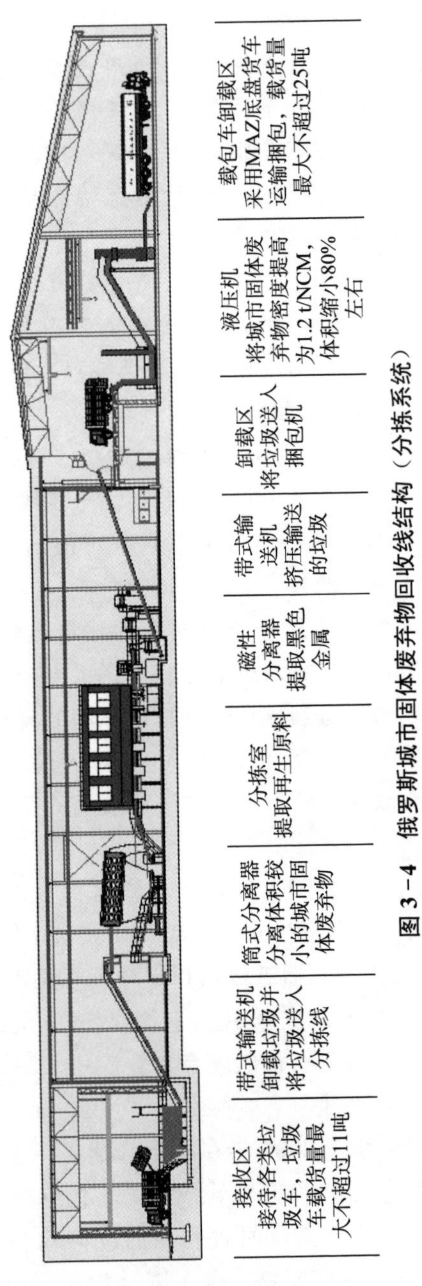

图 3-4　俄罗斯城市固体废弃物回收线结构（分拣系统）

和压缩处理，可使在填埋场填埋的废弃物减少。

（二）俄罗斯城市固体废弃物中和技术

俄罗斯基于热电联产建造的垃圾焚烧厂不超过 7 个，而其他垃圾焚烧厂既没有配备现代化气体净化系统，也不是基于热电联产原理运行。

在7个基于热电联产建造的垃圾焚烧厂中，仅有3个配备了符合现代欧洲污染物浓度要求的系统。

俄罗斯联邦并没有专门针对废物焚烧厂设备制定具体标准或其他要求，但关于焚烧厂仍规定了许多必要条件和限制条件。对此，我们将在下一章节详述。

（三）俄罗斯城市固体废弃物填埋技术

自1996年以来，俄罗斯联邦针对城市固体废弃物管理设施制定了一套标准程序（1998年潘菲洛夫市政服务研究院拟定的《城市固体废弃物填埋场设计、勘探和修复条例》），并于2001年5月30日制定了《城市固体废弃物填埋场管理与维护卫生条例》。

1. 技术流程描述

填埋场的废弃物接收和处理应按照生产和消耗废弃物处理限制规定中列出的清单和排放量规范执行。填埋场技术流程如图3－5所示。

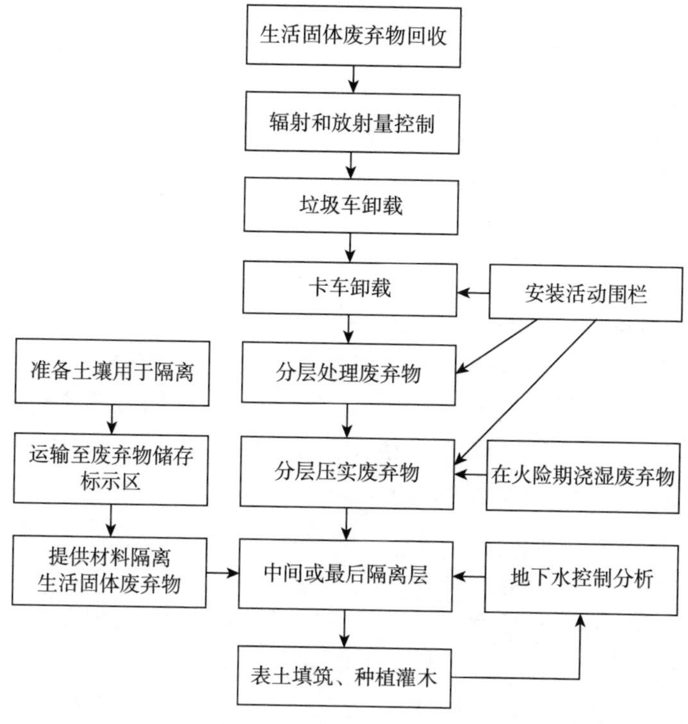

图3－5 填埋场技术流程

接收废弃物时，应在填埋场现场使用辐射检测系统 TCRM－61－04.02进行检测。此外，还将使用手动辐射检测仪对行人进行辐射检测。

填埋场还需实行废弃物接收控制。俄罗斯联邦已制定标准废弃物登记程序，要求在检测点进行登记。完成辐射检测和称重后，值班人员将在废弃物登记册中登记公司名称、卡车车牌号、许可单编号、辐射检测结果等信息。接收的废弃物数量和卡车到达时间将在标准废弃物填埋许可单中填写完整。完成登记后，卡车将沿技术道路前往填埋场技术方案中指定的卸载点。填埋场全年营业。技术道路和卸载点灯火通明。填埋场经理需在分布图上标示出卸载点。卸载工作全程机械化。卡车卸载废弃物时，填埋场经理和另一名工人将在现场监督。

2. 废弃物填埋技术

城市固体废弃物在填埋场的处理采用地图标示法。废弃物处理区分为3个作业标示区。

卡车在一侧卸货时，推土机和碾压机在另一侧工作，将废弃物推至作业标示区。

第一区域堆满废弃物后，卡车进入第二区域，然后推土机和碾压机转移到第一区域，重复之前的工作。

卡车在卸载点卸货时不应妨碍其他未卸货的卡车。

运输至填埋场进行处理的城市固体废弃物主要分为两类：散装废弃物和压缩捆包。

3. 散装城市固体废弃物填埋技术

未卸载的散装城市固体废弃物暂时堆放在作业标示区中。

废弃物逐层叠放，按每层0.2～0.5米厚堆放在作业标示区中，使用碾压机碾压4次，直至达到0.8吨/立方米。废弃物堆放高度达到2米高后，应敷一层0.2～0.3米厚的泥土或惰性材料进行隔离。

根据潘菲洛夫市政服务研究院制定的条例，作业标示区应为5米宽，30～150米长。

废弃物在地面上堆放主要有两种方式：重叠和压缩。

根据重叠方法，移位操作期间废弃物自下而上层层叠放，下一层叠放在之前压实的废弃物层上。未压实的废弃物每层厚0.2～0.5米。移位操作期间叠放的废弃物堆将形成缓坡，压实后的废弃物堆高度为2米。经过碾压的废弃物层上面有一层0.2～0.3米厚的土层覆盖（隔离）。

根据压缩方法，卡车在前一天形成的作业标示区被隔离的区域卸载货物，然后向下倾倒废弃物。

废弃物的移动、平整和碾压由重型推土机 DZ－171、B－10.1111－1E 或 B－170M1－01E［处理能力：125 kW（170 CV），重量：14～16 吨］完成。废物碾压也可以采用碾压机 TAHA－27C 或 TAHA－G290（重量：27～29 吨）碾压 4 次。在移动废弃物时，推土机和碾压机同时沿作业标示区较长一侧移动。

4. 城市固体废弃物捆包填埋技术

大块废弃物应根据条例规定填埋。

从垃圾中转站运来的废弃物捆包应堆放在散装废弃物碾压后形成的平整地面上。捆包技术特征如表 3－3 所示。

表 3－3 捆包技术特征

参数	速率
宽度	1.10 m
长度	1.60 m
高度	1.10 m
体积	1.936 m^3
重量	1.74 t
密度	0.9 t/m^3

存放捆包时必须遵守以下规则：

- 捆包线应尽可能保持水平；
- 每个捆包下方必须至少有两个捆包承受其重量；
- 捆包向整个床面施加压力。

捆包堆砌方法与砌砖方法相同。每排捆包之间的接缝应重叠，确保形成一个整体结构。

前端伸缩升降平台（PANORAMIC P40.7、PANORAMIC P40.8K）可机械化堆砌捆包。水平地面上堆砌的捆包为 2～3 排，可形成堆体。堆放捆包时采取地图标示法，根据该方法，每层捆包应堆放在之前堆放的捆包上。

捆包之间的隔离，无论是中间隔离还是最终隔离，全部采用土层隔离。中间隔离在到达工作轮胎高度后进行。

中间隔离层厚度为 0.2～0.3 米，主要用于填补空洞和缝隙，确保表面保持水平。

堆放废弃物时，每个填埋坑都设计有坡道和临时技术道路，而且还铺有一层预制混凝土板，以方便进入填埋坑底部卸载废弃物。废弃物填满整个填埋坑底部后，临时技术道路将升至下一个工作轮胎高度。随着废弃物堆砌高度升高，有必要加固外侧斜坡并修筑不透水的黏土坝。

5. 废弃物隔离土

根据 1998 年潘非洛夫市政服务研究院拟定的《城市固体废弃物填埋场设计、勘探和修复条例》，1000 m^3 废弃物需使用 40m^3 土壤进行隔离。应根据土壤供应合同提供土壤。

6. 填埋场再开发

填埋场达到最终利用标准后，可进行修复，包括修建隔离和复植层、植草、种植灌木等。

填埋场再开发分为两个阶段：技术阶段和生物阶段。

技术阶段主要是填补风险和边坡分级，修建隔离和复植层，利用地理网格保护边坡。隔离和复植层技术特征如表 3－4 所示。

表 3－4　隔离和复植层技术特征

隔离和复植层
表土：高＝0.2 m
土壤：高＝0.6 m
砂砾石混合（排水层）：高＝0.3 m
Bentofix（矿物防水）
土壤：高＝0.3 m
沙：高＝0.2 m
废弃物

生物阶段主要是植草、植树和种植灌木，施肥和养护一草一木。

第二节　城市固体废弃物管理政策、法规和标准

一　废弃物管理法规与政策概述

根据俄罗斯联邦立法，废弃物管理是环保活动不可或缺的组成部分。

根据 2001 年 1 月 10 日颁布的 7－FZ 号联邦法律《关于环境保护》规定，俄罗斯联邦政府机构、各州政府机构、地方政府机构、法人实体和自

然人在实施对环境具有影响的经济活动及其他活动时应遵守以下原则：

尊重人类享受良好环境的权利；

以科学为基础兼顾人类、社会与国家的生态、经济和社会利益，以实现可持续发展，营造一个良好环境；

俄罗斯联邦、各州和地方政府机构有责任在领土范围内营造良好环境，保护生态安全；

利用自然资源补偿和弥补给环境造成的伤害；

实现环保控制的独立性；

做出任何与经济活动或其他活动相关的决策时必须评估对环境的影响；

在充分考虑社会经济因素情况下采用现有的最佳技术减少经济活动或其他活动给环境带来的负面影响，做到遵守环保法规；

禁止实施任何可能给环境带来不可预测后果的经济活动及其他活动，禁止开展任何可能严重破坏自然生态系统、改变和/或破坏动植物及其他生物基因、耗尽自然资源或给环境带来其他负面影响的项目；

尊重所有人了解环境状况相关可靠信息的权利，尊重公民依法参与与其环境权利相关之决策的权利；

追究违反环保立法的行为；

建立和发展生态教育系统，培养和形成生态文化；

公民、公共组织及其他非营利组织有权参与解决环境问题；

在环保方面参与国际合作。

关于俄罗斯联邦的废弃物管理政策，89 – FZ 号联邦法律、俄罗斯联邦总统和政府颁布的法令法规中有规定。

根据 1994 年 2 月 4 日第 236 号俄罗斯联邦总统令批准的《俄罗斯联邦环境保护和保障可持续发展的国家战略》，可持续发展和环境保护的一项主要活动是广泛使用二次资源，实行废弃物回收、中和以及填埋。

根据 1996 年 4 月 1 日第 440 号俄罗斯联邦总统令批准的《关于俄罗斯联邦向可持续发展过渡的构想》，其中一项基本任务是使经济活动适应生态系统框架，大量采用节能和资源节约技术，同时根据经济可持续发展指标确定具体的废弃物排放指标（人均和单位国内生产总值）。

2002 年 8 月 31 日第 1225 – r 号俄罗斯联邦政府决议批准的《俄罗斯生态原则》提出了以下主要任务：

在自然资源可持续利用方面，最大限度地利用提取的矿物和获得的生物资源，减少提取和处理过程中的浪费；

在开展具有潜在危险的活动时，减少有毒有害物质的产生和使用，确保安全存放有毒有害物质，系统化地清理有毒废弃物；

在生态监测方面，全面清查废物处理厂和填埋场；

在减少环境污染方面，引进资源节约、不产生废弃物的技术，开发二次资源系统，包括回收利用；

在经济调节方面，引进环保市场机制，比如模拟工业废弃物再利用和回收的市场机制；

在科技支持方面，开发危险废弃物处理工具和方法。

根据 2008 年 11 月 17 日第 1662 – r 号俄罗斯联邦政府批准的《2020 年前俄联邦社会经济长期发展构想》（以下简称《构想》），生态政策的主要目的是改善人类环境和生态质量，建立一个以生态为导向的经济发展与生态竞争型产业平衡模型。

《构想》还提出：发展废弃物处理行业；模拟生产现代化，主要集中于节能减排、降低材料消耗、减少废弃物排放和回收废弃物；开发和引进新的电能/热能生产技术，同时配合相应的无害环境废弃物管理。

《构想》中一个目标为，到 2020 年，将经济对环境的影响减少 80% 左右。《构想》提出的另一个重要方向是在公共设施、工作和娱乐等场所创造环保舒适的条件，包括卫生、生活垃圾管理和倡导健康生活方式。因此有必要针对人类生活环境制定专门的环境生物医药安全和舒适标准，实行专项监督。

此外，《构想》还将发展环保经济部门作为一种生态政策。此类环保经济部门包括一般和专用工程、环境咨询等具有竞争力的行业。政府的职责是制定环境审计原则和技术开发要求，创造广泛引进环境管理的条件，增加工业企业环境影响及环保措施的透明度，监测企业环保表现。此政策方针目标是发展环境市场，促使环保产品和服务增长 5 倍，就业机会从 30000 个增加至 300000 个。

上述文件明确了俄罗斯联邦的长期环保战略目标、方针、目的和国家政策原则，包括环境废弃物管理。

1998 年 6 月 24 日颁布的 89 – FZ 号联邦法律针对废弃物管理提出了以下几项国家政策原则。

①通过采取下列措施保护人类健康，维护或恢复良好环境条件，保护生物多样性：

确定危险废弃物等级（1 ~ 5 级）；

对1～4级危险废弃物进行认证；

针对废弃物管理活动的实施制定相关禁止和限制规定或要求；

针对1～4级危险废弃物的收集、处理、运输和处置授予许可；

对废弃物管理活动实施国家控制；

宣传国家环境专业知识，包括1～5级危险废弃物处理填埋场的设计文件，其使用对环境具有影响的新设备和新技术的技术文件草稿，可进入环境的新物质的技术文件；

暂停或停止违法产生废弃物的行为。

②在联邦和地区社会经济发展计划的框架下解决环境和经济问题，实现生态利益与社会经济利益的科学结合，以保障社会可持续发展。

③使用最新科技成果，采用低废弃物排放率或无废弃物排放的技术：

在经济现代化和更新技术设备过程中采用废弃物排放率较低的技术；

维护国家废弃物处理及处置技术数据库。

④综合处理原料资源，减少废弃物排放量：

制定废弃物排放标准[①]，限制通过堆填方式处理废弃物；

充分利用含有用成分的产品和废弃物［根据1992年2月21日颁布的《俄罗斯联邦底土法》（2395－1）第23.3条规定］。

⑤在废弃物处理过程中采用经济节约型技术，以减少废弃物产生量和实现回收利用：

废弃物处理过程中对环境造成负面影响的应收费，将废弃物堆放在生产区时使用扣减系数；

根据环境废弃物管理要求，废弃物管理成本不计入（所得税）计税基数内；

在环境发展方面执行联邦计划，在废弃物管理方面执行地区计划。

⑥根据俄罗斯联邦法律访问废弃物处理相关信息：在俄罗斯联邦国家环保年报中提供废弃物管理活动相关信息；俄罗斯联邦自然资源与生态部和联邦自然资源监督服务机构下属委员会开展的活动；定期在俄罗斯联邦自然资源与生态部、联邦自然资源监督服务机构和联邦统计局官网上公布信息；及时回应公民提出的问题。

⑦在废弃物处理方面与国际合作。俄罗斯联邦应签署相关国际条约和

---

① 废弃物及其填埋处理标准草案规定了未来5年内预计的废弃物排放量以及环保处理方法（企业自行处理和回收，或根据合同移交其他公司处理和回收）。

公约，包括《控制危险废物越境转移及其处置巴塞尔公约》。

根据89－FZ号联邦法律，俄罗斯联邦各个主体应奉行国家废弃物管理政策，执行地区法律及联邦主体制定的其他规范性法令，并监督相关法律法规的实施。此类地区法律一般为俄罗斯联邦大多数主体通过并实施的法律。

为执行2010年11月30日的《俄罗斯联邦总统对联邦委员会的致函》，俄罗斯联邦政府批准通过2011年3月4日做出的148号决议。该规范性法令是对俄罗斯联邦执行机构环保工作绩效衡量指标清单的一种补充，包含8项指标，涉及每一个地区的环保工作，包括：

废弃物回收量在生产消费所产生废弃物总量中的占比；

俄罗斯联邦任一主体的环保总预算（与地方预算合并）在该主体以处理环境负面影响产生的费用、违反环保立法支付的罚金、赔偿对环境造成的伤害等形式收到的资金总额中占的比例。

根据各项指标的时间动态（增减），可评估俄罗斯联邦执行机构环保工作的有效性。

2002年1月10日颁布的7－FZ号联邦法律《关于环境保护》再次强调“污染者付费”这一核心原则。执行“污染者付费”原则有以下几种途径：一是对给环境造成负面影响的行为收费，包括废弃物管理过程中给环境造成的负面影响；二是赔偿给环境带来的伤害；三是对违反环境立法并因此造成环境污染的行为处以行政处罚。[①] 2009年，通过对给环境造成负面影响的行为收费，俄罗斯联邦合并预算收到的金额为186亿卢布，其中83亿卢布为针对废弃物管理过程中给环境带来负面影响的行为收取的金额。

2010年7月8日，俄罗斯自然资源与生态部颁布第238号令批准了作为环保对象之土壤的损害计算方法，明确了如何计算非法存放工业和消耗废弃物给土壤覆盖层带来的损害（在无法以实物进行赔偿的情况下，以货币衡量）。

2012年4月30日，俄罗斯联邦总统批准了2030年以前俄罗斯联邦国家环保政策的基本原则。

根据该文件，在解决无害环境废弃物管理问题时应遵循以下原则：

最大限度地利用原料，从源头整改废弃物，减少废弃物排放，减少废

① 参见俄罗斯联邦委员会对执行“污染者付费”原则的评论。

弃物有害性，通过回收、再生、复原和再利用实现废弃物再利用，以此预防和减少废弃物排放及其重新进入生产循环；

引进和采用废弃物排放率较低的资源节约技术和设备；

修建清理、中和和无害化环境倾倒废弃物的基础设施；

分阶段限制倾倒未分拣、未经过机械和化学处理的废弃物以及可用作再生原料的废弃物（如废金属、纸、玻璃和塑料容器、轮胎、电池等）；

建立生产商责任制，由生产商负责以环保方式处置失去消费属性的产品及相关包装；

确保废弃物存放和处置过程中的环境安全，并在完成相关操作后修复废弃物处理厂环境。

上述文件明确了俄罗斯联邦的长期环保战略目标、方针、任务和国家政策原则，包括环境废弃物管理。

二 《国家废弃物管理条例》[1] 基本标准与规则

《国家废弃物管理条例》由俄罗斯联邦自然资源与生态部（以下简称“俄罗斯自然资源部”）、住房与建设部（以下简称“俄罗斯住建部”）、联邦消费者权益保护福利服务机构（以下简称“Rospotrebnadzor”）执行（见图3-6）。

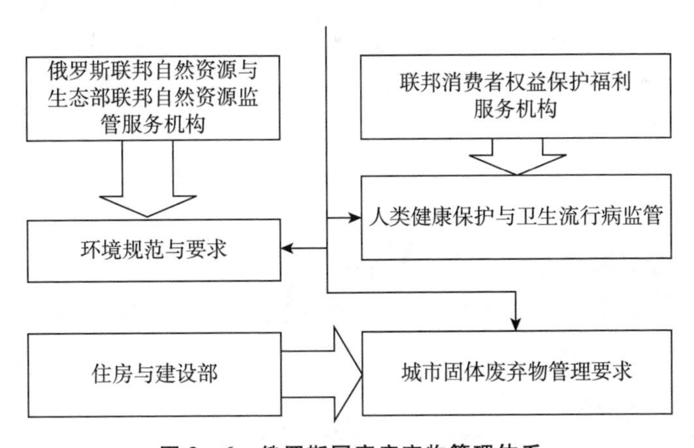

图3-6 俄罗斯国家废弃物管理体系

俄罗斯自然资源部根据俄罗斯《国家废弃物管理条例》，在环境保护领域行使国家政策制定和法律监管的职责，包括生产与消耗废弃物管理（不包括放射性废弃物）和国家环境专业知识方面的事务。

① 俄罗斯联邦政府2015年11月11日第1219号决议。

联邦自然资源监管服务机构（以下简称“Rosprirodnadzor”）是俄罗斯自然资源部系统中不可分割的组成部分。

Rosprirodnadzor 条例规定：该联邦执行机构及其地方单位行使环境保护领域方面的控制与监管职能（国家环境控制），包括遵守工业和消耗废弃物管理要求，整理和探寻国家环境专业知识，实施环境影响评估，以及准许（包括许可）进行环境保护领域方面的活动。

此外，联邦消费者权益保护福利服务机构也是俄罗斯联邦政府系统中不可分割的组成部分。

Rosprirodnadzor 条例[①]规定：该联邦执行机构在国家卫生与流行病监管领域行使监管俄罗斯联邦卫生法律遵守情况的职能。

俄罗斯住建部条例[②]规定：俄罗斯住建部行使起草和实施城市固体废弃物管理领域（资费管制事项除外）相关国家政策和规范性法律条例的职能。

因此，环境规范与要求中的遵守工业和消耗废弃物管理规定属于俄罗斯自然资源部的职能。

俄罗斯住建部行使城市固体废弃物监管职能，包括允许进入市场的职能。

在人类健康保护与人口卫生流行病监管中，监管工业和消耗废弃物以及医疗废弃物管理领域国家条例的实施情况属于 Rospotrebnadzor 的职责范畴。

在俄罗斯联邦，很多立法性及其他规范性法律均对废弃物管理领域的批准/准许/许可做出了规范性要求，同时还包含确保其恰当执行的相关规定。

在废弃物监管领域，法律体系总体结构如图 3 - 7 所示。

为防止工业和消耗废弃物对人类健康和环境产生负面影响，以及防止废弃物作为额外的原材料来源参与经济循环，根据 89 - FZ 号联邦法律的规定实施国家监管。

上述联邦法律针对所有废弃物回收与处理场做出如下要求：

①对危害等级为一至四级的危险废弃物的收集、运输、处理、回收、消除危害性和储存做出许可；

②根据最新的科学技术成果引入低废技术；

---

① 俄罗斯联邦政府 2004 年 6 月 30 日第 322 号决议。

② 俄罗斯联邦政府 2013 年 11 月 18 日第 1038 号决议。

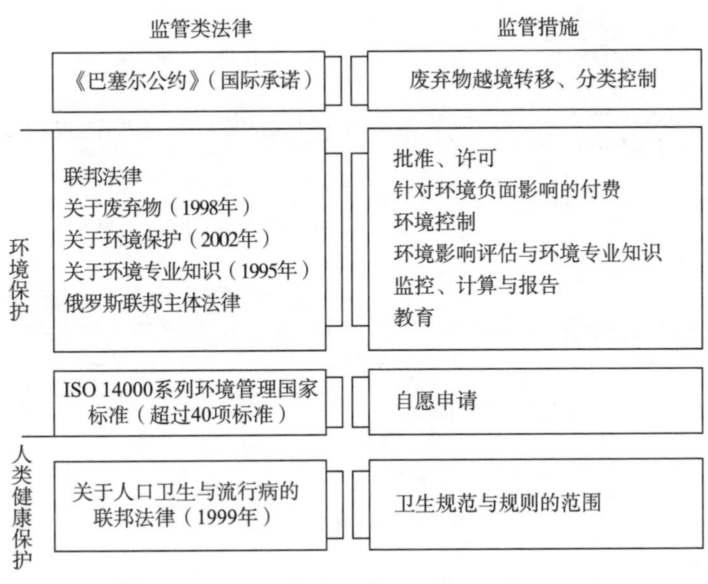

图 3－7　废弃物监管领域的法律体系

③精心起草有关废弃物产生率和废弃物堆放限制方面的条例法规，以减少废弃物产生量（中小型企业除外）；

④对废弃物和废弃物堆放场所进行盘点；

⑤对废弃物堆放场所区域进行环境监控；

⑥在适当的时候提供关于废弃物处理的必要信息；

⑦遵守废弃物处理过程中与防止出现紧急情况有关的规定，并采取恰当措施消除紧急情况；

⑧如果出现或可能出现与废弃物处理有关的紧急情况，并且将对环境、人类健康或财产、法律实体的财产造成损害，则应立即通知在废弃物处理领域具有行政管理权的联邦机构、俄罗斯联邦行政管理权主体机构，以及当地自治机构。

对公司进行废弃物收集、运输、处理、回收、中和的基本环保要求如图 3－8 所示。

对危害等级为一至四级的危险废弃物的收集、运输、处理、回收、消除危害性和储存授予许可，应根据 2001 年 5 月 4 日《关于许可某类活动》（99－FZ 号联邦法律）的规定执行。

2015 年 10 月 3 日第 1062 号俄罗斯联邦政府决议批准了关于危害等级为一至四级的危险废弃物的收集、运输、处理、回收、消除危害性和储存的

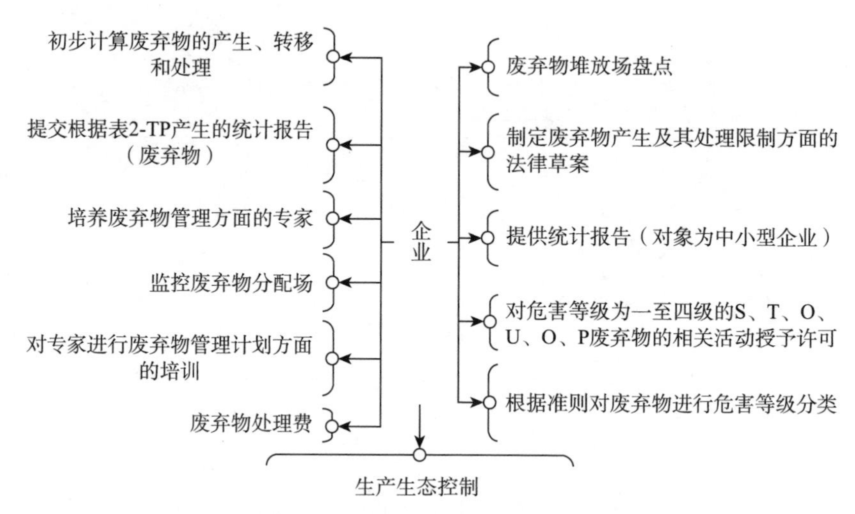

图 3-8　对公司的基本环保要求

许可条例。许可机关为 Rosprirodnadzor 及其领土单位。Rosprirodnadzor 在联邦登记册上对已授予许可做好记录。授予许可的条件之一是假设申请人已经拥有卫生-流行病证书，表明建筑物、构筑物、房屋、室内空间、设备，以及用于收集、运输、处理、回收、消除危害性和储存危害等级为一至四级的危险废弃物的其他财产均符合卫生要求。卫生-流行病证书由 Rospotrebnadzor 及其领土单位颁发。

同时，在废弃物管理领域的许可授予活动中还有一个特点，这个特点与过渡期的存在有关。关于该特点的具体说明，可参见 458-FZ 号联邦法律第 23 条。许可申请程序如图 3-9 所示。

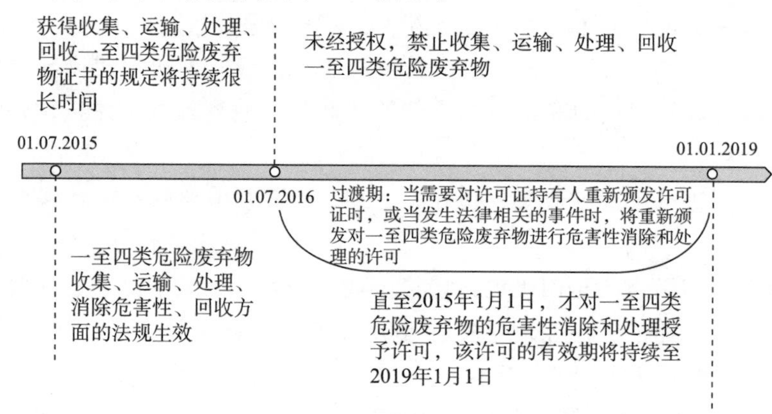

图 3-9　许可申请程序

对遵守环保要求（在国家环境控制的框架内）的情况进行控制，包括对遵守俄罗斯联邦法律确立的废弃物管理领域的环境要求进行控制，应根据2008年12月26日《关于在国家控制（监督）和城市控制过程中保护法律实体和个体企业家权利》（294－FZ号联邦法律）的规定执行。

该联邦法律预设了3年的计划检查期，并陈述了可发起非计划检查的理由。在国家环境控制框架内进行计划和非计划检查，将在与检察机关达成必要的初步一致意见后，由Rosprirodnadzor及其地方单位实施。

在发生威胁市民生命和健康，破坏动植物、环境、俄罗斯联邦人类文化遗产（历史和文化古迹），以及威胁国家安全的紧急情况时，以及有可能发生自然和人造紧急情况时，将实施非计划检查。

根据2009年3月31日俄罗斯联邦政府第285号决议《接受联邦国家环境控制的企业名单》，俄罗斯自然资源部批准了一份关于俄罗斯联邦83个行政区域接受联邦国家环境控制的法律实体名单。该名单中未涉及的法律实体和个体企业家将接受区域性国家环境控制，由俄罗斯联邦相关执行机构实施。

从事废弃物管理的实体组织和实施对废弃物管理领域相关要求的遵守情况进行自我控制的活动，就是所谓的生产监管。

废弃物管理领域的生产监督程序，由经济实体在与Rosprirodnadzor地方单位或俄罗斯联邦相关执行机构达成一致意见后予以批准。

废弃物管理领域的生产监督程序尤其包括与关键雇员的职责、权利有关的条例，关键雇员即执行监督工作、实施和控制对环境具有负面影响的活动的官员。

对于涉及危害等级为一至四类的危险废弃物的危害性消除和（或）处理的任何场所，在针对这类场所的施工、经营和停运编制相关项目文件时，必须遵循环境影响方面的相关专业知识，这将根据1995年11月25日《关于环境专业知识》（174－FZ号联邦法律）的规定在联邦级国家环境专业知识框架内实施。联邦级国家环境专业知识由Rosprirodnadzor及其地方单位指导。

俄罗斯联邦使用《〈控制危险废物越境转移及其处置巴塞尔公约〉中关于无害环境废弃物管理的技术建议》，涉及国家机构、当地自治机构和经济实体之间关系，以便在废弃物管理领域做相关决定。

2002年1月10日《关于环境保护》（7－FZ号联邦法律）定义了一个术语“生态审计”。生态审计的起点是独立、综合性评估并记录经济或其他活动主体对环保标准（尤其是环保领域的规范性和监管性文件）的遵守情况，然后提供相关国际标准，最后针对各类活动编制改善建议。

俄罗斯联邦拥有生态审计员培训和认证方面的经验。根据俄罗斯联邦国家环境保护委员会（于2000年废除，其职能转移给俄罗斯自然资源部）批准的计划，在1998年至2000年期间，大约有450名生态审计员通过课堂授课以及在代理工业企业实践的方式接受了生态审计方面的培训并通过了认证。

目前，生态审计是在自愿基础上进行的，由经济实体主动提出，生态审计建议具有非监管性特征。生态审计程序主要是在大型组织机构承接有国外投资参与的项目时实施。

为实现联邦法律《关于环境保护》中规定的为实施生态审计构建法律框架的目的，俄罗斯自然资源部根据2009年12月23日第2063号俄罗斯联邦政府决议，制定了一份《关于修订俄罗斯联邦某些法律法案的联邦法律草案》（关于生态审计法规）。目前，该草案已编制，有待引入俄罗斯联邦政府，以便进一步提交俄罗斯联邦国家杜马。该草案计划在生态审计框架内对以下事项进行评估：

经济活动和其他活动遵守环境保护要求和环境安全要求的情况；

为降低对环境的负面影响以及（或者）为恢复已破坏的环境及环境元素而实施或计划实施的相关活动的恰当性和有效性；

经济活动或其他活动对环境及环境元素造成的经济后果，包括所造成的损害。

俄罗斯联邦有大量ISO14000和ISO 9000系列国家标准（超过40项）。根据2002年12月27日《关于技术法规》（184－FZ号联邦法律）的要求使用上述国家标准具有非监管性质。ISO14000和ISO 9000系列国家标准还包括以下几点。

①GOST R ISO 14001－2007“环境管理体系——要求与实施指南”。

该标准以PDCA（规划—执行—检查—行动）方法论为基础。PDCA的描述如下：

规划——制定目标以及必要过程，以便产生符合相关组织机构环境政策的结果；

执行——实施过程；

检查——与环境政策实施、目标实现、任务执行有关的监督和过程度量，满足其他法律要求，以及编写结果报告；

行动——采取持续改善环境体系有效性的措施。

②GOST R ISO 14004－2007《环境管理体系、原则、体系与支持技术一般指南》。

③GOST R ISO 14011－98《审计程序、环境管理体系审计》。

④GOST R ISO 14031－2001《环境管理、环境绩效评价——一般要求》。

⑤GOST R ISO 14040－2010《环境管理、生命周期评估——原则与结构》。

⑥GOST R ISO 9000－2008《质量管理体系——主要原则和词汇》。

⑦GOST R ISO 19011－2003《审计管理体系和/或环境管理体系指南》。

俄罗斯联邦批准并实施的卫生准则、卫生规范以及与职业安全和健康有关的其他文件如下。

卫生准则 SN 2. 2. 4/2. 1. 8. 566－96《工业振动、住宅与公共建筑物振动》，经 1996 年 10 月 31 日俄罗斯联邦国家委员会关于卫生与流行病监督第 40 号令批准，规定了工业振动的分类、参数、限制值，以及住宅与公共建筑物的许可振动值。

卫生准则 SN 2. 2. 4/2. 1. 8. 562－96《工作场所、生活区域、公共建筑物及住宅区域内噪声》，经 1996 年 10 月 31 日俄罗斯联邦国家委员会关于卫生与流行病监督第 36 号令批准，规定了工作场所噪声的标准参数和最大允许值。

卫生标准 GN 2. 2. 5. 1313－03 “工作区域空气中有害物质的最大容许浓度”（MPC），于 2003 年 4 月 27 日由俄罗斯联邦首席卫生官批准。

国家标准 GOST 12. 1. 007－76《有害物质分类与一般安全要求》规定了在生产、使用和储存包含危险物质的原材料、产品、中间产物和生产废弃物时，必须遵守的强制性安全要求，以及工作区域空气中有害物质浓度限制和控制的相关卫生要求。

在废弃物管理计算与报告方案框架内，89－FZ 号联邦法律强制要求从事废弃物回收与处理的企业和场所做到以下几点。

①根据所确定的程序，对所产生、使用、净化、堆放、转移给其他人或从其他人处收到的废弃物做好相关记录；

②以声明方式每年向 Rosprirodnadzor 的地方单位提交一份报告，说明所产生的废弃物的量及其回收和处理方法（中小型企业除外）；

③每年向 Rosprirodnadzor 的地方单位提交一份统计报告，在表 2－TP（废弃物）上说明废弃物管理领域内联邦国家统计调查框架中废弃物的产生、回收和处理（中小型企业除外）；

④以声明方式每年向 Rosprirodnadzor 的责任单位提交一份统计报告，说

明废弃物的产生、回收和处理（仅针对中小型企业）。

在废水统计与报告方案框架内，俄罗斯自然资源部令规定了经济及其他活动场所的所有人有义务：记录从水体中取水的量、废水排放量以及（或者）排水量，并检查排水的质量。

1999 年 5 月 4 日《关于空气保护》（96－FZ 号联邦法律）规定，在大气污染物排放统计与报告框架中，企业实体必须对排放到空气中的排放物（污染物）的来源做好记录。

2010 年 9 月 17 日第 319 号联邦国家统计服务令确定了主要报告表，即第 2－TP 号“大气保护数据”，以便在大气保护领域实施联邦统计。该表将根据公司所记录的主要数据填写，其中包括：

①污染物固定来源及其特征记录簿；

②大气保护措施实施记录簿；

③气体清洁与除尘系统记录簿。

在员工培训方案框架内，89－FZ 号联邦法律假设获准从事废弃物处理的人均接受过如证书所证明的专业培训，已被授权从事与一至四类危险废弃物相关的工作。

2002 年 12 月 18 日自然资源部第 868 号令《关于使专业人员具备从事危险废弃物相关工作的权利》批准了一个大约 112 小时培训方案以便专业人员具备从事废弃物相关工作的权利，该方案也获得了俄罗斯联邦教育部的批准。工人若需获得收集、处理、运输、处置一至四类危险废弃物许可证，则必须经专业培训并被授予一至四类危险废弃物工作权证据（证书），以被允许处理危险废弃物。

为确保根据 1997 年 7 月 21 日《关于危险物质生产设施的工业安全法》（116－FZ 号联邦法律）的规定对事故后果进行本地化和清算做好准备，从事危险物质生产设施经营的组织有义务做到以下几点。

①针对危险物质生产设施制定并采取相关措施以遏制并消除事故后果；

②与专业救援服务机构或专业救援部门签订服务协议，或建立自己的专业救援服务机构或部门；

③拥有根据俄罗斯联邦法律规定遏制和消除事故后果所需的财政和物资资源；

④针对危险物质生产设施可能发生的事故或意外情况，对相关人员进行相关应急程序培训；

⑤建立事故监督、告警、沟通和行动支持系统，并维持该系统的可操

作性。

就企业停运而言，1997 年 7 月 21 日《关于危险物质生产设施的工业安全法》（116 - FZ 号联邦法律）规定：危险物质生产设施的调试、技术更新、保留和报废，必须在获得专家对工业安全做出肯定性结论后方可执行。联邦环境、技术与核能监督服务机构是在工业安全范围内负责控制和监督的联邦执行机构（2004 年 7 月 30 日第 401 号政府决议）。

为了促进企业之间的废弃物处理与处置信息交换，俄罗斯联邦建立了一个关于各类废弃物及其处理与处置技术的国家数据库。该数据库中包含 2000 多种废弃物处理与处置技术，在 2000 年初由俄罗斯自然资源部根据开发商和这些技术的所有者提供的信息建立。数据库的信息已发布在俄罗斯自然资源部网站上，可免费获取，网站上还说明了技术的基本特征和其开发商和所有者的详细联系方式。目前，该数据库的维护和数据更新均由 Rosprirodnadzor 执行。

在工业和消耗废弃物管理领域有一个关于立法完善的跨部门工作小组，长期活跃于俄罗斯自然资源部内。该工作小组根据 2009 年 6 月 24 日第 163 号俄罗斯自然资源部令成立和运行。该工作小组的成员包括废弃物回收企业及其行业协会的代表，联邦执行机构和俄罗斯联邦主管执行机构的代表，以及科学机构代表。

俄罗斯自然资源部成立了一个委员会，负责处理影响中小型企业利益的事务（2008 年 7 月 31 日俄罗斯自然资源部令）。该委员会定期讨论降低中小型企业行政负担的可能性并提出相关措施。

在根据 1999 年 3 月 30 日《关于人口卫生流行病福利》（52 - FZ 号联邦法律）制定国家卫生 - 流行病规则及进行卫生与流行病监督的同时，国家在人口卫生与流行病福利领域的监管也通过卫生 - 流行病规范实施。

2010 年 12 月 9 日俄罗斯联邦首席国家卫生官第 163 号决议声明：卫生 - 流行病规则和 SanPiN 2. 1. 7. 2790 - 10 规范《处理医疗废弃物的卫生与流行病学要求》针对在实施医疗和/或制药活动、完成医疗和诊断，以及改进程序过程中形成的废弃物的处理（收集、临时存储、消毒、中和、运输），制定了相应的强制性卫生和流行病要求。Rospotrebnadzor 在医疗废弃物处理范围内履行控制和监督职能。

从 2015 年开始，俄罗斯联邦实施废弃物管理领域的国家政策，这完全符合经济合作与发展组织国家普遍接受的国家监管方法。其废弃物处理的优先级如图 3 - 10 所示。

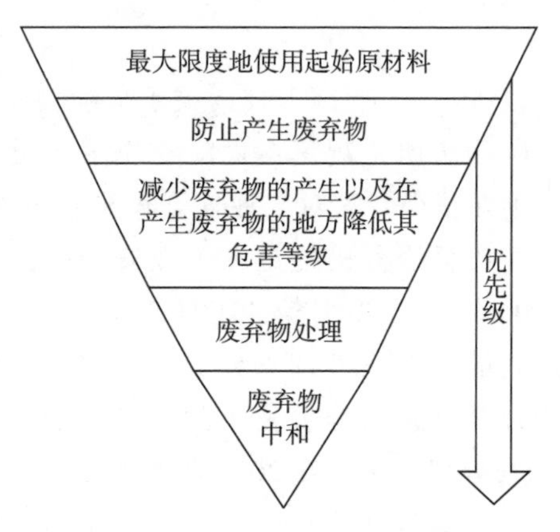

图 3－10　废弃物处理的优先级

为建立含汞设备和灯具的收集与处理系统，2010 年 9 月 3 日第 681 号俄罗斯联邦政府决议针对照明设备和电灯泡制定了工业和消耗废弃物管理规定。

这些规则定义了废弃含汞照明设备和灯具的收集、储存、运输和处理程序，并禁止通过倾倒方式处理废弃的含汞照明设备和灯具。消费者废弃的含汞照明灯具应由专门的组织负责收集。地方当局组织收集废弃的含汞灯具，并将其是如何进行收集的告知相关法律实体、个体企业家和个人。

综上所述，废弃物管理领域的所有监管措施可以分为两个方面，具体如表 3－5 所示。

表 3－5　俄罗斯联邦废弃物管理领域的监管措施系统

环境安全措施 ⟷	废弃物源流管理
↓	↓
根据危害等级对废弃物进行分类	废弃物产生监管和废弃物处理限制
国家环境专业知识	联邦国家统计监控
对一至四级 S、T、O、U、O、R 废弃物的相关活动授予许可	国家废弃物源头
废弃物处理场的环境监控	废弃物管理领域的计算与报告
废弃物分类	类似废弃物的管理规则
国家环境控制（监督）	废弃物处理法规
刑事与行政责任	禁止处理某些类型的废弃物
废弃物处理场要求	废弃物管理领域的区域性方案和地区计划
系统不平衡持续至 2015 年	

三　地区特殊方面

俄罗斯联邦当局正在编制联邦级法案，即俄罗斯联邦政府法案和内阁法案。目前，有超过15份重要文件正在编制、讨论并需要通过规范性法案批准。458－FZ号联邦法律规范生效时间大幅度延后的可能性引起了人们的关注。建立废弃物管理部门最重要的要求就是对废弃物处理场和城市固体废弃物填埋场的要求。对这些要求进行详细阐述和批准的责任由俄罗斯自然资源部负责。由于缺乏必要监管、对已通过的规范性法案的详细阐述不充分，以及授权的联邦执行机构之间不能协调工作，这一领域的改革实施大幅度延后，并且还妨碍：

- 俄罗斯联邦在废弃物管理领域探寻国家政策，导致无法为全面使用废弃物和减少废弃物的产生创建相应的经济、社会和法律条件；
- 在废弃物管理地区计划和区域性方案的制定范围内，行使授予俄罗斯联邦主体的权利；
- 消耗货物生产商和进口商处理和回收废弃物的可能性，其原因是废弃物收集及其回收的生产循环在法律和经济上都是中断的。

两份必要文件在法律上被切断，俄罗斯联邦主体应自动选择改革实施的方式、方法和体系，以及评估和监督各主体在本地区废弃物管理范围内的监管效率。89－FZ号联邦法律第13.2条对废弃物管理地区做出了相应要求，而第13.3条则对废弃物管理领域内的区域性方案做出了相应要求，但没有参照前一条款。对于废弃物管理方面文件编制和改革实施的复杂工作，各地区的准备状态千差万别，这不仅取决于废弃物管理设施，还取决于预算。

根据2016年3月16日俄罗斯联邦政府第197号决议，在城市固体废弃物管理领域进行经济评估的依据应为：

- 废弃物产生限制数据和废弃物处理限制数据，由法律实体和个体企业设定；
- 国家统计监控数据；
- 城市固体废弃物存放限制。

废弃物管理区域性方案应该是唯一包含俄罗斯联邦主体领土内所有废弃物产生数据和来自其他区域的废弃物流入数据的文件。共同关税应根据合并后的数据进行计算。共同关税并不涉及废弃物处理和处置的费用，因此，很显然，共同关税的结构将与现行关税相差很大，现行关税为80%，包括废弃物运输费用，但不包括建设环境安全基础设施的费用。在废弃物填埋（即“便宜”的代名词）和废弃物回收利用之间做选择时，这种关税结构并不鼓励形成废弃物处理范围的经济激励，并且为经营者和本地机构制造错误激励。废弃物管理服务（收集、储存、运输、分拣、消除其有害性、回收利用、处理和填埋）的费用以及城市固体废弃物管理城市服务关税和地区经营者关税，并不包括城市固体废弃物管理的完整生产循环。从这一点来看，考虑区域差异后，在废弃物管理领域形成新的关税设置体系将变得非常重要。

四　国家废弃物越境转移条例

联邦法律《关于工业和消耗废弃物》定义了废弃物越境转移，该定义与《巴塞尔公约》批准的定义对应，用在国家执法实践中。联邦法律《关于工业和消耗废弃物》第 17 条规定，禁止进口任何废弃物在俄罗斯联邦领土范围内做进一步处理。[①]

在考虑环境安全措施实施，且《控制危险废物越境转移及其处置巴塞尔公约》项下国际义务履行框架符合国家经济利益后，国家废弃物越境转移条例于 1996 年实施（1996 年 7 月 1 日俄罗斯联邦政府第 766 号决议：《关于国家废弃物越境转移条例》）。

目前，废弃物进口、出口，以及通过俄罗斯联邦领土转移均根据以下法律执行：

《控制危险废物越境转移及其处置巴塞尔公约》，于 1998 年 6 月 24 日经 49 – FZ 号联邦法律批准；

1998 年 6 月 24 日《关于工业和消耗废弃物》（89 – FZ 号联邦法律）；

2003 年 7 月俄罗斯联邦政府第 442 号决议：《关于废弃物越境转移》。

欧亚经济委员会董事会 2015 年 4 月 22 日第 34 号决定批准了一份联合商品清单，即禁止和限制欧亚经济共同体内关税联盟成员国在与第三国贸易中进口或出口的商品。

为监管和控制废弃物越境转移，俄罗斯联邦使用了《巴塞尔公约》中给出的所有定义以及在以下方面规定的废弃物代号及其危险特性：

《规定》附件 1 和联合清单第 2.3 章中针对废弃物回收所列废弃物的进口，以及废弃物从俄罗斯联邦出口，均根据俄罗斯联邦工业和贸易部针对

① 针对附件 5. A 决策 C（2001）107/最终提及的所有作业（D1 – D15）。

国外经济活动颁发的许可证进行；

《规定》附件 2 和联合清单第 1.2 章中包含的至俄罗斯联邦领土的废弃物进口、关税联盟领土内的废弃物进口，以及通过俄罗斯领土的废弃物转移均被禁止；

《规定》附件 2 和联合清单第 1.2 章中包含的废弃物出口，根据俄罗斯联邦工业和贸易部针对国外经济活动颁发的许可证进行。

俄罗斯联邦工业和贸易部应根据联邦自然资源监管服务机构颁发的废弃物越境转移许可颁发针对国外经济活动的许可证。通过俄罗斯联邦领土的转移根据联邦自然资源监管服务机构颁发的许可进行。

俄罗斯联邦通知《巴塞尔公约》秘书处适时禁止进口《规定》附件 2 中包含的废弃物。

禁止向俄罗斯联邦出口（转移）大量废弃物的禁令，将根据《巴塞尔公约》缔约方的权利批准，以便确立遵守《巴塞尔公约》和相关国际法律规则的附加要求，从而改善对人类健康和环境的保护（《巴塞尔公约》第 4 条第 11 点）。实施此项禁令的原因是在俄罗斯联邦境内没有废弃物回收的基础设施和可能性，并且环境风险高。

对于《规定》附件 2 中包含的废弃物的进口，获得进口许可对应经济合作与发展组织通过的废弃物越境转移“黄色”控制程序。

对于《规定》附件 1 以及联合清单第 2.3 章中包含的废弃物的进出口，获得自然资源监管服务机构颁发的许可证对应经济合作与发展组织通过的废弃物越境转移“黄色”控制程序。

对于未包含在《规定》附件 1、附件 2 以及联合清单第 1.2 和第 2.3 章中的废弃物，如果未显示出《巴塞尔公约》附录 3 列明的危险特性，则该废弃物的越境转移对应经济合作与发展组织通过的废弃物越境转移“绿色”控制程序。

2003 年 12 月 24 日俄罗斯自然资源部第 1151 号令规定了废弃物越境专业通知表和废弃物文件表。在填写这些表格时，可使用《巴塞尔公约》批准的危险特性术语和废弃物代码。

根据联邦法律《关于工业和消耗废弃物》的规定以及废弃物对环境的负面影响，废弃物将按照危险程度分为五类：

- 一类：极其危险的废弃物；
- 二类：高度危险的废弃物；
- 三类：适度危险的废弃物；

• 四类：低危险的废弃物；

• 五类：部分无危险的废弃物。

按危险程度对废弃物进行分类的标准由 2014 年 12 月 4 日俄罗斯自然资源部第 536 号令批准。该标准根据废弃物的影响结果对生态系统造成的干扰程度以及生态系统自愈所需时间，确定各类废弃物的危险特性。在确定危险级别时使用了计算和（或）实验方法。计算方法基于对废弃物所有成分整体危险性的计算，由 19 个指标决定，包括空气、水、土壤中的最大容许浓度、溶解性、毒性、生物和化学需氧量、生物转化（持续性）、生物累积等。实验方法则基于对取自废弃物中的水对生物检测对象（水蚤、纤毛虫类、藻类等）的毒性调查。

俄罗斯建立了联邦废弃物分类目录，以便对俄罗斯联邦境内产生和回收利用的废弃物进行系统化。在该目录中，废弃物按照一系列分类标准系统化：起源、形成条件、化学和（或）组分组成、聚集状态和实物形态。联邦分类目录的结构由 2014 年 7 月 18 日第 445 号 Rosprirodnadzor 令确定。

联邦分类目录中的所有废弃物根据其来源分为四类：

• 天然有机废弃物（植物和动物）；

• 矿物类废弃物；

• 化学废弃物；

• 城市废弃物。

这四大类又分为五种级别。联邦分类目录中包含的主要废弃物分类单元是一种根据废弃物分类系统具有共同特性的废弃物。

反映基本分类特性的 13 位代码用于将一类废弃物的所有相关信息输入到联邦分类目录中。

根据从事废弃物管理的个体企业和法律实体向 Rosprirodnadzor 地方单元提交的废弃物类型信息，填写联邦废弃物分类目录。

从长远来看，联邦废弃物分类目录必须包含俄罗斯联邦管理的所有废弃物类型的相关数据，以及国外出口到俄罗斯联邦和通过俄罗斯联邦领土转移的其他危险废弃物的相关数据。

根据《巴塞尔公约》，对于出口到俄罗斯联邦领土或通过其领土运输的废弃物，其代码和危险等级根据联邦废弃物分类目录中的信息确定，该信息登记在由企业实体填写的废弃物过境通行证上。

2008 年 12 月 30 日颁布的 309 – FZ 号联邦法律在关于处理废弃物管理问题的规定中，删除了毒性、易燃性、爆炸性、高反应性、传染剂含量等危险性质。同时，2002 年 12 月 2 日俄罗斯自然资源部第 785 号令规定了根据《巴塞尔公约》附录 3 的要求确定废弃物危险性质的程序。这是确保废弃物越境转移监管和控制所必需的，尤其是处理可感知的废弃物越境转移通知单时。

俄罗斯联邦在监管废弃物越境转移时需注意以下几点。

①控制危险废弃物的出口，并为此目的给予主管部门在某些情况下禁止废弃物出口的权利；

②在《巴塞尔公约》赋予的义务范围内控制危险废弃物的越境转移；

③在允许将危险废弃物转移至该废弃物进口国的最终目的地之前，必须获得该进口国的同意，并提前通知转移该废弃物预计要经过的国家；

④如果危险废弃物不是转移至进口国相关公司进行堆放/回收利用，则不得允许将该废弃物转移至该进口国。

2003 年 12 月 24 日俄罗斯自然资源部第 1151 号令批准了废弃物越境转移通知表和废弃物转移文件表，且完全与《巴塞尔公约》批准的表格相同。在填写这些表格时，可参考《巴塞尔公约》中确定的废弃物危险特性和废弃物代码。

为获得废弃物越境转移许可，申请人必须向联邦自然资源监管服务机构提供相关必要文件，包括以下几个。

①废弃物越境转移通知单；

②废弃物运输文件；

③一至四类危险废弃物收集、运输、处理、回收、处置等作业活动的许可证副本以及废弃物过境通行证；

④进口商与废弃物处理责任人之间签订的运输合同（协议）副本，其中包含对这些废弃物进行环境友好管理的相关规定；

⑤《巴塞尔公约》中规定的、由出口其境内废弃物的国家主管当局就其从（通过）俄罗斯联邦领土出口（转移）废弃物颁发的许可；

⑥对申请人根据《巴塞尔公约》第 6 条第 11 款制定的规则所提供的担保进行确认的文件副本。

当《巴塞尔公约》附件 1 中所列的废弃物进口到俄罗斯联邦领土时，负责其环境友好转移的机构应将已收到废弃物一事告知联邦自然资源监督服务机构，并提交其签署的废弃物转移文件。

联邦自然资源监督服务机构应在收到申请及所有必要文件后，于 30 天内做出是颁发还是拒绝颁发废弃物越境转移许可的决定。

如果联邦海关服务机构确定废弃物不符合既定规范，则应取消联邦自然资源监督服务机构颁发的废弃物越境转移许可。

联邦自然资源监督服务机构应将已颁发废弃物越境转移许可通知俄罗斯联邦民防、紧急情况及消除自然灾害后果部，俄罗斯联邦交通部，俄罗斯联邦医疗卫生与社会发展部，俄罗斯联邦环境、技术与核能监督服务机构。

如果出口商通过俄罗斯联邦领土进行非法的废弃物越境转移，或在通过另一国家领土进行转移的情况下，授权非法越境转移的出口商位于俄罗斯联邦的管辖范围内，则相关废弃物应从截获国退回至原出口国，或者采取措施在无害环境的情况下根据《巴塞尔公约》处理相关废弃物。

作为《巴塞尔公约》缔约方，俄罗斯联邦将按照废弃物类型对出口和进口的废弃物数量做记录，根据联邦海关服务机构提供的实际废弃物越境转移相关信息提供这类活动的年度报告，并采用国家报告形式定期将这些报告提交《巴塞尔公约》秘书处。

根据提交给《巴塞尔公约》秘书处的国家报告可以看出，从俄罗斯联邦出口的废弃物数量已经稳步减少。关于废弃物出口，还必须遵守一项绝对要求，那就是只能允许出口用于回收的废弃物。废弃物出口的主要动机是法律实体可将废弃物作为原材料使用而从中获取经济利益。

五　在城市固体废弃物管理范围内实施改革所面临的问题

在废弃物管理领域存在改变当前经济关系的风险，且不仅仅是形式方面。在这个领域，俄罗斯联邦主体复杂工作协调者的角色转移给了新结构的地区经营者。废弃物管理地区计划等方案和计划的制订工作在主体机构并未取得积极进展，且俄罗斯联邦城市固体废弃物管理规则迄今尚未制定。

由于在废弃物收集和处理方面没有确定性参数可等同于那些适用于生产商和货物进口商的参数，这便增加了生产商的责任。由于缺乏适用于经营商的参数和其他战略（废弃物填埋除外），支付环境费用的生产商和货物进口商可能会提出更多合理问题。同时还存在这样的风险，即改革的结果将仅仅是制造或重组废弃物堆放和填埋的填土，而不是利用废弃物，也不会启动经济和环境方面的有效机制。

在废弃物管理领域，制订废弃物管理区域性方案和废弃物管理地区计划缺乏各区域的普遍支持，以及未确定废弃物管理新系统的资金来源，可能导致预算外支出的情况出现。

目前正在讨论环境费用的支付程序和时间限制，包括确定仅在 2019 年之后才有支付义务的可能性。89 – FZ 号联邦法律确定，生产商和货物进口商在其货物失去消费属性之后支付的环境费为废弃物管理区域性方案资金的主要来源。目前，还未确定利用环境费用对实施废弃物管理区域性方案提供国家支持的相关规则和条件。因此，在制订废弃物管理区域性方案和地区计划时，不可能考虑这些资金。此外，地区经营者提供废弃物处理的义务也未确定。

对于从生产商和消耗货物进口商那里收取的环境资金，需要建立一种从未在俄罗斯联邦存在过的机制来管理其收取和使用，如果不建立这种机制，则无法实施 458 – FZ 号联邦法律的规定。2015 年 10 月 8 日俄罗斯联邦政府第 1073 号决议“关于环境费用管理”的条款将仅适用于电子服务的产生条件，该电子服务将向生产商和货物进口商展示环境费用的金额计算，旨在监测环境费用计算的准确性以及采用电子形式交换信息。目前不存在与这种服务有关的任何信息，而 2015 年 10 月 8 日俄罗斯联邦政府第 1073 号决议规定的最后期限也已经过去。

在城市废弃物管理领域，具有重要价值的议题包括环境安全、经济利益和住房服务的私人消费。对这方面有期望的人将向国家提出诉求。如果不采用程序方法，包括合理的目标数字、确定的成果截止日期、定期监测和根据结果做进一步修正，以及为提供基础设施资金而以保证投资资源方式进行的长期供资，就不可能实施改革。废弃物管理部门基础设施建设的主要资金来源是环境费，该费用由货物和产品生产商和进口商缴纳。工业和消耗废弃物管理部门的改革当然很紧急且有必要。

目前这些部门正试图找出解决废弃物管理问题的方案。但是：

• 目前仍没有能够使构成废弃物管理的各类相互关联的元素串联在一起的链，其中包含应用某些元素时的优先性和一致性（例如，回收优先于填埋或销毁等）；

• 还未制定可以确保废弃物管理改革财政实施的机制，因此可能导致额外的预算支出或给市民带来大幅度的公共税务增长；

• 还未制定必要的法律法案；

• 还未建立可用于在废弃物管理领域实施综合改革的开放性可靠数据库；

• 目前还没有一个可允许快速决策和评价有关活动的协调中心，公众还不能参与废弃物管理领域的决策过程。

第三节　城市固体废弃物行业发展状况

一　财政资源

建设和改善俄罗斯城市固体废弃物处理和处置所需基础设施的单位费用如表3－6所示。这些费用是在专家评估的基础上获得的，并且已考虑这些设施的所有环境安全要求。在经济合作与发展组织工作组就资源效率与浪费议题召开的第二次会议（2012年2月15日法国巴黎）上公开了上述专家评估。

表3－6　废弃物管理基础设施建设单价

处理场功能	建设一个废弃物处理场的平均费用（每年可将城市固体废弃物降低一吨）
单独收集垃圾堆放场所的城市固体废弃物	40美元
城市固体废弃物分拣（机械化）	100美元
废弃物焚烧厂	1000美元
填埋场	200美元

利用这些数据，可以得出建设和改善废弃物处理场的资本费用，即用处理场在一个时间单位（一年）内的效能乘以单位成本。

在计算俄罗斯联邦建设城市固体废弃物处理设施所需资金时，考虑到普遍认可的废弃物管理方法结构层次以及现有的城市固体废弃物处理设施，俄罗斯联邦批准了下列城市固体废弃物源流分配及其处理模式（见图3－11）。

俄罗斯联邦产生的城市固体废弃物总量根据居住区人口数量分为三个基本源流：①居民达10万人；②居民在10万至100万人之间；③居民超过100万人。假设如下：

在人口达10万居民的居住区，以有用成分的形式进行机械化分拣，去除45%的城市固体废弃物，同时单独收集垃圾堆放场所的城市固体废弃物，以有用成分的形式去除20%的城市固体废弃物。在分拣后，剩余35%的城市固体废弃物将在指定填埋场处理。

在人口数量为10万至100万居民的居住区，以有用成分的形式进行机

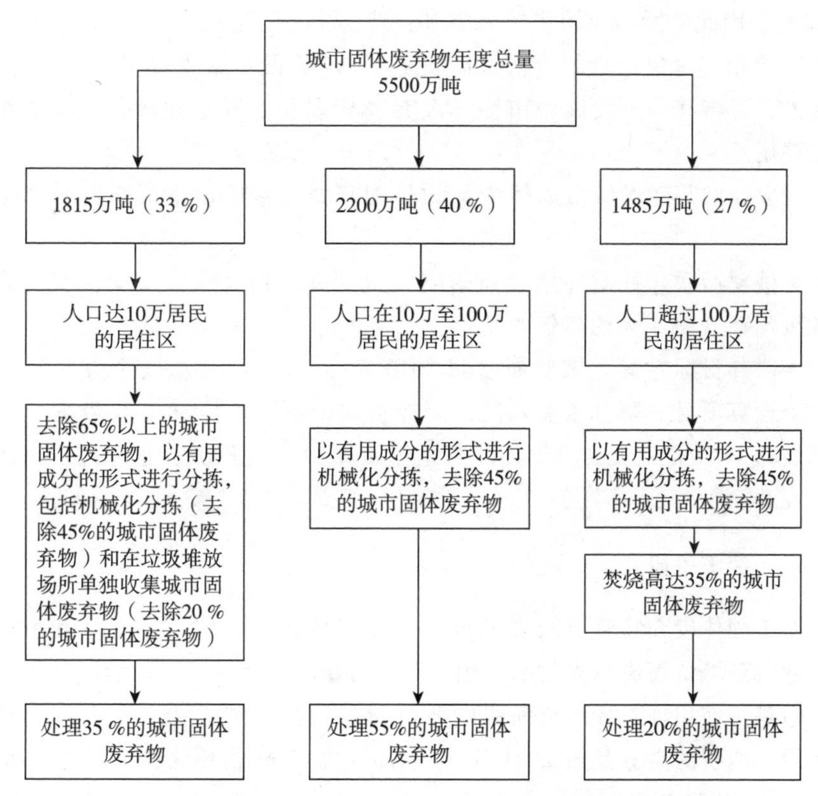

图 3－11　俄罗斯联邦城市固体废弃物源流分配及其处理模式

械化分拣，去除 45% 的城市固体废弃物。在分拣后，剩余 55% 的城市固体废弃物将在指定填埋场处理。

在人口数量超过 100 万居民的居住区，以有用成分的形式进行机械化分拣，去除 45% 的城市固体废弃物。在分拣后剩余的城市固体废弃物为 55%，其中 35% 将被焚烧，20% 被处理。焚烧产生的灰烬和矿渣也将被处理。

通过计算得出，建设城市固体废弃物回收与处理基础设施所需的资金投资为 118.6 亿欧元。根据专家评估，组织和管理城市固体废弃物所需的费用约占该金额的 10%，为 12 亿欧元。

为了吸引更多投资和降低经营成本，专家建议根据失去消费属性的最终产物所呈现的生产商责任引入一种组织和财政体系。同时，主要的财政负担将最终由消费者承担。引入的这一原则不仅涵盖城市固体废弃物的重要部分，还将涵盖其他消耗废弃物。

例如，俄罗斯联邦每年售出大约 1.4 亿只轮胎。每只轮胎的平均成本为

50美元，因此轮胎的年销售额为70亿美元或53亿欧元。[①] 为实施“生产商责任”原则，每只轮胎的价格只需要上涨1%，便可带来每年7000万美元的收入，可将其用于发展城市固体废弃物处理和处置基础设施，以及作为经营费用。

俄罗斯联邦建设城市固体废弃物处理和处置基础设施所需资金的来源包括：

• 俄罗斯联邦针对环境负面影响（包括废弃物处理）所支付费用确定的各级预算（每年大约2亿欧元）。

• 联邦目标方案“俄罗斯联邦2013年至2020年环境安全方案”定义了一个预算项目“降低工业和消耗废弃物的影响”（共38.2亿欧元，包括联邦预算11.7亿欧元，俄罗斯联邦主体预算11.8亿欧元，预算外资金来源14.7亿欧元）。

二　经济手段

城市固体废弃物管理行业发展的主要经济手段为财政基金，其组成包括：针对环境负面影响支付的费用；环境费用。

但是，使用针对环境负面影响所支付费用的可能性受到限制。支付环境负面影响费的义务是由2001年1月10日第7号联邦法律《关于环境保护》第16条确定的。

废弃物管理经济机制的核心原则是：

①支付环境负面影响费，包括因废弃物处理而对环境造成的负面影响；

②环境损害赔偿费（补偿费）；

③针对不遵守环境法律进而导致环境污染所处罚的行政罚款。

生产和消耗废弃物处理也被视为一种对环境的负面影响。

1998年6月24日《关于工业和消耗废弃物》（89－FZ号联邦法律）第23条规定：个体企业和法律实体均应根据俄罗斯联邦立法的规定支付工业和消耗废弃物处理方面的相关费用。

2003年8月12日俄罗斯联邦政府第632号决议确定了环境污染、废弃物处理和其他有害影响的费用估算程序及其限额。

2003年8月12日俄罗斯联邦政府第344号决议确定了工业和消耗废弃物处理的监管费用。

---

① http://www.gks.ru/wps/wcm/connect/rosstat/rosstatsite/main/environment/doklad。

同时，回收废弃物及其包含的有用成分的主要激励因素是：如果在自己的所在地处理废弃物或将废弃物送至指定地点回收，那么在计算负面影响时采用的系数将为零。

如果废弃物处理所在的专用填埋场和工业场址根据规定配备了相关设备且位于负面影响源所在工业区内，则使用系数 0.3。

2010 年 7 月 8 日俄罗斯自然资源部第 238 号令确定了对作为环境保护对象的土壤进行损害计算的方法。该方法明确了如何计算非法存放生产和消耗废弃物给土壤覆盖层带来的损害（无法以实物赔偿情况下，以金额衡量）。

值得一提的是，相关指数显示自 2003 年以来支付的负面影响费用的作用已微不足道，这最终导致对企业缺乏使用环保设施和低废技术的真正激励。

支付的环境负面影响费用是列入预算的，应按照以下比例分配：20%——联邦预算，40%——俄罗斯联邦主体预算，40%——地方预算。

支付环境负面影响费用具有赔偿性质，但目前这类费用（各级预算）的收款机构不能将其用于实现商品和材料生产所需的环保设施和低废技术，也不能用于开发城市固体废弃物处理技术。同时，虽然这些资金是针对环境负面影响支付的，但目前也没有相应的弥补机制可将这些资金用在环境保护措施、引入低废技术上。

2014 年 12 月 29 日《关于工业和消耗废弃物》修正案（458 - FZ 号联邦法律）引入了一项新机制，该机制在经济合作与发展组织各成员国之间广泛运用。这就有可能在实施国家方案或其他区域性方案的过程中使用俄罗斯联邦预算系统中的那部分资金。

自 2015 年 1 月 1 日以来，俄罗斯引入了生产者延伸责任制。

联邦法律《关于工业和消耗废弃物》第 11 ~ 12 条规定了每一类待回收产品的使用标准，计算俄罗斯联邦境内的国内消耗品生产商、进口商上一个日历年销售的商品百分比。

此使用标准是考虑经济状况后，根据废弃物对人类健康和环境的潜在危险性以及利用废弃物的技术可能性而设定的，需每 3 年进行一次修订。

联邦法律《关于工业和消耗废弃物》第 24.2 条于 2015 年 1 月 1 日生效，该条款规定了 2015 年至 2017 年（含）期间的使用标准。使用标准的下一个监管期将设定为 2018 年至 2020 年。

俄罗斯自然资源部根据从相关联邦执行机构收到的建议书，每 3 年向俄罗斯政府提议一次修订已批准的使用标准。

联邦法律《关于工业和消耗废弃物》第 24.2 条中所示商品主要是为了

满足人口需求，在失去其消费者属性后构成城市固体废弃物的主要部分。

在俄罗斯联邦境内循环利用和生产的货物（产品）清单是根据《国家按活动类型进行产品分类》（OK 034－2014，CPES 2008）的规定采用分层分类方法和系统编码方法制定的。《国家按活动类型进行产品分类》由2015年5月26日的第424号Rosstandart令批准生效。

因此，一类货物（产品）代码为4位由小数点隔开的数字符号（XX. XX），而特殊类型的产品则为6位数字符号，每两位数字后面有一个小数点。

在进口到俄罗斯联邦的每一类货物（产品）的前面都有一个根据《欧亚经济联盟外贸商品命名法》确定的名称和代码。《欧亚经济联盟外贸商品命名法》于2012年7月16日经欧亚经济委员会第54次董事会批准。

《欧亚经济联盟外贸商品命名法》根据下列原则对货物进行分类：

• 最终消费类货物，即直接用于满足个人或集体需求的货物；

• 俄罗斯联邦目前是否有机会完善已有体制，用于收集、处理和中和已失去消费者属性的货物，以及形成新的废弃物管理系统及其法制化；

• 货物回收利用的经济可行性、加工产品的需求和竞争力，以及这些货物的处理；

• 遵守国际惯例以确保处理已失去消费者属性的产品；

• 俄罗斯联邦和欧亚经济联盟的技术条例中存在针对作为技术监管对象的产品的处理要求。

在选择货物时，需考虑2015年6月1日俄罗斯联邦政府DM－P13－48pr号会议所通过《协议决策》第2条第2款规定。

据此，一个行动项目包含36类在2015年至2017年期间设置有使用标准的货物（产品）。

2015年为所有类型的货物设定了一个零使用标准值。在2016年，当相关行动项目进入俄罗斯联邦政府时，使用标准值为2015年规定的值，而2017年的使用标准值则为2016年规定的值。

就俄罗斯联邦政府的所有协议而言，使用标准的准确值分配如下。

2015年：使用标准0%（100%的商品类型）。

2016年：使用标准0%（61%的商品类型）；

使用标准5%（11%的商品类型）；

使用标准10%～15%（14%的商品类型）；

使用标准20%～30%（14%的商品类型）。

2017年：使用标准0%（20%的商品类型）；

使用标准 5%（41.6% 的商品类型）；

使用标准 10% ~15%（19.4% 的商品类型）；

使用标准 20%（5% 的商品类型）；

使用标准 30% ~40%（14% 的商品类型）。

很显然，最低使用标准为 5%，其中通常包含确定货物流通价值时可能存在的统计误差，最低使用标准在货物失去消费者属性后使用，并且对商业社区没有显著影响。在这方面，提出的其他使用标准值设定为 5% 的倍数。

在 2016 年至 2017 年期间，第 10 类“纸、瓦楞纸板以及纸和纸板包装”的使用标准设置为 10% ~20%；第 17 类“塑料包装产品”为 5% ~10%；第 20 类“异形和精制平板玻璃”为 10% ~15%；第 21 类“中空玻璃”为 10% ~15%；第 23 类“金属精包装”为 20% ~30%，这是因为在如上文所述失去消费者属性后，这类货物仍有大量的需求并且需结束原始用途。

为进行广泛讨论和考虑商业界的意见，俄罗斯自然资源部成立了一个大约 100 人的工作组，负责为俄罗斯联邦政府制定必要法案，以便实施 2014 年 12 月 29 日《关于工业和消耗废弃物》修订案（458 - FZ 号联邦法律）和俄罗斯联邦的某些立法，以及废除俄罗斯联邦的某些立法（2015 年 3 月 27 日俄罗斯自然资源部第 13 - r 号令）。

三 市场准入要求

2015 年之前，对于从事城市固体废弃物管理的参与者是否能够进入俄罗斯市场，并没有规定特殊要求或其他限制。相反，自 2011 年至 2015 年，俄罗斯联邦法律规定了许多豁免条款，包括取消城市固体废弃物收集、运输和处理方面的许可。

俄罗斯经济发展部 2011 年 7 月 14 日第 280 号令基于地块价值百分比确定了专用土地租金费率，适用于俄罗斯联邦拥有的土地，且该土地后划拨用作处理场以直接用于城市固体废弃物处理和填埋。

2014 年 12 月 29 日《关于工业和消耗废弃物》修订案（458 - FZ 号联邦法律）做出了大量调整，导致整个城市固体废弃物管理行业发生了变革。

俄罗斯城市固体废弃物管理领域不同级别权力的一般结构如图 3 - 12 所示。针对城市固体废弃物管理活动的监管属于联邦级权力，确定的内容包括：

确定固体废弃物设施须符合的要求；

确定禁止填埋的废弃物的类型；

确定处理一至五级危害性成堆同质废弃物时须遵守的要求；

俄罗斯联邦	俄罗斯联邦主体	自治机构
√设定废弃物管理领域联邦要求、规则和规范	√组织城市固体废弃物管理活动	√组织城市固体废弃物收集（包括分类收集）、运输、回收、处理、中和及填埋活动
√为生产商和进口商履行废弃物回收义务提供规范化支持并对此类义务进行国家级控制	√区域处理场废弃物管理领域的监管	
√对联邦处理场进行国家级控制	√对区域处理场进行国家级控制	

图 3－12　城市固体废弃物管理领域不同级别权力的一般结构

确定废弃物（包括城市固体废弃物）管理区域方案的组成和内容须符合的要求；

确定处理城市固体废弃物时须遵守的规则；

确定以商业方式计算城市固体废弃物体积或质量时须遵守的规则；

确定城市固体废弃物管理领域的基本定价原则；

确定调整城市固体废弃物管理领域关税时须遵守的规则；

针对城市固体废弃物管理方面的服务供应确定标准的合同格式；

确定城市固体废弃物管理领域投资与生产方案的制定、协调、批准和调整程序，包括城市固体废弃物加工、中和及处理过程中使用之处理厂效率的计划和实际价值率的确定程序；

确定城市固体废弃物管理领域规定活动参与组织可获得之赔偿金的计算程序，以及城市固体废弃物管理领域规定活动相关收入损失的计算程序，由俄罗斯联邦预算系统预算负担费用；

确定俄罗斯联邦主体授权行政机构需采取的相关程序，以便其基于竞争机制挑选城市固体废弃物管理区域经营者；

确定城市固体废弃物管理领域信息披露标准。

区域级别的具体权力还包括：

制订和实施废弃物（包括城市固体废弃物）管理领域的地区计划，参与制定和实施废弃物管理领域的联邦方案；

在俄罗斯联邦主体相应区域参与实施废弃物管理领域的国家政策；

根据俄罗斯联邦法律和俄罗斯联邦其他规范性法案通过针对区域经营者活动实施所确定的规定，并对此规定的执行进行管控；

在不影响区域国家环境监督的前提下，对经济活动和/或其他活动场所的废弃物管理情况进行国家级监督；

批准城市固体废弃物管理方面的程序；

批准城市固体废弃物处理业务经营者的投资方案，开展城市固体废弃物管理领域规定的活动；

批准城市固体废弃物处理业务经营者的生产方案，开展城市固体废弃物管理领域规定的活动；

确定城市固体废弃物堆积标准；

组织城市固体废弃物收集活动（包括分类收集）、运输、加工、回收、处理和填埋；

批准城市固体废弃物收集程序（包括分类收集）；

监管区域经营者的活动，认证除外；

制定并批准有关废弃物（包括城市固体废弃物）处理的区域方案。

图 3－13 显示了城市固体废弃物源流管理领域的区域工具总体方案。

俄罗斯联邦主体

投标基础上选择经营者

· 对俄罗斯联邦主体的承诺
· 10年以上期限
· 保证通过经济方式循环利用废弃物或者以环保方式安全处理废弃物

◎ 制定和实施废弃物（包括城市固体废弃物）管理领域的区域方案

◎ 对相关固体废弃物存放进行规范性限制

◎ 在联邦自然资源监管服务机构的协作下批准废弃物（包括城市固体废弃物）管理区域方案

◎ 针对城市固体废弃物回收、中和及处理的新物业服务规定长期关税

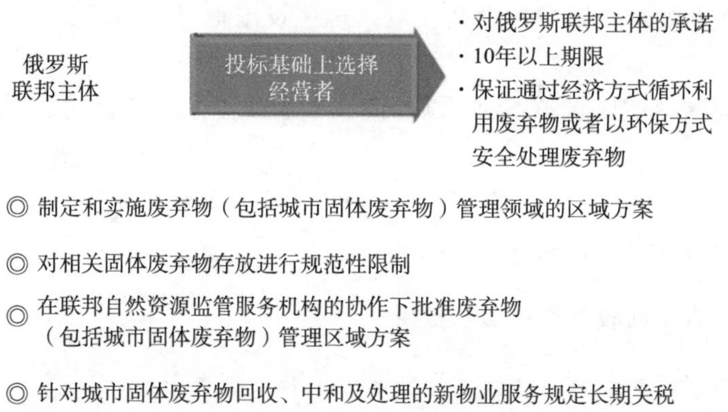

图 3－13 城市固体废弃物源流管理领域的区域工具总体方案

居住区、市辖区和市区具有以下权力。

（1）居住区：参与组织城市固体废弃物收集活动（包括分类收集）及其运输；

（2）市辖区：参与组织城市固体废弃物收集活动（包括分类收集）、运输、加工、回收、处理和填埋；

（3）市区：参与组织城市固体废弃物收集活动（包括分类收集）、运

输、加工、回收、处理和填埋。

城市固体废弃物管理中最重要的工具是废弃物（包括城市固体废弃物）管理区域方案。此类方案由俄罗斯联邦主体具有竞争力的机构批准，目的在于组织和实施城市固体废弃物收集、运输、加工、处理和填埋方面的活动。废弃物管理区域方案依照区域规划进行编制。

废弃物管理区域方案必须包括：

俄罗斯联邦主体区域废弃物来源分配相关数据（将此类来源应用到俄罗斯联邦地图上）；

俄罗斯联邦主体区域产生的废弃物量、种类和危害等级相关数据；

俄罗斯联邦主体每年确定的废弃物中和、回收及处理目标值相关数据；

俄罗斯联邦主体区域废弃物收集和堆积地点分配相关数据；

废弃物（包括城市固体废弃物）加工、回收、中和和处理设施分配相关数据；

俄罗斯联邦相应主体区域废弃物（包括城市固体废弃物）形成、加工、回收、中和和处理的数量特征对比结果；

废弃物（包括城市固体废弃物）方案，从废弃物产生来源到用于加工、回收、中和处理废弃物的设施，包括这些设施地点的图形符号、废弃物产生量以及用于加工、处理和中和废弃物的设施数量；

废弃物管理区域方案将由联邦自然资源监管服务机构相关区域当局批准。

2016 年 3 月 16 日俄罗斯联邦第 197 号政府令对废弃物管理区域方案的构成和内容做出了相关要求。

四　自动回收系统和回收费用

自动回收系统金融和经济参数受以下各项因素影响：

• 机动车每种制造材料的流通率；

• 废弃运输车辆的剩余价值及其部件；

• 再生汽车零部件和再生材料的价格水平；

• 主体的固定成本（包括土地租赁成本、施工成本、设备采购成本、薪资和税收）；

• 主体的可变成本（包括运输成本、原料采购成本、消耗品成本、维修成本、能源供应成本和废弃物处理成本）。

废弃运输车辆及其部件收集和综合回收的财政支持包括收入和支出。

收入主要由出售汽车零部件的收入、出售充电电池的收入和出售回收材料（包括黑色废金属和有色废金属）的收入构成。

支出包括废弃运输车辆运输成本、废弃物处理和运输成本、废弃液体回收成本、可变成本和固定成本。固定成本包括折旧成本、运作成本、人员维持成本、保险成本、能源成本、资本货物采购成本、贷款利息付款和员工薪金。

分析结果表明，“典型”用户消耗、拆卸和回收一辆废弃运输车辆的单位成本总计达1.6289万卢布，包括1600卢布的车辆运输成本、450卢布的废弃物处理和废弃液体回收成本、500卢布的废弃物运输成本、5794卢布的固定成本（包括薪资、土地租金、税收、管理成本和折旧成本）和7945卢布的可变成本（包括消耗品和维修材料采购成本、维修成本、能源供应成本和废弃物处理成本）。

“典型”用户通过出售一辆废弃运输车辆产品获得的单位收入总计达1.4723万卢布，包括出售再生材料的收入（每辆废弃运输车辆5148卢布）和出售汽车零部件的收入（每辆废弃运输车辆9575卢布）。因此，就每辆废弃运输车辆而言，用户的成本比起收入超出1566卢布。具体情况如表3－7所示。

表3－7　每辆废弃运输车辆的用户收入与支出数据

单位：卢布

收入	
1. 再生材料出售收入	5148
2. 汽车零部件出售收入	9575
总收入	14723
支出	
1. 废弃运输车辆运输成本	1600
2. 废弃物处理和液体废弃物回收成本	450
3. 废弃物运输成本	500
4. 固定成本（包括薪资、土地租金、税收、管理成本和折旧成本）	5794
5. 可变成本	7945
总支出	16289
每辆废弃运输车辆的财务计算结果（总收入－总支出）	－1566

目前，鉴于1.5%的车辆处理率以及外部（采购）价格与国内成本之间的相关性，自动回收主体呈现经济亏损状态，因此需要利用国家业务支持来克服此类冲突。

将轮式车辆从其接收地点运输至从事轮式车辆制备和利用的企业的过程中以及准备利用其回收费用已付的轮式车辆的过程中，如果轮式车辆失去了其消费属性，则需要向从事废弃物管理业务的组织和个体企业家做出成本补偿，此类成本补偿取决于用于处理废弃物的人工成本以及由车辆类别确定的废弃运输车辆运输成本。

为了增强废弃运输车辆的回收属性，有必要对废弃物的处理以及取决于车辆类别的深度回收补偿人工成本。

为了让回收费用已付的运输车辆拥有者能够在不承担额外成本的情况下将轮式车辆交付给应用者，会按照取决于运输车辆类别的最高运输成本，向备妥以处理轮式车辆的机构提供轮式车辆运输补贴。

用于计算补贴的公式如下：

$$C = A + T$$

C：废弃运输车辆的补贴（单位：卢布）；

A：为利用回收费用已付的轮式车辆所需的人工成本费（取决于轮式车辆类别）；

T：回收费用已付的轮式车辆从其接收地点运输至备妥以处理轮式车辆的企业的最高运输成本（取决于轮式车辆类别）。

用于计算补贴的人工成本费和最高运输成本如表3－8所示：

在开展废弃物管理活动过程中，实施组织因轮式车辆失去其消费属性而可从投资项目金融机构获得的贷款利息方面的补贴（以下简称“投资项目贷款补贴”），取决于拨付的贷款金额以及俄罗斯联邦中央银行的再融资利率。

投资项目贷款补贴不包括利用者对废弃运输车辆废弃物加工设备进行升级和更换的成本、为确保废弃物管理安全而对现有设施进行技术升级的成本、为加工废弃运输车辆废弃物而开发新生产技术的成本，以及为增强废弃运输车辆的可回收程度而利用创新设备和技术的成本。

根据不同类型的新车和二手车的利用费率（2012年8月31日俄罗斯联邦《关于轮式运输车辆的回收费用》，2012年9月1日生效的第870号政府决议批准）以及进口车辆供应变化的预测情况，“俄罗斯联邦汽车产业发展战略”中给出了截至2020年整个俄罗斯联邦预算中扣除回收费用后的累积

表 3－8 用于计算补贴的人工成本费和最高运输成本

单位：卢布

	第 1 类 最大装载重量达 2500 公斤的轮式车辆	第 2 类 最大装载重量在 2500～3500 公斤 的轮式车辆	第 3 类 最大装载重量 超过 3500 公斤的 轮式车辆
准备利用回收费用已付的轮式车辆的人工成本费	1500	1700	2200
回收费用已付的轮式车辆从其接收地点运输至备妥以处理轮式车辆的企业的最高运输成本	<3500	<4000	<5000

注：①对于最大装载重量在 8000～1.2 万公斤的轮式车辆，准备利用此类轮式车辆的人工成本为 7040 卢布，其最高运输成本不超过 1.6 万卢布。

②对于最大装载重量在 1.2 万～2 万公斤的轮式车辆，准备利用此类轮式车辆的人工成本为 1.26 万卢布，其最高运输成本不超过 2.85 万卢布。

③对于最大装载重量在 2 万～5 万公斤的轮式车辆，准备利用此类轮式车辆的人工成本为 3.15 万卢布，其最高运输成本不超过 3.5 万卢布。

④对于最大装载重量超过 5 万公斤的轮式车辆，准备利用此类轮式车辆的人工成本为 4 万卢布，其最高运输成本不超过 3.5 万卢布。

⑤对于最大装载重量超过 5 万公斤的 M_3、N_2 和 N_3 类特殊运输车辆（包括具有越野能力的 G 类运输车辆和混凝土搅拌车），准备利用此类轮式车辆的人工成本为 4 万卢布，其最高运输成本不超过 3.5 万卢布。

⑥对于回收费用已付的轮式车辆从其接收地点运输至备妥以处理轮式车辆的企业的最高运输成本，其计算依据为跑完一公里的平均单位成本（35～40 卢布/公里），这可以完全补偿距离超过 100 公里的废弃运输车辆的运输成本。如果能够在一辆车上装载 8 辆废弃运输车辆，则可获得补贴的运输距离可增加至 700 公里，这就使得车辆拥有者能够将轮式车辆直接移交给备妥以处理轮式车辆的企业，且无论离此类企业的距离有多长，均不会产生额外成本。

预估资金量。具体情况如表 3－9 所示。

表 3－9 联邦预算中扣除回收费用后的累积预估资金量

单位：100 万卢布

年份	轻型机动车	轻型商用车	运货汽车	公共汽车	总计
2012	13074	2424	640	140	16278
2013	50429	7888	4292	484	63093
2014	50071	9233	3892	412	63608
2015	46584	10485	3117	320	60506

续表

年份	轻型机动车	轻型商用车	运货汽车	公共汽车	总计
2016	41977	11607	2143	224	55951
2017	38410	12622	1347	144	52523
2018	35844	13530	730	80	50184
2019	33454	14365	313	35	48167
2020	31861	14700	0	0	46561

对联邦预算中扣除回收费用后的累积预估资金量做出最大贡献的是轻型机动车和轻型商用车。公共汽车在其中的占比几乎为零，运货汽车在其中的占比也较低。

划拨到联邦预算中的回收费用收入至少部分用于支付因利用轮式车辆及其部件而产生的成本。花费此类收入时可遵照以下方法：

• 补贴系统的非盈利部分（其中须考虑废弃运输车辆回收程度和运输废弃物回收方面的法律要求）；

• 补贴在开展废弃物管理活动过程中因轮式车辆失去其消费属性而产生的投资项目贷款利息成本，旨在提高“回收程度”指标、开发新技术、开拓废弃运输车辆回收方面的高科技产业以及发明新部件。

自动回收系统主体的主要资金来源是产品（再生部件和材料）的销售收入。此类收入在该系统参与者之间的分配基于该系统参与者之间的关系。

根据用于计算补贴的前述费率，对于发生交通事故后报废的机动车，如果车队的后续处理比率为0.06%，则将按照表3－10的规定提供补贴资金。

表3－10　基于“俄罗斯联邦汽车产业发展战略”的补贴资金预测

单位：100万卢布

年份	轻型机动车	轻型商用车	运货汽车	公共汽车	总计
2012	106.7	9.6	24.0	4.0	144.4
2013	113.9	10.2	24.5	4.0	152.6
2014	122.3	10.8	25.1	4.1	162.3
2015	131.6	11.6	25.7	4.2	173.1
2016	141.5	12.5	26.4	4.3	184.7
2017	151.7	13.5	27.1	4.4	196.7

续表

年份	轻型机动车	轻型商用车	运货汽车	公共汽车	总计
2018	162.2	14.5	27.9	4.5	209.1
2019	173.0	15.6	28.6	4.6	221.9
2020	183.8	16.8	29.4	4.7	234.8

如果针对开展废弃物利用活动和建造低回收率材料（车用塑料、夹层玻璃、防冻剂和废旧轮胎）加工所需设施相关的投资项目贷款利息得到补偿，则有必要考虑将低回收率材料回收水平提高至70%或更高。废弃运输车辆及其部件的典型回收设施数量，以及发生交通事故后贷款利息补贴和废弃运输车辆回收费用补贴所需资金预测分别参见表3－11和表3－12。

表3－11　废弃运输车辆及其部件的典型回收设施数量预测

单位：个

年份	项目	CFD	NWFD	SFD + NCFD	PFD	SFD	UFD	FEFD	总计
2014	塑料加工	1	0	0	1	1	1	0	4
	玻璃（新）加工	2	1	1	1	2	2	1	10
	轮胎（新）加工	0	0	0	2	0	2	0	4
	防冻剂（新）加工	1	1	1	1	2	1	1	8
2016	塑料加工	1	1	1	1	1	1	0	6
	玻璃加工	8	3	3	3	4	5	2	28
	轮胎加工	3	5	5	4	7	10	2	36
	防冻剂加工	1	1	1	1	2	1	1	8
2018	塑料加工	2	1	1	1	1	1	1	8
	玻璃加工	10	4	3	3	5	7	2	34
	轮胎加工	17	4	4	4	7	8	2	46
	防冻剂加工	1	1	1	1	2	1	1	8
2020	塑料加工	2	1	1	1	1	1	0	8
	玻璃加工	12	4	3	8	6	4	2	39
	轮胎加工	13	5	5	4	8	10	2	47
	防冻剂加工	2	1	1	1	2	1	1	9

表 3－12　截至 2020 年发生交通事故后贷款利息补贴和废弃运输车辆回收费用补贴所需资金预测

单位：100 万卢布

年份	贷款利息补贴	废弃运输车辆回收费用补贴	总计
2013	70	152.6	222.6
2014	70.2	162.3	232.5
2015	263.3	173.1	436.4
2016	263.3	184.7	448.0
2017	335.3	196.7	532.0
2018	335.3	209.1	544.4
2019	341.8	221.9	563.7
2020	341.9	234.8	576.7

五　有效开展部门改革的建议

为平衡利益并创建透明的废弃物管理部门控制和发展制度，应当执行一套额外措施。第一，设立专门的部门发展基金，旨在统一授权机构、货物生产商和进口商协会以及加工商协会的全部工作和资源。该基金将积累环境支付费用的收入，在潜在的资源密集型部门形成刺激经济的策略方法，为创造必要的基础设施制订基金成本计划。因此，借助于将部门参与者纳入垂直产业发展管理体系的创建过程，其相互利益能确保部门参与者与国家机构参与者之间获得经济效益，其相互控制能确保两者之间落实责任分配。第二，在废弃物地方管理方案方面履行公共专业技术的义务。第三，为分析和协调废弃物管理改革，启动创立废弃物管理改革国家协调理事会的议题，与联邦执行机构和州执行机构进行有效的专家互动和公众互动，确保充分监控改革。第四，解决确定俄罗斯联邦几个试点地区的问题，制定改革该部门的最佳方法。第五，适当修改《俄罗斯联邦行政罪罚法典》和《俄罗斯联邦刑法典》，强化废弃物管理领域侵权行为的行政和刑事责任。

俄罗斯需要根据新技术和口号取得突破：零资源填埋！对地方和州当局而言，新建废弃物填埋场的土地分配、建设和试运行是一项挑战。现代机械化废弃物处理厂的生产周期有条件采用这样的废弃物处理方法，该方法留待掩埋的中和废弃物不超过 1/4，通常为第五类危险等级。这些“尾料”也可在慕尼黑或莱比锡回收，因此留待掩埋的废弃物体积不会超过初始废弃物体积的3%。如果该系统能完全成为再生原料消耗系统，将为资源循环的全面回收打下基础。使用机械化资源回收技术的主要优点是限制环境污染、减少商品和服务的能源消耗和资源消耗。

生活、福利和健康质量主要取决于能否针对回收资源循环实施新的资源流通方案：工业生产的产品在到期之后可用作原料或能源；用于各类废弃物分馏加工的设施投入使用；再生原料因环境费用而更加廉价且能在工业领域稳定使用；运输物流各自发挥作用。回收原料的资源潜力是现代废弃物管理策略和“恢复”领土的基础。此外，科学研究表明，未组织回收资源循环的国家会丧失其经济稳定性。

俄罗斯联邦的大多数地区已经达到了这样的经济发展水平，调整新技术秩序的资源处理就成了环境发展和人口可持续福利的必要条件。高效的资源消耗是经济发展的重要指标。现实情况是，由于资源和环境安全密切相关，为确保资源和环境安全处于可接受的水平，考虑到采掘行业服务设施的老化和停用、当前使用的资源枯竭、勘探新矿物储量以及开发偏远地区的成本急剧增加，资源保护没有别的替代方案。

俄罗斯联邦的大城市和郊区有7000万居民。这种规模的人口每年累积产生约3000万吨生活固体废弃物。使用综合资源节约技术后，这些废弃物可以加工成价值1000亿卢布的产品，包括：700万吨替代燃料（相当于350万吨标准燃料）；600万吨再生原料（废金属、聚合物、再生纸）；1000万吨人造土壤和堆肥。若想实现该目标，唯一需要的就是建立200间自动分拣厂，在垂直整合单位的框架内组织物流和采取激励措施。为确保州的废弃物管理系统发展及其资源类别的一致性，必须制定若干国家标准。投资应优先考虑参与者针对项目的共同融资条件。提出有关自我监管组织的建议（包括这些参与者）后，应优先考虑利用垂直整合公司为废弃物管理的所有阶段提供服务。

俄罗斯有过这样的经验。事实上，圣彼得堡企业家协会开展的某公共项目正是向资源发展领域新技术秩序过渡的开始。这一举措需要得到支持。发展高效的废弃物管理系统，新的运输物流和再生原料消耗将大大减少对化石原料的需求，降低国民产品的材料消耗和污染物排放，“提高”领土价值并获得人们的认可和政治支持。圣彼得堡的企业家们的项目是资源节约发展的范例，减少了生产活动对环境的负面影响。其要点如下：

- 形成“国家资源节约和技术衍生资源处理技术平台”；

• 与利益相关的部门和企业家一同为俄罗斯联邦确定该领域的关键技术清单、技术规则秩序以及更换进口设备；

• 计算实施项目所需的资源，包括废弃物回收的收入；

• 就若干规则和标准的内容提出建议；

• 产业认知中心投入运营后，将迅速在俄罗斯全国传播技术并提供必要的专家培训援助。

若国家和州给予一定的支持且按人口征收的关税不会大幅增加，5 年之内，该州就能拥有完全处理城市废弃物和大部分工业废弃物的能力，最大程度地节约资源、能源和土壤；同时，技术资源管理部门可以快速提升对投资者的吸引力，增加资本化程度，有利于增加就业数量并改善环境状况。

由于不具备单独收集居民废弃物的系统，废弃物管理部门的发展水平很低，造成的一个重要结果是市场缺乏再生原料。举例来说，莫斯科州的塑料回收工厂“PLARUS”回收旧塑料瓶（PET 塑料）并生产新塑料瓶，由于缺乏 PET 塑料的二次包装设备，加工能力有限，被迫将工厂的回收物集中起来并置于填埋场。

圣彼得堡“单独收集”运动的实践表明，如果安设的基础设施得当，相当一部分城市人口已准备进行废弃物分类并接受再生原料。同时，城市和郊区的所有采购和加工企业都需要回收再生原料。让这些企业的管理部门感兴趣的是在产生地单独收集的再生原料，而非“填埋废弃物”（从企业强制购买的混合城市固体废弃物中分拣而来），因为这些原料质量较高，而初步制备所需的成本较低。因为污染状况往往相当严重，若想回收一部分已购买的“填埋废弃物”，加工商反而要承担损失。为收集再生原料，根据“越多越好”的原则，收集商和加工商准备（已经在做）在再生原料的调节地区和运输量较大的地区放置自己的收集容器。然而这些容器造价高昂，而且这种项目的实施前提是容器容量大、居民废弃物分类质量高以及物流顺利。废弃物单独收集（SWC）的当前发展阶段是先积累后运输。许多收集商的兴趣建立在储存所管理员施以援手的基础上，后者能随时收集再生原料并控制其在容器内的分拣，从而减少废弃物乱扔的比例，提高项目的盈利能力。通常来说，收集商准备在财务方面刺激储存所管理员的工作。废弃物单独收集实施后，不仅重拾一部分废弃物的经济价值，还减少了送往填埋场的混合城市固体废弃物数量，使管理公司（MC）能够节省运输城市固体废弃物的资金。这似乎是所有各方都应该感兴趣的执行方案。

实际上，废弃物单独收集的发展受以下情形的阻碍：

• “从头开始”到实施废弃物单独收集之间没有秩序；

• 大型管理公司借助许多理由（卫生和建设的规则和法规不允许、签订的合作合同没有法律依据等）以避免在现行的法律框架内配置这种容器，因为它们还有其他更重要的问题要解决，即必须为建筑物提供保暖、水和能源等；

• 废弃物清除公司/垄断企业对减少混合废弃物的数量不感兴趣，甚至会妨碍废弃物收集和运输的过程（故意破坏、纵火、不当放置城市固体废弃物容器、阻止废弃物收集、与管理公司甚至州级行政机构私下签订协议等）；

• 出现在公众面前的官员不准备把“时间浪费在小事上”或为实施废弃物单独收集项目提供行政支持，因为并无法律强制规定废弃物单独收集，当局希望能等来建造数个大型工厂的投资者并以此解决废弃物问题，而不是支持实施废弃物单独收集；

• 投资需要以及在不确定性条件下进行规划的可能性。

第四节　与中国在固体废弃物领域的合作方向

俄罗斯在固体废物领域与中国有以下合作方向。

1. 参与由俄罗斯自然资源部在政府法规编纂工作组框架内制定的法规的讨论，2014 年 12 月 29 日第 458 - FZ 号联邦法律《关于工业和消耗废弃物》修正案的条款是进行讨论的必要条件，该法于 2015 年 1 月 30 日由俄罗斯自然资源部第 4 - r 号令批准。

2. 参与讨论的法规如下：

俄罗斯联邦政府《关于含有有益成分、禁止掩埋的废弃物名单》的决议草案；

俄罗斯自然资源部《关于批准处理一至五类危险等级成堆同质废弃物要求》的命令草案；

俄罗斯自然资源部《关于法律实体和个体企业家在保护环境领域开展废弃物处理的活动报告建立以及制定和公布报告的形式和时间》的命令草案；

第 690757 - 6 号联邦法律草案《关于〈俄罗斯联邦行政罚法典〉和俄罗斯联邦其他立法法案的修正案》（俄罗斯联邦国家杜马于 2015 年 3 月 18 日初审通过）；

修正2015年9月24日俄罗斯联邦政府第1886-r号决议批准的现成货物清单，包括包装、强制回收等；

俄罗斯联邦政府于2015年12月4日批准的第2491-r号俄罗斯联邦政府命令草案，对产品废弃物使用规则做出修改。

3. 倘若城市固体废弃物源流管理领域的经验交流能带来共同利益，可以就俄罗斯联邦的各具体主题展开适当合作，创建包括城市固体废弃物在内的废弃物管理计划。

第四章　乌兹别克斯坦共和国固体废物管理

自独立以来，乌兹别克斯坦共和国（通称“乌兹别克斯坦”）境内社会经济所有领域和公共生活均发生了根本性变化。该国在环境保护、合理利用自然资源和生态安全方面推行了有针对性的政策。有效管理废弃物是乌兹别克斯坦转型“绿色经济”的一个重要方面。目前，由于固体生活废弃物分选、加工处理和回收利用系统不够完善，固体生活废弃物在其境内现有堆积场仅做填埋处理，积累量已超过3.7亿立方米。这一数字还在持续增长——每年的废弃物积累量增幅高达1200万～1300万立方米，其中有630万立方米的废弃物是由居民产生的，这就要求另外划出相应场地以设置废弃物填埋场。鉴于此，为了提高废弃物管理服务质量并对企业进行现代化改造，曾经实施一些区域性计划以改进城市卫生处理系统，在该计划框架内修建了一批新的垃圾转运站。然而，尽管采取了这些旨在改进废弃物管理系统的措施，但该领域仍然存在一系列严重问题。

第一节　生活废弃物管理体系

一　责任机构

根据《废弃物法》（第6、7、8条）的规定，废弃物的管理归各相关部委负责：内阁、国家自然保护委员会、卫生部、公共事业署、工业安全作业监督与矿山监督局、Uzkimyosanoat国有股份制公司、各地方国家权力机构以及自治机构。

垃圾收集和管理问题对于这些部门机构而言是一个棘手的问题，而且国家财政经常没有针对该问题下拨预算资金。预算资金紧张，导致公共事业署及直接负责城市和国内各区域中心环卫工作的下属部门很难加强物资技术保障基础。

除此之外，还应注意到各部门在必要信息交流方面还不够成熟。很多针对公众起草的文件经常没有下发给公众。尽管颁布了大量的法律法规，但是关于废弃物所有权问题的关键细节仍然不清楚。其中包括与给予法人和自然人优惠政策相关的一些问题。这种优惠政策将有助于推进日常生活垃圾的分拣收集。垃圾处置限额问题、垃圾处理量计算问题、垃圾填埋场统计核查和合格鉴定问题、垃圾生成量统计和报告程序调节问题等仍未得到解决。

很明显，通过法律来调节固体生活废弃物的管理问题需要与广大人民群众进行商讨，特别是与住房业主委员会、公民大会、非国家机构和非商业性机构进行商讨。这对于协商解决固体生活废弃物管理方面的财务问题以及固体生活废弃物处理领域的生态政策优先性问题十分必要。

二　法律法规

应当指出的是，在废弃物处理领域已经建立了现代的法律基础。2002年，乌兹别克斯坦共和国通过了《废弃物法》以及其他约30部法律，通过了超过170部法规文件以规范生态、环境保护和自然资源利用领域的活动。在对国家法律、法律实施经验和垃圾处理经验进行研究和分析之后可以发现，目前现行法律中存在一些冲突、矛盾和空白，这会降低法律实施效率。

特别是废弃物的回收利用、初步分拣、分类收集、无害化处理和重复利用系统发展水平不够高，并且有用材料含量较高的生活废弃物的加工处理和二次利用机制尚不完善。废弃物监管组织水平、废弃物生成量统计水平、统计造册水平也有待提高。非国家机构和非商业性机构、公民自治机构在垃圾处理活动方面的参与积极性较低，与国家权力机构在解决垃圾处理问题方面的协作配合程度不高。

应当根据乌兹别克斯坦共和国如下法律的要求对固体生活废弃物处理领域的问题进行法律调节：

——《自然保护法》（1992年）；

——《国家卫生监督法》（1992年）；

——《乌兹别克斯坦共和国土地法典》（1998年）；

——《废弃物法》（2002年）。

以上大部分法律只是框架性法律，需要进行解释和补充说明。鉴于生态问题目前是一个比较尖锐的问题，良好、安全的自然环境是社会的福祉所在，对于生命和健康尤为重要，因此需要保护好自然环境。

应当按照乌兹别克斯坦共和国内阁的如下决议以及废弃物管理领域的其他规范性和指导性文件来构建普遍的法律基础，从而为保护国家自然资源、有效利用二次原料提供有力的法律保障：

——《关于改进乌兹别克斯坦共和国消耗臭氧层物质以及含消耗臭氧层物质的产品进出口管理工作的决议》（2005 年 11 月 11 日通过的第 247 号决议）；

——《关于乌兹别克斯坦共和国生态危险产品和废弃物进出口管理工作的决议》（2000 年 4 月 19 日通过的第 151 号决议）；

——《关于规范汞灯和含汞设备回收利用企业经营活动的决议》（2000 年 10 月 23 日通过的第 405 号决议）；

——《关于完善乌兹别克斯坦共和国自然环境污染费和垃圾处理费支付系统的决议》（2003 年 5 月 1 日通过的第 199 号决议）；

——《关于审批通过电离辐射源流通领域经营活动许可规定的决议》（2004 年 3 月 6 日通过的第 111 号决议）；

——《关于审批通过贵金属、稀土金属、宝石开采活动许可规定的决议》（2004 年 3 月 9 日通过的第 112 号决议）；

——《关于完善特殊自然资源利用费支付系统的决议》（2006 年 2 月 6 日通过的第 1、5 号决议），以及废弃物管理领域的其他规范性和指导性文件。

通过法律法规来管理固体生活废弃物处理工作是一个非常有效的方法，有助于提高生态优先意识。这样一来，就可以在卫生标准和规范、固体生活废弃物管理标准，以及固体生活废弃物生成、贮存、填埋标准领域设置严格的门槛。

根据乌兹别克斯坦共和国《废弃物法》的规定，固体生活废弃物处理领域的主管国家机构包括：

——国家自然保护委员会；

——卫生部；

——公共事业署。

公共事业署负责制订国家生活废弃物处理计划并按照规定程序将该计划提交乌兹别克斯坦共和国内阁审批；对生活废弃物的收集、运输、加工处理和回收利用工作状况进行监督；根据法律的规定行使其他权力，其中包括参与法律的制定工作。公共事业署负责编写和审批如下文件：

——《液体和固体生活废弃物市政运输服务规程》；

——《乌兹别克斯坦共和国居民区机械化清扫和卫生保洁时间标准》；

——《从事房屋卫生保洁工作的保洁工人服务标准》；

——《从事道路和人工设施卫生保洁工作的保洁工人服务标准》；

——《生活废弃物运输规程》；

——《固体生活废弃物分两阶段组织运输方法》；

——《固体生活废弃物填埋场设计和使用规范》；

——《关于制定乌兹别克斯坦共和国城市和居民区卫生保洁流程的方法建议》；

——《关于制定固体生活废弃物积存标准的方法建议》；

——《关于组织开展固体生活废弃物分类收集工作的建议》；

——《城市卫生保洁流程制定规范》；

——《卫生保洁企业的设施、机器和机械设备技术使用规程》。

正如我们现在所看到的那样，生产废弃物管理领域存在法律法规保障基础。然而，这些法律以及大部分法规落实情况的监督机制比较薄弱，这就导致这些法律和法规没有落到实处。

除此之外，在对废弃物处理活动进行全方位分析之后可以发现废弃物处理领域缺乏系统性的协调和监管，各国家管理部门和当地管理部门之间缺乏密切配合，主管部门对违反废弃物处理领域法律的公民及职务责任人的追责效率较低。

为了从根本上改进废弃物处理领域的国家监管工作，预防违法行为的出现，同时也为了就废弃物处理问题进行广泛的教育，乌政府制定了名为《关于继续加强废弃物处理领域国家监管之各项措施》的乌兹别克斯坦共和国总统决议。该决议规定如下。

1. 乌兹别克斯坦共和国国家自然保护委员会下设废弃物生成、收集、贮存、运输、填埋、加工处理、回收利用和销售监管局（以下简称“监管局”）。

2. 明确如下基本任务。

（1）监管局的任务：

监督国家机构和经营管理机构、地方权力机构、城市专业卫生保洁机构、地区公共事业管理机构以及自然人和法人是否严格遵守废弃物处理领域的法律；

对废弃物生成、收集、贮存、运输、填埋、加工处理、回收利用和销售国家监管部门的工作进行协调；

组织国家主管部门和经营管理部门、地方权力机关以及自然人和法人开展违法垃圾场的清除工作；

预防和制止违法行为，广泛开展废弃物处理领域的预防、信息普及教育工作；

对与废弃物处理有关的信息进行收集和分析，对废弃物填埋及回收利用地点进行国家统计；

在开展社会公众生态监督工作的过程中对公民自治机构和非国家、非商业机构给予协助；

协调部委各下属监管局的工作并保证这些监管局与地方权力机构、卫生保洁企业、公民自治机构和居民协调配合；

组织开展废弃物处理领域的人才强制性再教育和技能水平提升工作。

（2）卡拉卡尔帕克斯坦共和国国家自然保护委员会、各州与塔什干市自然保护委员会下属的废弃物生成、收集、贮存、运输、填埋、加工处理、回收利用和销售工作监管局的任务：

组织监督垃圾收集站的建设工作，监督废弃物是否及时运走，制止非法设置垃圾堆积场，监督管理垃圾填埋场，监督废弃物的回收利用和加工处理工作；

按地区对废弃物生成、收集、贮存、运输、填埋、加工处理、回收利用和销售国家监管部门的工作进行协调；

与地方权力机构、地区公共事业管理部门在清除本地非法垃圾堆积场方面进行协调配合；

在当地组织开展废弃物处理领域的预防、信息普及教育工作；

计划性组织研究废弃物处理领域的现状，针对存在违法行为的法人和自然人下达处置命令并采取相应的行政追责措施；

按地区协调开展整个垃圾处理环节的监督、统计、调查和报告工作；

支持公民自治机构、非国家机构和非商业性机构开展社会生态监督工作。

（3）卡拉卡尔帕克斯坦共和国国家自然保护委员会、各州与塔什干市自然保护委员会下属的各城市和地区废弃物生成、收集、贮存、运输、填埋、加工处理、回收利用和销售工作监管局的任务：

计划性检查废弃物收集、运输、回收利用、加工处理和存放领域法律的落实情况；

对各地方废弃物生成、收集、贮存、运输、填埋、加工处理、回收利用和销售国家监管部门的工作进行协调；

监督卫生保洁企业是否按照工作计划表的要求及时运走垃圾，查处非法垃圾堆积场并采取相应措施以清除此类非法垃圾堆积场；

组织检查垃圾场是否符合法律要求、卫生环保要求；

与公民自治机构一起在居民和法人中开展预防、信息普及教育工作；

就行政违规行为编写工作报告，向地方权力机构、公民自治机构、卫生保洁企业、法人和自然人下达强制性整改命令以对违规行为进行整改；

参与各工作委员会的垃圾收集站和垃圾填埋场选址和征地规划工作；

按地区（城市）协调开展整个垃圾处理环节的监督、统计、调查和报告工作；

与社会生态监督员配合，以便查找废弃物处理领域的违法行为。

3. 审批如下事项。

根据要求审批乌兹别克斯坦共和国国家自然保护委员会下属的废弃物生成、收集、贮存、运输、填埋、加工处理、回收利用和销售工作监管局的组织结构；

根据要求审批卡拉卡尔帕克斯坦共和国国家自然保护委员会以及塔什干市自然保护委员会下属的废弃物生成、收集、贮存、运输、填埋、加工处理、回收利用和销售工作监管局的组织结构；

根据要求审批卡拉卡尔帕克斯坦共和国国家自然保护委员会以及塔什干市自然保护委员会下属的各城市和地区废弃物生成、收集、贮存、运输、填埋、加工处理、回收利用和销售工作监管局的组织结构；

授权乌兹别克斯坦共和国国家自然保护委员会主席，在规定的人员编制数量范围内修改国家级监管局部门的组织结构以及地方监管局的组织结构。

4. 明确如下事项。

监管局按照规定程序对违反废弃物处理领域法律的行为追究行政责任；

针对废弃物处理领域的行政违规行为所征收的罚金百分之百存入监管局国库账户。

在编制乌兹别克斯坦共和国国家预算的时候每年为监管局预留预算拨款。

乌兹别克斯坦共和国财政部保证为监管局下拨资金以配备必要的办公器材和组织技术设备、采购必要数量的轻型汽车。

对《废弃物生成、收集、贮存、运输、填埋、加工处理、回收利用和销售工作监管局条例》进行审批。

对《划入监管局国库账户的财政资金使用程序规定》进行审批。

对乌兹别克斯坦共和国《废弃物法》和《行政责任法典》进行修改和补充，旨在加重公民和法人在违反废弃物处理领域自然保护要求时所需承担的责任。

除此之外，还计划起草一项乌兹别克斯坦共和国总统令《关于 2017 ~ 2021 年进一步完善废弃物处理系统各项措施的总统令》。

在 2014 ~ 2015 年实施了为各城市专业卫生保洁机构和地区公共事业管理机构配备现代化专用技术设备的计划。一共采购了 1904 台技术设备，其中 1216 台技术设备用于清运生活垃圾。基于审批通过的国内各城市和地区中心典型模型，在住宅区内共修建了 17686 处垃圾收集站，安装了 9821 个垃圾集装箱。

除此之外，乌兹别克斯坦共和国境内部分城市和居民区的生活垃圾清运机构境况不佳。大部分城市和地区没有完善的垃圾清运系统，而现有的垃圾堆积场也不符合卫生标准和规范，因此在很多地方都出现非法垃圾堆积场，这就导致邻近区域的生态环境和卫生防疫环境恶化，也为出现紧急情况风险和传染性疾病风险创造了先决条件。

1. 为了从根本上提高国家在废弃物处理领域的管理水平、改善乌兹别克斯坦共和国的卫生和生态状况、创造适宜的居住条件以及继续提高居民生活水平和质量，决定在 2017 ~ 2021 年将改进国家在废弃物处理领域的管理水平作为主要优先任务：

- 防止垃圾对公民生活和健康、环境造成有害影响，减少废弃物的生成量并保证将废弃物的处理纳入经济活动之中；
- 采取一系列措施来完善废弃物处置系统；
- 为各城市的专业化卫生保洁机构和地区公共事业管理部门补充配备专用技术设备；
- 采用现代化的垃圾加工处理技术，其中包括在垃圾场生产有机肥料；
- 根据市场原则引入废弃物处理领域的管理机制，其中包括采取公私合营的方式；
- 创造相应条件以保证各城市专业化卫生保洁机构和各地区公共事业管理部门的财政 - 经济稳定性，完善服务价格形成机制。

2. 审批《2017 ~ 2021 年废弃物处理系统综合改进措施计划》，该计划包括 2017 ~ 2021 年废弃物收集、贮存、回收利用和加工处理系统的具体改进措施：

根据要求在2017年为国内各城市的专业化卫生保洁机构以及地区公共事业管理部门补充配备专用技术设备；

根据要求在2017～2021年发展各城市的固体生活废弃物收集、运输、回收利用和加工处理系统并吸引国际金融机构进行融资；

根据要求在2017～2018年为各城市的专业化卫生保洁机构以及地区公共事务管理部门的废弃物填埋场进行设施配套；

根据要求在2017～2019年利用商业银行优惠贷款以及企业家投资资金来推广固体生活废弃物加工处理技术；

根据要求在2017～2021年在各废弃物填埋场组织生产有机肥料；

根据要求在2017年10月1日之前清除非法垃圾堆积场。

3. 根据要求成立国家废弃物处理系统综合改进措施计划落实工作协调、监管委员会（以下简称“国家委员会”），其主要任务如下：

协调国家经济管理机构以及地方权力机构及时、保质落实废弃物处理系统综合改进措施计划中的各项措施并对其落实进度进行系统性监控；

每季度根据废弃物处理系统综合改进措施计划的要求，审查该计划的实施进度。

4. 赋予国家委员会在必要情况下修改计划综合参数和地址参数的权力。

5. 为如下机构提供资金来源以落实计划。

各城市的专业化卫生保洁机构：根据要求为其提供商业银行贷款；

地区公共事业管理部门：在编制乌兹别克斯坦共和国国家预算的时候根据要求为卡拉卡尔帕克斯坦共和国以及国内各州划拨国家预算资金；

发展卫生保洁系统：根据要求利用国际金融机构的融资。

6. 建议商业银行提供优惠贷款以支持垃圾堆积场的设施配套工程并且根据要求为各城市的专业化卫生保洁机构补充配备专用技术设备，还建议提供优惠贷款以推广固体生活废弃物的加工处理技术。

7. 乌兹别克斯坦共和国住房公共事业部应当与卡拉卡尔帕克斯坦共和国内阁、各州政府和塔什干市一起完成如下任务：

保证及时、保质落实废弃物处理系统综合改进措施计划；

每个季度与乌兹别克斯坦共和国国家自然保护委员会一起将与上述计划落实进度有关的相应信息提交给国家委员会。

8. 在2022年1月1日之前特别针对如下机构实施减免政策：

在乌兹别克斯坦共和国内务部下属的国家道路交通安全局办理专用汽车注册登记手续的时候，免除各城市的专业化卫生保洁机构以及地区公共事业管理部门向乌兹别克斯坦共和国财政部下辖的国家道路基金支付规费的义务；

在进口与专用汽车相关的工艺设备及备品备件，以及废弃物加工处理和回收利用工艺流程中所使用的国内不生产的部件时，免除各经济主体支付关税的义务（但是清关费除外）。

9. 乌兹别克斯坦共和国国家电视广播公司应当与乌兹别克斯坦共和国国家自然保护委员会、住房公共事业部、卫生部、卡拉卡尔帕克斯坦共和国内阁、各州政府和塔什干市政府一起在广大居民中开展法律和卫生环保教育工作，针对垃圾处理问题在电视节目中积极播放社会公益广告。

三 定价和服务费用结算

法人必须根据乌兹别克斯坦共和国内阁2014年7月15日颁布的第194号决议附录3《固体和液体生活废弃物收集、运输服务规范》的要求支付预付款，预付款金额不少于固体和液体生活废弃物运输服务费用的15%。自每个日历月结束之日起30日内，法人须将服务费尾款全部结清。

在每个月10号之前，自然人应当依据核准的费率以及固定格式发票支付上一月份的固体和液体生活废弃物运输服务费。

如果自用户（自然人）支付预付款之日起，在不超过12个月的期限内相应费率提高了，用户可以不对这期间的支付费用进行重新计算。

根据固体生活废弃物运输服务期间现行有效的固体和液体生活废弃物的运输服务费率来计算相关费用。

用户可自行选择任何一家接受现金、非现金（包括使用银行卡进行支付）的银行和收费处，来支付固体和液体生活废弃物运输服务费。

按照卡拉卡尔帕克斯坦共和国内阁、各州政府、塔什干市政府规定的费率以及物价控制机构的要求来支付固体和液体生活废弃物的运输服务费（如果没有集中排污系统的话）。

在如下情形中，如果存在相应文件，执行方可以对固体和液体废料的运输服务费金额进行重新计算：

在结算过程中出现计算错误；

没有向用户提供服务或者向用户提供的服务质量不合格。

如果提供的固体生活废弃物运输服务质量不合格，或者服务间歇期超过规定时长，那么应当相应减少服务费用。

应当根据服务质量评估结果编写相应证书以证明是否提供服务、提供的服务质量是否合格，该证书须由用户、执行方代表以及公民自治机构代表或住房业主委员会代表签字确认。

用于证明未提供服务或者服务质量不合格的证书是重新计算固体、液体生活废弃物运输服务费用金额的依据，也是执行方因违反己方义务而支付违约金的依据。

如果执行方给用户生命、健康和财产造成危害，那么，需制作相应证书，注明相关损失事实，并交予执行方和用户代表签字确认。

只有在用户、执行方代表和公民自治机构代表或住房业主委员会代表签字之后，该证书方才有效。

如果执行方代表没有签署该证书，那么公民自治机构代表或住房业主委员会代表签字确认就足够了。

如果执行方代表拒绝签署该证书，那么执行方代表必须书面说明拒绝签署该证书的原因。否则，在做出司法判决之前，用户有权暂停支付固体生活废弃物运输服务费。

如果发现用户名下还登记有其他人员，而用户又没有将该情况及时通知执行方，那么将自这些人员实际入住之日（相应文件证明的实际入住之日）起全额计算固体生活废弃物运输服务费。如果没有相应证明文件，那么则按照这些人员已经入住 3 个月进行计算。

乌兹别克斯坦共和国内阁颁布的《固体和液体生活废弃物收集、运输服务规范》见下文。

乌兹别克斯坦共和国内阁 2014 年 7 月 15 日颁布的第 194 号决议

附录三　固体和液体生活废弃物收集、运输服务规范

一　总则

1. 本规范明确规定了固体、液体生活废弃物的收集、运输服务程序。

2. 本规范中采用了如下基本概念：

用户——按照规定程序与执行方签订了固体、液体生活废弃物收集、运输服务合同的法人或自然人；

执行方——依据所签订的合同向各用户提供固体、液体生活废弃物收集、运输服务的法人；

固体生活废弃物——是指因为自然人生活和法人经营活动而生成的废弃物（食品废弃物、玻璃、橡胶、废纸、织物、包装材料、废旧

家用日常用品、因为使用基于固体燃料的日常生活用炉子和供暖锅炉而产生的废弃物）；

液体生活废弃物——是指因为自然人生活和法人经营活动而生成的废弃物（污水、积存在污水坑和化粪池内的各种液体污秽物、生产过程中形成的污水、非集中排污系统的粪便）；

建筑废弃物——是指建筑工程施工过程中以及住宅楼、办公楼、公寓楼改造、维修和拆除过程中所产生的废料；

公共设施——街道、胡同巷子、道路、中央广场、人行道、桥梁、隧道、人行横道、地下通道、沿岸设施、用于满足文化生活需求以及供居民休息的设施（文化和休息公园、花园、林荫路、小公园）、水利灌溉沟渠网；

垃圾——是指路面毁坏和磨损产物、粉尘、尘土、废弃物、落叶、垃圾桶的垃圾、污水井沉淀物；

固体、液体生活废弃物收集、运输服务——是指综合卫生保洁服务，其中包括根据卫生和生态要求对固体生活废弃物进行收集、贮存、运输、存放、回收利用、无害化处理、除菌处理以及将固体生活废弃物填埋在垃圾填埋场，对液体生活废弃物进行清理、运输和填埋；

废弃物的回收利用——是指提取废弃物中的有用成分或将废料作为二次原料、燃料、废料进行使用，以及将其用于其他目的；

废弃物的加工处理——是指完成相应的工序，旨在改变废料的物理、化学或生物属性，以便生态安全地贮存、运输或回收利用这些废料；

危险废弃物——是指内部成分哪怕含有一项危险属性（毒性、传染性、易燃易爆性、高反应性、辐射性）的废料，并且其数量和形态以及在与其他物质接触的时候会对公民生命和健康、环境构成直接或潜在危险；

“信号法”——是指垃圾收集车在分散居住区巡回收集固体和液体废料的时候通过发送声音信号的方式来告知正在回收废料。

3. 本规范在乌兹别克斯坦共和国国内有效，所有专业化卫生保洁机构必须遵守本规范，不管其所有制形式及其用户的部门归属性如何。

4. 本规范不适用于放射性废料、生物废料、医疗机构废料、大气有害排放物、水域有害排放物处理领域，这类废料的处理工作根据法律进行调节。

5. 由如下机构负责提供固体、液体生活废弃物的运输服务。

各城市：专业化卫生保洁机构；

各区中心、城镇和农村居民区：地区公共事业管理部门或者专业化卫生保洁机构。

6. 所提供的固体和液体生活废弃物运输服务质量应当符合本规范的要求以及生态要求和法律规定的其他强制性要求，另外还应当符合固体和液体生活废弃物运输服务合同的要求。

二　提供固体和液体生活废弃物运输服务

7. 应当根据本规范和合同的要求提供固体和液体生活废弃物的运输服务。

如有必要，为开展公共事业项目维护和运营工作而成立的、负责废弃物运输事务的城市和地区公共事业管理部门可以与专业化卫生保洁机构单独签订服务合同。

8. 如果不动产项目使用过程中会产生固体生活废弃物并且该不动产项目处于专业化卫生保洁机构服务区域范围内，那么不动产所有人（法人和自然人）必须与专业化卫生保洁机构签订固体生活废弃物运输服务合同。

如果不动产所有人（法人和自然人）配备有专用汽车用于运输固体生活废弃物，那么该不动产所有人应当与专用垃圾填埋场签订固体生活废弃物存放和填埋合同。

9. 根据固体生活废弃物生成量标准（以下简称为“废弃物积存量标准”）来确定固体生活废弃物运输量。

固体和液体生活废弃物积存量标准由专业化卫生保洁机构根据执行方的要求并依据合同来确定，与此同时，公共事业署也需聘请专业化机构进行测试研究。还应与废弃物处理领域的国家主管部门协商确定固体和液体生活废弃物积存量标准并将该标准提交卡拉卡尔帕克斯坦共和国内阁、各州政府和塔什干市政府进行审批。

积存量标准是一个变量，应当根据社会经济发展情况、人口特征变化情况以及项目配套程度定期进行重新审核，每五年至少需重新审核一次。

10. 须根据公寓楼和个人住宅的设施配套程度（有无供暖、供气、冷热水供应和排污系统）来针对公寓楼和个人住宅计算固体生活废弃物积存量标准，即每人每天的固体生活废弃物积存量。

11. 应当根据固体生活废弃物积存量标准以及无排污系统之住宅楼内的居民人数来计算液体废料数量。

须根据粪坑的渗透性、土壤的渗透系数、地下水水位和人均用水量来计算液体废料积存量标准。

12. 由当地国家权力机构根据当地气候条件，参考城市、居民区卫生状况保障条件、致病细菌防治条件并根据卫生标准和规范来制定固体和液体生活废弃物的运输周期，但是不得超过生活废弃物的极限贮存期限。固体生活废弃物的最小运输周期为：每天清运垃圾收集站的垃圾，分散居住区域的垃圾按照“信号法”三天清运一次。

13. 根据与用户签订的合同条款来制定执行方的工作计划表，对于公共项目而言，则根据当地国家权力机构的决定来执行，但是根据卫生标准和规范的要求不得超过生活废弃物的极限贮存期限。

14. 负责提供固体和液体生活废弃物运输服务的执行方可以根据申请并按照单独付费标准运输如下废料：

尺寸较大的废弃物（家具、冰箱、自行车、煤气灶、童车）；

牲畜粪肥、建筑垃圾、泥土；

农艺作业过程中形成的废弃物（树枝、树干、树桩、枯树枝）。

15. 第14条所述的废弃物应当存放在私人住房业主委员会、公民自治机构、职业管理机构专门规定的临时存放点。

16. 在秋季大规模落叶时节，绝对禁止焚烧落下的树叶，这些落叶应当连同街边住宅垃圾一起从专门规定的垃圾存放点运走。

17. 执行方必须签订生活废弃物运输服务合同并向用户提供相应的服务。

18. 执行方必须保证用户能够获取与本规范、所提供之服务、服务费率、付款条件、服务制度有关的信息，其中包括通过互联网（公共事业领域的专门网站、当地国家权力机构的网站）获取此类信息。

执行方、私人住房业主委员会和职业管理机构应当将对用户有用的信息公布在展台、布告栏上，其内容应当包括：

本规范；

固体和液体生活废弃物运输服务合同范本；

服务范围、服务提供形式；

现行服务费率；

付费单据样本和其他付费凭证；

关于固体和液体生活废弃物最大运输期限的信息。

三　固体、液体生活废弃物的贮存和回收利用

19. 废弃物填埋地点由当地国家权力机构负责决定并且依据当地相应国家权力机构的决定进行划分。

20. 执行方应当根据卫生标准和规范、生态安全要求以及废弃物合理利用方法来贮存废弃物或者将废弃物交予其他方。

21. 禁止执行方将废弃物贮存、填埋在居民区用地、自然保护区用地、康复保健区用地、娱乐休闲区用地和历史文化遗迹用地内以及水保护区、水域卫生保护区和其他可能危及公民生命健康的区域内。同样也禁止执行方在特别自然保护区和特别自然保护项目内贮存、填埋废弃物。

22. 当地国家权力机构以及执行方必须：

采取相应措施以开发和推广自己所生成的固体、液体生活废弃物的回收利用技术；

不得将第24条所述的废弃物混在一起，但是生产工艺规定的情形除外；

不得在未经核准的地点或设施内贮存、加工处理、回收利用和填埋废弃物；

监督自有废弃物存放设施的卫生和生态状况；

在对固体和液体生活废弃物进行处理的过程中还须对受毁坏的土地进行复垦恢复；

采取一系列措施以最大程度回收利用、销售废弃物或者将废弃物交予其他从事废弃物收集、贮存和回收利用业务的法人和自然人，保证对无须进行回收利用的废弃物进行生态安全填埋；

工业企业（国内生产厂商）必须制定专门的产品回收机制，从用户那里回收自己生产的、目前已经废旧老化的产品以便自费进行后续的回收利用。

23. 执行方有权采取一系列措施以最大程度回收利用、销售固体、液体生活废弃物或者将固体、液体生活废弃物交予其他从事固体、液体生活废弃物收集、贮存和回收利用业务的法人和自然人。

四　固体、液体生活废弃物的收集、分拣和贮存要求

24. 用户必须对一次性垃圾袋中的生活废弃物进行分拣并将其做如下分类：

(1) 塑料制品（塑料袋、餐具、包装材料、玩具、瓶子）：

硬塑料——塑料家具、塑料鞋；

软塑料——洗发水包装瓶、餐具等。

(2) 金属废料（各种金属材质日常生活用品、餐具、包装材料的废料，其中包括罐头盒）；

黑色金属废料（格栅、围栏、管段、管件、日常生活用品和家用物品金属部件）；

有色金属废料（铝丝、铜丝、铝制餐具、家用器具）；

玻璃（各类日常生活用品、餐具、包装材料、玻璃瓶）。

(3) 废纸（纸张、硬纸板以及其他纸制品废弃物）、碎棉布、抹布。

(4) 无须进行加工处理和回收利用的生物废弃物和其他废弃物（日常食品废弃物，其中包括各类食物、瓜果和蔬菜的残余物及果皮）。

垃圾回收站应当配备具有不同颜色和标识的专用集装箱（根据废弃物类型标注相应文字）用于分类收集固体生活废弃物。

在集装箱上应当注明耐磨毁的铭文信息：废弃物类型、集装箱编号、集装箱所有人。

集装箱使用期限（寿命）由生产厂家负责制定。可以根据固体生活废弃物的形态构成和集装箱的实际技术状况（机械损伤和其他损伤）将其更换为状态完好、符合卫生要求的集装箱。

在垃圾收集站须注明如下信息：名称（垃圾收集站编号）、负责运营垃圾收集站的组织机构名称、废弃物运输工作计划表。

25. 使用汞灯照明的用户应当将报废的汞灯与其他类型的废弃物分开贮存并存放在专门的地方。

采用专门的容器（该容器应当能够防止汞灯损坏以及防止含汞物质进入空气、水源、土壤和食品）来存放报废的汞灯，之后将这些报废的汞灯装入执行方生活垃圾接收站中专门针对废弃汞灯而设置的集装箱内。如果执行方采用“信号法”来运送生活垃圾，那么在收集汞灯的时候须保证将汞灯单独、安全地装上专用汽车。

在对汞灯进行回收利用之前，执行方和汞灯回收利用机构负责将积存在垃圾收集站内的报废汞灯运走。

26. 如果废弃物堆放在垃圾回收站，那么公寓楼内的用户须将装有各类固体生活废弃物的垃圾袋放入相应的集装箱内。居住在独立住宅楼内的用户须将分拣出来的固体生活废弃物存放在自己的住宅楼内，等到执行方的专用垃圾车根据“信号法”工作计划表前来收垃圾的时候将存放的垃圾再装上专用垃圾车。

禁止用户将固体生活废弃物扔到街道、水路干线、灌溉沟渠和非指定固体生活废弃物收集、填埋地点，也不得从行驶中的汽车中朝马路人行道、车行道扔固体生活废弃物。

27. 执行方、公民自治机构、私人住房业主委员会和职业管理机构对垃圾收集站的卫生状况和维护工作负责。

28. 执行方应当保证将本规范第24条所述的、经过分拣的固体生活废弃物运走并分类装入专用垃圾车，之后将经过分拣的固体生活废弃物按照规定程序交予专业化二次原料接收企业。

29. 禁止在公寓楼内设置固体生活废弃物收集和贮存点。

如果发现公寓楼的公寓房内有收集和贮存固体生活废弃物的行为，私人住房业主委员会和职业管理机构必须在两个小时内将该情况告知该街区警局监察员并随后开具违规通知书，确定过错人身份，之后按照法律规定程序对该过错人处以罚款。

五　固体生活废弃物运输组织要求

30. 执行方将专用汽车停在服务区域外，根据与公民自治机构达成的协议、所制定的每日工作计划表并参考各居民区的服务次序来制定废料运输期限。

31. 公民自治机构对固体生活废弃物运输工作计划表的落实情况进行社会监督，监督专用垃圾车是否按时抵达特定区域将固体生活废弃物运走。

32. 如果执行方没有遵守固体生活废弃物运输工作计划表，那么用户有权向执行方调度处递交申请，而执行方调度处则应当按照业务程序采取相应措施将固体生活废弃物运走。

六　固体生活废弃物处理领域的管理工作

33. 固体生活废弃物处理领域的管理关系决定了当地国家权力机构、执行方、用户、废料收集和运输工作参与人之间必须进行相互协作以保证落实《废弃物法》的要求。

34. 当地国家权力机构行使如下职能：

促进成立各种所有制形式的废弃物回收利用企业；

确定垃圾收集站设置位置，利用国家预算资金修建垃圾收集站，制定垃圾收集站交付给运营机构的交付条件或者将垃圾收集站租赁给管理机构以提供废弃物回收利用服务；

监督本规程各项要求的落实情况；

依据测时研究结果对专业化卫生保洁机构所制作的固体生活废弃物积存量标准进行审批；

组织制作和设计城市、地区中心、城镇、农村居民区固体生活废弃物卫生清理图；

在城市、地区中心、城镇、农村居民区组织统计用户的废弃物生成量和流动情况；

解决在各区域设置废弃物处理设施的问题；

根据法律和本规程的要求与用户、执行方相互协作开展废弃物处理活动；

组织落实固体和液体生活废弃物的收集、运输和回收利用领域的目标计划；

在固体和液体生活废弃物收集点组织落实环境保护措施；

与用户和执行方一起就废弃物的正确收集和运输问题进行说明；

为废弃物处理领域的企业活动发展创造条件；

根据法律的规定在废弃物处理领域履行其他职能。

七　垃圾收集站的建立和运营

35. 当地的国家权力机构在公民自治机构协助下根据私人住房业主委员会（职业管理机构）的诉求来解决在相应区域内设置废弃物处理设施的问题。

36. 可以按照规定程序成立有执行方参与的工作委员会，从而开展垃圾收集站的设置工作。

37. 应当参考所核准的乌兹别克斯坦共和国各地区及居民区城建规划和发展文件的要求来初步商定设施建筑工地所在位置。

38. 应当根据卫生标准和规范的要求（参考居民数量、废弃物积存量标准以及废弃物分拣标准）来确定垃圾收集站的面积以及垃圾收集站内的垃圾集装箱数量。

39. 垃圾收集站以及垃圾集装箱应当归执行方所有，而执行方必须保证对其进行维护保养、支付市政费用并对其进行小修和大修。

40. 垃圾收集站和垃圾集装箱与居住场所窗户、入口之间的距离根据卫生标准和规范来确定。

八　服务费用结算

41. 法人必须为固体和液体生活废弃物运输服务费支付一定数目的

预付款，预付款金额不得少于固体和液体生活废弃物运输服务费的15%。自每个日历月结束之日起30日内，法人必须全部付清固体和液体生活废弃物运输服务费。

42. 自然人应当在每个月10号之前依据所核准的费率和发票来支付上一月份的固体和液体生活废弃物运输服务费。

如果自用户（自然人）支付预付款之日起，在不超过12个月的期限内相应费率提高了，用户可以不对这期间的支付费用进行重新计算。

根据相应固体生活废弃物运输服务期内固体和液体生活废弃物的运输服务费率来计算费用。

用户可以无限制选择任何一家银行和收费处（以现金和非现金形式付费）来支付固体和液体生活废弃物运输服务费，其中包括使用银行卡进行支付。

43. 按照卡拉卡尔帕克斯坦共和国内阁、各州政府、塔什干市政府规定的费率以及物价控制机构的要求来支付固体和液体生活废弃物的运输服务费（如果没有集中排污系统的话）。

44. 在如下情形下，如果有相应文件的话，执行方可以对固体和液体废料的运输服务费金额进行重新计算：

在结算过程中出现计算错误；

没有向用户提供服务或者向用户提供的服务质量不合格。

45. 如果提供的固体生活废弃物运输服务质量不合格，或者服务间歇期超过规定时长，那么服务费用金额应当相应减少。

46. 应当根据服务质量评估结果编写相应证书以证明是否提供服务、提供的服务质量是否合格，该证书须由用户、执行方代表以及公民自治机构代表或住房业主委员会代表签字确认。

用于证明未提供服务或者服务质量不合格的证书是重新计算固体、液体生活废弃物运输服务费用金额的依据，也是执行方因违反己方义务而支付违约金的依据。

如果执行方给用户的生命、健康和财产造成危害，那么就要制作相应证书并交予执行方和用户代表进行签字确认，该证书中须注明造成损失的事实。

只有在用户、执行方代表和公民自治机构代表或住房业主委员会代表签字之后，该证书才有效。

如果执行方代表没有签署该证书，那么公民自治机构代表或住房业主委员会代表签字确认就足够了。

如果执行方代表拒绝签署该证书，那么执行方代表必须书面说明拒绝签署该证书的原因。否则，在做出司法判决之前，用户有权暂停支付固体生活废弃物运输服务费。

47. 如果发现用户名下还有其他人员，而用户又没有将该情况及时通知执行方，那么将自这些人员实际入住之日起（相应文件证明的实际入住之日）开始全额计算固体生活废弃物运输服务费。如果没有相应的证明文件，那么则按照这些人员已经入住3个月进行计算。

九 用户的权利和义务

48. 用户拥有如下权利：

根据合同规定取得能够保证用户生命健康的必要数量、规定质量的安全服务，此种服务不应当给其财产造成危害；

根据合同规定的固体和液体生活废弃物运输条件和期限享受固体和液体生活废弃物运输服务；

支付不超过12个月的预付款，如果后来相应费率提高，则不用对其服务费用进行重新计算。

从执行方处获取关于固体、液体生活废弃物运输服务范围、质量、服务提供条件、服务费用金额变化、服务费用支付方式的信息；

如果执行方没有保质履行合同义务，那么用户有权以书面形式或口头形式向执行方提出申诉并要求执行方制作相应证书以证明存在服务不到位的事实，同时还有权责成执行方在规定期限内对发现的不足之处进行整改；

如果执行方存在过失，那么用户有权要求执行方对服务过程中的不足之处进行无偿整改并按照合同约定的金额支付违约金（罚款或罚金）；

如果有文件能证明在长期居住地存在服务临时缺位的情况，那么用户有权根据本规程或合同的规定要求执行方完全或部分免除固体、液体生活废弃物运输服务费支付义务，或者按照合同规定程序要求执行方针对没有提供上述服务的期间免除固体、液体生活废弃物运输服务费支付义务。

在签订合同的时候，用户有权根据固体、液体生活废弃物及时清理的必要性来制定服务提供期限，但是该期限不应当超过卫生标准和规范规定的最大期限；

如果执行方没有及时履行合同或者提供劣质服务，那么用户有权将固体、液体生活废弃物运输服务质量不合格问题诉诸法院并要求赔偿损失；

用户可以根据法律的规定拥有其他权利。

49. 用户的义务如下：

签订固体、液体生活废弃物运输服务合同并执行该合同条款；

使用一次性垃圾袋对固体生活废弃物进行初步归类和分拣；

如果采用垃圾集装箱来收集废弃物——则将生活垃圾归类并使用垃圾袋装好放入垃圾收集站内相应的垃圾集装箱中；

如果采用“信号法”来收集废弃物——则将分拣好的固体生活废弃物存放在自己家中并在执行方的垃圾车抵达之后将这些分拣好的固体生活废弃物装上垃圾车；

不要将固体生活废弃物扔在街道、水路干线、灌溉渠和非指定废弃物收集填埋处，不得从行驶中的汽车上向人行道和车行道扔固体生活废弃物；

保证执行方能够自由抵达固体生活废弃物装载点以便将固体生活废弃物装上垃圾车；

如果发现垃圾集装箱、垃圾收集站、垃圾收集箱和其他设备存在故障，那么就应当将该故障情况立即通知执行方。

用户根据法律规定还承担其他义务。

十　执行方的权利和义务

50. 如果用户不遵守合同义务，那么执行方有权针对用户采取相应措施并要求支付法律或合同规定的违约金（罚款或罚金）。

执行方根据法律规定还拥有其他权利。

51. 执行方的义务：

在规定期限内将固体、液体生活废弃物运走；

根据法律、本规程和合同规定的要求为用户保质提供固体、液体生活废弃物运输服务；

按照法律或合同规定的期限制作用户申请书；

推广固体、液体生活废弃物运输服务费用电子支付和个人账户状况实时跟踪系统；

对用户业务（申请、建议、申诉）以及固体、液体生活废弃物运输服务质量进行统计，并对业务办理情况进行统计；

根据法律的要求修建必要数量的垃圾收集站以保证完全满足居民

需求；

对垃圾收集站和集装箱状况进行监督并保证其处于相应状况；

保证配置必要数量的垃圾集装箱用于收集固体生活废弃物；

有计划地开展废弃物大量堆积现象、细菌蔓延和其他危及居民生命健康及环境安全之有害物质堆积现象的整治工作（对垃圾集装箱、垃圾收集站进行无害化处理或冲洗）；

保证按照规定程序将本规程第24条所述的固体生活废弃物移交给专业化二次原料接收企业；

在正式生效之前，通过在执行方用户服务站点悬挂告示的方式，以及通过大众信息媒介，将固体、液体生活废弃物运输服务提供程序和服务费率变化情况提前15天通知到用户；

采取相应措施预防和整治用户服务质量不合格现象；

将生活废弃物运输服务费用结算信息以及服务费用欠缴证明免费提交给用户；

执行方根据法律规定承担其他义务；

执行方必须在诉讼时效内采取一切措施向用户收缴供热服务费。

52. 执行方依据所签订的合同履行如下职能：

将可以提供的服务告知客户；

保证落实固体生活废弃物收集和运输工作计划表；

根据法律规定程序统计所生成的废弃物；

保证公寓楼附近指定区域和专用废弃物临时存放点应有的卫生状况；

保证分拣、安全地分类存放废弃物，保证收集废弃物并将其运送至废弃物回收利用和（或）加工处理点或填埋点；

保证与用户签订有相应的合同；

根据法律规定履行废弃物处理领域的其他职能。

十一　用户的责任

53. 用户对如下行为承担责任：

不履行或者不按规定履行合同义务；

及时支付固体、液体生活废弃物运输服务费；

正确、及时提供住所或独栋住宅楼内实际居住人员数量的数据；

违反本合同条款规定地点内固体和液体生活废弃物积存量的规定。

十二　执行方的责任

54. 执行方对如下行为承担责任：

不履行或不按规定履行合同义务；

违反固体、液体生活废弃物收集和运输服务提供期限，违反服务不足之处的整改期限；

没有针对违反服务提供期限以及服务不足之处整改期限的行为及时支付罚金；

对执行方负责管理的垃圾收集站（配置有垃圾集装箱）的技术状况承担责任；

对由于不提供服务或者提供服务质量不合格而给用户生命健康和财产所造成的危害承担责任。

十三　尾则

55. 按照法律规定的程序解决双方之间出现的各种分歧和争议。

56. 违反本规程要求的过错人根据法律规定承担相应责任。

四　加工处理标准

依据独联体国家标准 GOST 30772 －2001 和 GOST 30773 －2001 对废弃物进行加工处理。

这些标准明确规定了用于管理、组织、开展废弃物处理工作以及标准方法保障所必须使用的基本术语和定义。此类废弃物包括：固体、液体（废液）、气体（废气）、废料、工艺流程各个阶段所形成的残渣和混合物。标准适用于被视为废弃物的任何项目，这些废弃物也可以视为生物圈污染物。

这些术语从活动的 4 个方面进行系统化分类。

寿命方面：与待销毁生产废弃物和生活废弃物直接有关的术语，其中包括与任何报废产品和/或使用寿命到期无法使用的产品、二次产品（其中包括专门的可回收资源、原料及由此类原料所制作的材料）以及具有资源和原料意义的废料贮存地点（二次废料堆积场）有关的术语。

生产方面：与废弃物处理流程有关的术语，其中包括文件编制方面的术语。

生态方面：与危险废料处理要求和限制条件有关的术语。

社会方面：与任何废弃物处理活动主体（法人和个体经营者）有关的术语。

本标准不适用于放射性废料和军事废料的处理。

在编写文件资料的时候应当将与销毁任何废弃物及项目有关的要求考虑在内。

必须将本标准中所规定的术语用于科技、教学和参考文献中，以及用于其他明确规定了垃圾处理工作组织落实程序的标准和标准技术文件中。

该文件中生态方面的术语如下。

1. “污染物”：是指进入自然环境中或者在自然环境中出现的任何天然或人工物质（首先是物理介质、化学物质和生物物种——主要是微生物），其数量超过了一般极限自然波动幅度范围或者长期平均自然本底范围，会对自然环境质量和人类健康产生不利影响。

2. “生物界污染物”：是指会对生物界产生负面影响的任何天然和/或人工污染物（其中包括生产废弃物和生活废弃物）。①

3. “自然环境质量”：是指自然条件在满足人类、其他生物和植物需求方面的合格等级。

4. “污染”：是指带给环境或者在环境中出现新的、通常环境不曾有的物理、化学、生物因素，在一定时间内这些因素会导致环境中上述物质的浓度超过自然条件下的多年平均水平，并且会对人类和环境造成负面影响。

5. “人为污染”：是指因为人类活动而造成的污染，其中包括人类对自然污染程度所造成的直接和间接影响。

6. “生物污染”：是指动物（细菌）和/或植物（通常指当地没有的物种）意外侵入或者由于人类活动而侵入生态系统或技术装备从而造成的污染。

7. “自然污染”：是指因为自然灾害（火山喷发、地震等）所造成的污染。

8. “机械污染”：是指环境被那些仅能够产生机械影响，而不会造成物理化学后果的物质（例如垃圾）污染。

9. “物理污染”：是指环境的温度能量属性、波动属性、辐射属性和其他物理属性偏离标准值的环境污染。

10. “光污染”：环境物理污染的一种形式，会伴随出现周期性或持续性超过本地自然照度的现象，其中包括使用人工光源。

11. “噪声污染”：因为噪声强度和重复频率超过自然水平而产生的人

① 说明：此种影响可能具有人为特征、心理生理特征、生态特征、毒理特征、化学特征、物理特征、力学或信息学特征。此时生物界污染物包括固态、膏状、液态、气体粉尘状或者组合形态的过期物质和报废材料。

为物理污染，这将增加人们的疲劳度、降低其智力活动积极性，当噪声水平达到 90 ~ 100 分贝之后，将会使人逐步丧失听力。

12. “电磁污染”：是环境物理污染的一种形式，这种形式的污染与破坏环境电磁属性有关。

13. “场污染”：是以对生物状况产生负面影响的基本粒子流（其中包括电磁辐射量子）为形式的能源污染。

14. “热污染”：是环境物理污染的一种形式，其特征就是环境温度周期性或长时间超过自然水平。

15. “化学污染”：由于环境天然化学属性发生变化而造成的污染或者因为外来化学物质进入环境而造成的污染，此时化学物质浓度超过一定时期内多年平均本底浓度。

16. “跨境污染”：是指因为污染物跨境转移而造成的环境污染涵盖了多个国家或者整个大陆。

17. “全球性污染”：是指污染项目的整个外部环境被远离污染源的物理、化学或生物物质污染。

18. “废弃物的危险性”：是指可以测出并以文件证明的废弃物属性。在特定条件下，废弃物中所含的物质具有其中一项危险属性，不仅单独会对人员健康以及自然环境构成直接或潜在危险，在与其他物质和废料发生接触之后也会对人员健康以及自然环境构成直接或潜在危险。

19. “废弃物的潜在危险性”：是指仪器测出的危险性或者某些废料构成的假定危险性，其中包括此刻没有量化测出并且没有文件记录的危险性，但是可以借助天然生物指示器（植物、动物等）测得的危险性。

20. “活体危险废料”：是指有毒废弃物、传染性废弃物、致癌废弃物、放射性废料，这类废料会对人类、生物的健康和生命构成危险，并且会对其繁殖能力产生影响。

21. “生态危险废料”：是指会危及社会环境和自然环境的废料。

22. “废弃物彩色清单”：是指根据经济合作与发展组织决议而对所有需要进行跨境运输的废料进行分类，其类别如下。

（1）“红色清单”：禁止运入国内的废料，此类废料也禁止过境运输。

（2）“琥珀色清单”或“黄色清单”：是指需要根据法律要求进行管理的废料。

（3）“绿色清单”：是指跨境运输时需依据商贸交易中通常所采取的管理措施进行管理的废料。

23. “生态标准”：是指可以将综合生态状况换算为一个或多个数值的指标。

24. “废弃物的生态性”：是指可以测量并评估的废料属性，用于表示废弃物在规定时间内在任何存续状态下都自然而然或者人为干预后不会对靠近废弃物所在地的周围环境造成超标负面影响。①

25. “生态合理利用危险废弃物”：是指采取相应措施以保证在使用危险废弃物的时候人类健康和环境不会受到此类废弃物加工处理过程的负面影响。

26. “环境保护”（回收利用废料的时候）：旨在保证不会对环境以及工作人员健康、居住在废弃物回收利用项目附近之居民健康造成损失或者将其损失降至最低水平的各种国家、部委和社会措施。

27. “销毁废弃物时的安全性”：是指在销毁废弃物的过程中不会出现危害人员安全或造成人员死亡、损坏或丢失设备或其他财产的条件。

28. “废弃物的生态安全性”：是指在废弃物的回收利用、填埋和/或销毁阶段，废弃物不会给环境带来不可接受的风险。

29. “处理废料时进行区域地质生态监控”：是指地质环境状况和特定因素的观测、评估和预测系统，该系统可以对人为活动（其中包括所在地区的垃圾处理活动）的生态后果进行建模和预测。②

30. “废弃物回收利用的安全性”：是指废弃物回收利用业务的所有特征说明，旨在避免给员工、居民、生产设施、财产和环境造成损失或者将此种损失风险降至最低水平。

31. “生态安全性类别”：是指环境保护水平的一种说明，可以划分为“绝对安全”或者“可接受风险”。

32. “清理危险废料或其他废料”：是指收集、分拣、运输和加工处理危险废料或其他废料并且对废料进行销毁和/或采用专用贮存方式对其进行填埋。

33. “填埋危险废弃物”：对那些不会继续使用的危险废弃物进行隔离处理，无限期将其贮存在专门指定的贮存地点，从而防止（预防）所填埋的废弃物对自然环境、与填埋地点保持可允许距离的无保护人员造成危险

① 说明：此时能够有凭有据地证明废弃物在规定时间内在任何存续状态下都不会对废弃物所在地的周围环境造成负面影响。

② 说明：借助地下水、外力作用过程和人为作用过程监测站运营多年的系统来开展地质生态监测工作以及地质环境状况的远程监测工作。

影响。

34. “废弃物填埋量”：在上述期间内需要在特定地点进行填埋或者已经在特定地点填埋的具体类型废弃物数量。

35. “环境质量”：是指自然条件和/或人为条件在满足生物界需求方面的合格等级。

除此之外还有如下文件：

——《废料填埋和回收利用地点的国家统计调查程序规定》；

——指导性文件 РД11 8.002771 9.1 –91《废料贮存（填埋）许可证颁发程序》；

——指导性文件 РД 11 8.002771 425 –93《乌兹别克斯坦共和国各居民区固体生活废弃物存放项目的国家生态监督（检查）程序》；

——指导性文件 РД 11 8.002771 4.31 –94《乌兹别克斯坦共和国各企业有毒工业废料存放项目的国家生态监督（检查）程序》；

——乌兹别克斯坦共和国卫生标准和规范 СанПиН РУз № 0068 –96《乌兹别克斯坦共和国各城市固体生活废弃物收集、贮存、运输、无害化处理和回收利用卫生规范》；

——乌兹别克斯坦共和国卫生标准和规范 СанПиН РУз № 0056 –96《医疗机构的设置与运营》；

——《有毒工业废料临时分类码以及工业废料毒性等级判定方法建议》；

——苏联卫生部和苏联部长会议国家科学技术委员会 1987 年 5 月 5 日发布的第 4286 –87 号令；

——指导性文件 РД 11 8.002771 4.60 –97《自然保护、生产废弃物和生活废弃物处理、术语及定义》；

——指导性文件 РД 11 8.002771 4.61 –97《自然保护、生产废弃物和生活废弃物处理、企业中生产废弃物和生活废弃物清点工作的组织以及开展方法》；

——指导性文件 РД 11 8.002771 4.62 –97《自然保护、生产废弃物和生活废弃物处理、废料最大贮存量计算方法规定》；

——指导性文件 РД 11 8.002771 4.63 –97《自然保护、生产废弃物和生活废弃物处理、生产废弃物和生活废弃物最大贮存量设计方案的制作方法》；

——建筑标准和规范 СНиП2.01.12 –96《有毒工业废料无害化处理和填埋场、基本设计原则》；

——乌兹别克斯坦共和国卫生标准和规范 СанПиН РУз № 0026 –2002

《工业废料的清点、分类、贮存和无害化处理》;

——乌兹别克斯坦共和国卫生标准和规范 СанПиН РУз№ 01 49 - 04《医疗机构废料的收集、贮存、清理卫生标准和规范》;

——乌兹别克斯坦共和国卫生标准和规范 СанПиН РУз№ 01 57 - 04《乌兹别克斯坦共和国国内特殊垃圾堆积场内固体生活废弃物的贮存和无害化处理卫生要求》。

第二节 生活废弃物行业发展状况

固体生活废弃物管理概念涵盖许多问题，其中包括固体生活废弃物的收集、运输、回收利用和加工处理。1990 年之前，乌兹别克斯坦共和国采用的是废弃物行政计划管理系统。乌兹别克斯坦共和国当时是由公共事业部负责落实技术和制度上的政策。乌兹别克斯坦公共事业部明确指定了每年以及五年优先政策方向，另外还特别注重对生产和生活废弃物进行二次加工处理。在采用新的管理系统之后，则由公共事业署落实固体生活废弃物管理领域的所有技术性政策。根据《废弃物法》的规定，公共事业署的授权范围包括：制订生活废弃物处理计划，将该计划提交乌兹别克斯坦共和国内阁审批，对生活废弃物的收集、运输、加工处理和回收利用情况进行监管。自 2004 年 3 月起，公共事业署的授权范围被进一步拓宽。其职权还包括落实地区间水管、市政天然气销售网络发展方面以及生活废弃物收集、回收利用和加工处理方面的统一技术政策（乌兹别克斯坦共和国内阁 2004 年 3 月 5 日颁布的第 110 号决议《关于乌兹别克斯坦共和国公共事业署活动措施的决议》)。然而，根据乌兹别克斯坦共和国内阁颁布的第 213 号决议，目前该法规已经失效。

众所周知，社会发展水平与废料生成量之间存在正比例关系，随着社会发展水平的提高，危险废料等级指标也会增长。工业废料、生活废弃物问题将成为大多数工业发达城市一个迫切需要解决的问题。

从统计数据可以知道，塔什干州有 23 处固体生活废弃物填埋场。在 9 个月的时间内共产生了 2182753. 92 吨废弃物，其中 257407. 32 吨市政生活废弃物，1925346. 6 吨工业废料。该州的 18 家废弃物加工处理企业共加工处理了 953153. 76 吨废弃物（33662. 06 吨市政生活废弃物和 919491. 7 吨工业废料)。因此，专门从事废弃物二次加工处理的企业迫切需要推广创新型能源和资源节约技术。

特大城市的垃圾收集和加工处理系统的现代化改造工作将会分阶段进行。2015年塔什干开始改进该系统，2016年卡尔希市和撒马尔罕市的垃圾收集和加工处理项目开始启动，2018年布哈拉市和安集延市的垃圾收集和加工处理项目也将启动。

到2020年末，乌兹别克斯坦计划投入1.7亿美元用于改进5座特大城市的生活废弃物收集系统。塔什干市、撒马尔罕市、安集延市、布哈拉市和卡尔希市的生活废弃物收集系统的大部分改进工作将通过国际金融机构融资贷款来开展。"塔什干市与亚洲开发银行、撒马尔罕市与法国开发署已经就上述项目签署了融资协议。亚洲开发银行计划提供7600万美元的贷款，而法国开发署将提供4500万美元的贷款。剩余几座城市目前正与一些国际机构就该项目融资问题进行讨论。"

乌兹别克斯坦将在同一个模型框架范围内对各城市的垃圾收集系统进行改进。首先计划成立新的专业化卫生保洁机构并对现有的卫生保洁机构进行改造。根据设计方案的要求，每个卫生保洁机构都应当配置自己的车库、汽车修理间、洗车房、医疗站和办公楼，另外还必须为垃圾车配置自动化GPS远程监控系统。除此之外，还计划为垃圾填埋场和垃圾转运站采购大量专业车辆和机械设备。需要进行深度改造的是第一环节，即垃圾收集站。在修建新的垃圾收集站以及对现有垃圾收集站进行改造之后，其垃圾处理能力将会得到大幅提升。垃圾收集站不仅将配备现代模块化垃圾集装箱，还将对废弃物进行分类收集。同时，专家们不仅会对享受垃圾收集服务的自然人和法人进行大规模的清点统计，还会检查垃圾收集站的区域分布是否合理正确。各城市垃圾收集系统的改造工作分阶段开展。最为复杂的项目是塔什干市的项目。塔什干市将按照国际标准修建一座占地面积30公顷的卫生垃圾填埋场，并对两个垃圾转运站进行改造。2014年，塔什干市开始与亚洲开发银行一起实施一个总造价7600万美元的投资项目，该投资项目旨在规范乌兹别克斯坦首都塔什干市的固体生活废弃物收集工作，项目建设期为2014~2018年。计划在该项目框架范围内组织开展固体生活废弃物的加工处理工作并采购200辆各种专门车辆，将在塔什干市人口聚集区内设置超过700个保护场地和大约400个普通场地用于收集垃圾。

Maxsustrans生产管理局十分注重持续改进系统工作，不断加大国际合作并吸引投资。例如，与日本清水（Shimizu）公司共同实施"清洁发展机制"项目。该项目计划燃烧掉塔什干市垃圾堆积场所形成的生物气体中的甲烷，从而保护自然环境。

Maxsustrans 生产管理局代表表示："如今市内已经设置了超过 12000 个专用垃圾集装箱。今年还修建了 185 个现代化保护场地用于收集废弃物，另外还有一些垃圾收集场地需要翻新和修理。设置保护场地效率更高，因此未来还将增加保护场地的数量。另外还将采取相应措施以保证废弃物及时运走。为此专门的汽车生产企业生产了 411 辆专用车辆，2012～2013 年采购了 153 辆 MAN 牌和 Isuzu 牌汽车，这些汽车具有较高的机动性和工作效率。"

目前 Maxsustrans 生产管理局下辖一个废弃物装运站、11 个地区性汽车运输企业以及 Maxsustranstamir khizmat 企业（该企业从事垃圾车维护和小修业务）。将来还有可能在撒马尔罕市修建新的垃圾加工处理厂。另外，该生产管理局还将注重建立垃圾二次处理产业链并将部分垃圾作为其他生产行业的原料进行回收。

最近两年，法国开发署、Naldeo 公司和 Tamirloiha 设计院也制定了技术设计方案，对项目场地进行了考察并明确了当前的任务。项目总投资额为 3710 万欧元，其中 2350 万欧元为法国开发署提供的贷款。

计划在 2017～2019 年投资建设的项目旨在参考最为先进的经验和世界标准为撒马尔罕市建立长期有效的废弃物统一管理系统。该项目计划开展所有必要的废弃物管理工作，为废弃物的收集、加工处理和回收利用工作提供财政支持。特别是计划修建和维修大约 200 个废弃物收集站、采购 70 辆专用车辆、组建废弃物分拣和回收利用中心。该项目还计划将固体生活废弃物回收利用中心用作生物反应器来生产生物气体，届时用于回收废弃物的专用车辆将会加注生物气体。这一项目是中亚地区的首个类似项目。

乌兹别克斯坦共和国境内的塔什干废铁和有色废金属加工处理厂股份公司在生活废弃物回收方面表现出了积极态度，该公司还从事电子垃圾的加工处理工作。塔什干州的 Uz-Prista Oil 发动机油回收有限责任公司已投入运营。

除此之外，有关方面还在与外国公司（Pusung Recycling Co.，Ltd.；Auto Echo Co.，Ltd.）的代表举行会谈。这些公司从事汽车轮胎、废弃机油和植物油、废旧 PET 塑料瓶、废弃日用电子产品、汽车工业和电子工业废料的加工处理业务。

基于韩国专家所推荐之轮胎回收利用技术的生产项目已经投运，该项目用于生产原料，其生产的原料用于制作橡胶路面、儿童游乐场、中学体育课用橡胶垫、浴缸毡垫、跑道、盲文板、弹性包装材料和其他物品。

汽车的回收利用。考虑到汽车是由大量元件构成的一套综合系统，此类元件包括电子设备、外部金属壳、发动机和液体，应当分阶段对其进行回收利用。Auto Echo 有限责任公司的代表提议建设的项目计划提取各种工作液体（防冻液、机油、汽油残余物等）、拆取外部和内部零部件，其中包括分类拆除发动机、制冷机、电子仪器、安全气囊系统和其他设备、汽车外壳。如此回收利用不仅能够减少大气有害物质排放量，还能重复利用原料。

随着现代技术的不断发展，家用电器、LCD 电视机和显示器以及其他电子仪器的回收利用问题开始成为一个迫切问题。例如，仅仅一部手机里就使用了超过 20 种金属材料，正确回收利用废旧手机将有助于解决后续新生产家用电器所需之原料的问题。

机油回收利用系统也有一席之地，可以使用回收的机油来生产生物柴油。据预测，2019 年全世界的生物柴油用量将达到每年 4120 亿升。

生活废弃物的加工处理也应当引起特别注意。运送到垃圾加工处理厂的垃圾将进行粉碎处理并分离出金属、塑料、玻璃材质的零部件、废纸、废橡胶、废皮革、食品垃圾和其他废弃物。所收到的材料将经过后续加工处理，以便从中提取贵重元件。

生活垃圾的回收利用问题还涉及垃圾分拣。因此在推广这些技术的时候，必须就新的垃圾分拣方式在居民中进行大规模的宣传讲解工作。

要想顺利推进废弃物加工处理和垃圾回收利用项目并减少对环境的危害，必须开展大量工作，其中不仅包括引进垃圾加工处理生产线，还包括完善法律体系、落实培训计划并实施垃圾回收利用规范。

第三节　生活废弃物行业市场准入要求

一　市场准入要求

自独立以来，乌兹别克斯坦共和国针对外国投资者建立了法律保障和优惠待遇体系，制定了完整的措施体系以鼓励合资企业开展经营活动。

乌兹别克斯坦共和国政府保证保护在乌兹别克斯坦境内从事投资活动的外国投资者的权利。如果乌兹别克斯坦共和国后续颁布的法律导致投资条件变差，那么自投资之时起 10 年内对外国投资者依然适用投资之时所施行的法律。外国投资者有权自行决定是否使用新颁布法律的条款（改善其投资条件的条款）。

除此之外，在某些情形下，如果投资旨在保证经济稳定增长，加强国家优先领域、优先项目和小型企业项目的出口潜力，乌兹别克斯坦共和国政府还可以为外国投资者提供附加保障和权利保护措施。

自2001年10月1日起，乌兹别克斯坦共和国按照“一站式”原则建立了简便的国家法人注册系统。换而言之，对于新成立的企业而言，所有审批只需一级审批程序并且在3个工作日内即可完成。

最近几年，无论是法人还是自然人，其税收负担大幅减轻。特别是自1992年起法人的所得税率降低了80%，目前的所得税率为8%。该国政府给予了小型企业和私人企业代表一系列税收和贷款优惠、特惠待遇。根据1996~2014年的统计数据，小型企业和私人企业的税率从38%降至5%，也就是说降低了6/7。根据《乌兹别克斯坦共和国税法典》的规定，微型公司和小型企业可以选择简化纳税形式，这样一来就可以支付统一税费以替代普遍规定的税费和其他强制性规费。

针对那些在乌兹别克斯坦共和国总统前不久设立的纳沃伊自由工业经济区内从事生产活动并且作为该自由工业经济区入驻企业进行登记注册的企业，该国政府给予史无前例的税收优惠待遇。这些税收优惠待遇包括基本免除乌兹别克斯坦共和国境内的所有税费和关税，这就使得纳沃伊自由工业经济区成为世界上最自由、最具有吸引力的自由经济区之一。

该国政府所采取的投资环境改进措施能够极大增加外国投资者对乌兹别克斯坦共和国经济的直接投资总额。自独立以来，该国共计吸引投资金额超过1200亿美元，其中超过600亿美元为外国投资者的资金。

目前，乌兹别克斯坦共和国生态运动组织正在开展《乌兹别克斯坦共和国废弃物法》的修订和增补工作。根据《乌兹别克斯坦共和国废弃物法》第24条的规定，应当根据法律规定给负责研发和推广垃圾生成量减少技术和垃圾回收利用技术、设立垃圾回收利用设备生产企业和车间、参与垃圾回收利用项目和减少垃圾生成量项目融资的法人和自然人提供优惠待遇。地方国家权力机构可以在自己的职权范围内补充制定相应措施以鼓励回收利用垃圾废料并减少垃圾废料的生成量。

为鼓励和加大产品出口，乌兹别克斯坦共和国为出口企业建立了完整的税收优惠和特惠体系。例如，生产厂家在将那些应征消费税的商品用于出口时不会对其征收消费税，但是乌兹别克斯坦共和国内阁规定的部分应征消费税的商品除外。用于赚取外汇的出口商品（贵重金属除外）销售额按照零税率征收增值税。

对于出口企业而言（但是销售原料的企业除外），可以根据自产商品（劳务、服务）出口量在总销售量中的占比（为赚取可自由兑换货币而出口商品）来降低所得税率和财产税率：当出口量占比为15%～30%时，上述税率降低30%；当出口量占比大于等于30%的时候，上述税率降低50%。如果微型公司和小型企业的出口量占比也能符合上述要求，那么其统一税率也将相应降低。除此之外，不强制微型公司和小型企业将自产商品（劳务、服务）出口所得外汇收入的50%进行出售。这样一来企业就有外汇资金用于加强和有效发展自己的生产。针对所有商品（劳务、服务）取消出口关税以及采取商品（劳务、服务）出口特许制度（特殊商品除外）也能够鼓励企业参与商品出口。

自2011年8月起，乌兹别克斯坦共和国政府审批通过了商品出口时所需支付的清关手续费新费率，与之前相比较而言，新的清关手续费率至少降低了50%。

从事进出口业务的合资企业也得到重视。2012年1月10日颁布的第УП－4434号乌兹别克斯坦共和国总统令第9项规定给予这些合资企业一系列的优惠和特惠待遇。

合资企业独立开展进出口业务的时候应当遵守乌兹别克斯坦共和国法律。在出口自产产品的时候无特许和定额限制。此类合资企业有权在没有许可证的情况下根据乌兹别克斯坦共和国法律的要求进口产品以满足自身的生产需求。

根据《乌兹别克斯坦共和国税法典》和2005年4月11日颁布的第N УП－3594号乌兹别克斯坦共和国总统令《关于鼓励吸引外国私人直接投资的补充措施》，针对吸引外国私人直接投资的企业制定了税收优惠待遇和国家道路基金规费优惠待遇享受办法。

根据《乌兹别克斯坦共和国税法典》的规定，吸引外国私人直接投资的企业如果是按照核准的清单专门从事相应经济领域产品的生产业务，那么此类企业可以免交如下费用：法人所得税、财产税、社会基础设施配套和发展税、统一税费、国家道路基金规费。

按照核准的清单专门从事相应经济领域产品生产业务的企业是指报告年度末产品生产收入在总销售额中的占比不少于60%的企业。优惠政策整体上适用于此类企业。

企业享有的税收优惠如下。

（1）外国私人直接投资额等于（相当于）：

30 万美元到 300 万美元（含），提供 3 年的税收优惠；

300 万美元到 1000 万美元（含），提供 5 年的税收优惠；

1000 万美元以上，提供 7 年的税收优惠。

（2）在如下条件下适用税收优惠：

企业设在乌兹别克斯坦共和国内除塔什干市、塔什干州以外的任何城市、农村居民区内；

在没有提供乌兹别克斯坦共和国担保的情况下外国投资者直接投资；

外国股东在企业固定资本中的持股比例应当不少于 33%；

以可自由兑换的外币或者新的现代化工艺设备进行外资投资；

把在上述优惠待遇享受期限内因为提供上述优惠待遇而获得之收入的 50% 以上用于再投资以继续发展企业。

（3）如果后续颁布的法律导致投资条件变差，那么之前提供的税收优惠仍然按照之前规定的期限继续享受。

符合优惠待遇享受标准的企业自完成国家注册之日起可以免除支付税费和国家道路基金规费。

如果企业成立之后（完成国家注册之后）在后续期间符合优惠待遇享受标准，那么自能够证明该企业符合优惠待遇享受标准之日起该企业有权享受该优惠待遇。

自能够证明企业符合优惠待遇享受标准之日起开始计算优惠待遇享受期限，但是自开始享受优惠待遇之日起该期限不超过 7 年。

只有那些在法律规定期限内缴清固定资本（注册资本）的企业才可享有优惠权利。此时在法律规定的固定资本（注册资本）缴齐期限内该企业有权享受优惠待遇。

须把在税收优惠待遇和国家道路基金规费优惠待遇享受期限内因为提供上述优惠待遇而获得之收入的 50% 以上用于再投资，以继续发展企业。

此处再投资的意思就是把因为享受优惠待遇而获得的收入用于发展企业，而不是在企业创立人之间进行分配。因享受优惠待遇而获得的收入是指因为免交税费而获得的经济利益（可供企业处置的剩余利润增加）。

如果在优惠待遇享受期限内外国投资者在企业固定资本中的持股比例降至低于 33% 的水平，但是其私人直接投资金额没有减小并且符合本规程规定的其他要求，那么此类企业的优惠待遇依然保留。

如果外国投资者决定在优惠待遇有效期内抽回利润并回笼资金，那么此时外国投资者就应当把抽回利润和回笼资金之前所享受的优惠予以返还，之后方可抽回利润并回笼资金。

二 生态要求

国家生态鉴定结果是国家经济决策机制最为重要的环节之一。由乌兹别克斯坦共和国国家自然保护委员会下属的国家生态鉴定总局各专业部门负责进行国家生态鉴定，从而评定所从事的经济活动是否符合生态要求。

国家生态鉴定活动根据乌兹别克斯坦共和国《自然保护法》、《生态鉴定法》、乌兹别克斯坦共和国内阁 2001 年 12 月 31 日颁布的第 491 号决议《关于核准乌兹别克斯坦共和国国家生态鉴定规程的决议》、2009 年 6 月 5 日颁布的第 152 号决议以及其他法律和法规的要求来规范。根据法律要求已建立国家统一鉴定系统，其中包括：

- 国家生态鉴定总局；
- 乌兹别克斯坦共和国和卡拉卡尔帕克斯坦共和国国家自然保护委员会下属的国家生态鉴定机构；
- 各州和塔什干市的环境保护委员会下属的国家生态鉴定机构。

上述文件明确规定了哪些项目需要进行国家生态鉴定及其对环境的影响等级。需要进行国家生态鉴定的项目对环境的影响等级分为四级：一级为高风险；二级为中等风险；三级为低风险；四级为局部影响。在高风险项目清单中列入了联合国欧洲经济委员会《跨界环境影响评价公约》补充Ⅰ规定的多种经济活动。

国家生态鉴定总局负责开展如下项目和文件的生态鉴定工作：

- 一级项目和二级项目；
- 各项国家计划、概念、产能布置图和发展方案；
- 人数超过 5 万人的项目的城市建设文件；
- 新技术、工艺、材料、物质、产品的开发文件；
- 用于规范自然资源利用活动的标准技术文件和指导性方法文件草案。

三级和四级项目以及人数小于等于 5 万人的项目的城市建设文件由卡拉卡尔帕克斯坦共和国、各州和塔什干市自然保护委员会下属的国家鉴定机构进行审查。

为提高生态定额化效率，同时也为了在制定废弃物排放量、泄放量、生成量和存放量标准时能够监督自然保护领域各项法律要求的落实情况，在国家生态鉴定总局建立相应的自然保护领域各项法律要求落实情况统计系统和落实工作协调系统。

为了能够完成所布置的生态定额方法保障任务，在各地区委员会中设置了定额化专家这一职位。这体现了对减少废弃物排放量、泄放量、重复利用量这些问题的重视，国家生态鉴定总局管辖范围内的各项目生态标准设计方案提交给国家生态鉴定总局的比例也增大了。

下列文件资料需提交国家生态鉴定：

• 拟建项目：环境影响评估材料；

• 现有项目：生态定额化材料（大气污染物质、地表水域和土地污染物质最高容许排放量，垃圾生成量和存放量标准）；

• 技术标准文件和指导性方法文件草案：技术条件、标准、规程、规范；

• 自然保护领域法律规定的其他文件。

在通过《生态鉴定法》之后，国家生态监督系统的主要精力都用在提高成效性上，特别是可以通过后续不断完善项目生态跟踪系统的方式来防止项目对环境产生负面影响，提高鉴定结论质量并加强对自然保护措施落实情况的监督。

在通过乌兹别克斯坦共和国内阁关于核准《乌兹别克斯坦共和国国家生态鉴定规程》的决议之后（2001 年），国家生态鉴定总局负责监管的项目数量得以增长。

乌兹别克斯坦共和国注重开发工业潜力，首当其冲的就是开发燃料能源系统的潜力，这是国家经济增长的基础，可以加强该国的能源独立性。这一方面的优先发展对象就是石油天然气工业，在全国工业中占有重要地位。

对油气田的伴生气进行综合利用曾经是一项有力的自然保护措施，这样一来能够将大气有害物质排放量减少 30 万吨/年。在乌兹别克斯坦石油天然气公司的清洁发展机制框架内曾提交过乌米德油田、克鲁克油田、西克鲁克油田、南克马奇油田和北乌尔塔布拉克油田伴生石油气综合利用系统设计申请书。

在当前条件下，烃原料价格将会上涨，有必要对伴生气进行全面回收及合理利用。2008 年，乌兹别克斯坦共和国加入“减少伴生气燃烧的全球伙伴”以解决这些问题。

三 优惠待遇

（一）纳沃伊自由工业经济区

纳沃伊自由工业经济区是根据 2008 年 12 月 2 日颁布的第 УП－4059 号乌兹别克斯坦共和国总统令成立的。纳沃伊自由工业经济区可以为外国投资者提供许多经济机会并且一开始就能赋予投资者较大的竞争优势。

纳沃伊自由工业经济区占地面积564公顷，与纳沃伊市（该市是乌兹别克斯坦共和国最大的工业城市之一）相邻并且与布哈拉市、撒马尔罕市以及乌兹别克斯坦共和国的其他大型城市和工业中心相距100～175公里。

纳沃伊自由工业经济区实施特殊的法律制度，其中包括税收、货币和关税制度，简化出入境和逗留程序以及非乌兹别克斯坦共和国长住公民的劳动许可申领程序。纳沃伊自由工业经济区广泛提供税收、关税和其他强制性规费的优惠待遇。

为了能够给纳沃伊自由工业经济区内的投资者和企业创造最为有利的条件，该自由工业经济区内配套了高水平的基础设施。纳沃伊自由工业经济区内的企业还可使用相应的交通基础设施、工程管网、劳动安全系统，劳动人员也可享受舒适的生活环境。

纳沃伊自由工业经济区距离国际机场、E－40号公路干线以及国际铁路线不远，能够最大效率地利用纳沃伊州的交通物流枢纽优势。

在纳沃伊自由工业经济区内登记注册的经营主体免缴所有税费，其中包括土地税、财产税、所得税、社会基础设施配套和发展税、统一税费（针对小型企业）、国家道路基金规费，以及教育和医疗机构改造、大修和装备基金规费。

上述免税待遇享受期限视投资金额而定：

- 300万欧元～1000万欧元：免税7年；
- 1000万欧元～3000万欧元：免税10年，后续5年的所得税率以及统一税费税率比现行税率低50%；
- 3000万欧元以上：免税15年，后续10年的所得税率以及统一税费税率比现行税率低50%。

在纳沃伊自由工业经济区内从事经营活动期间，纳沃伊自由工业经济区各入驻企业免缴用于生产出口产品的进口生产设备以及原料、材料、配套工件的关税（但是清关费除外）。

纳沃伊自由工业经济区各入驻企业在办理外汇业务的时候没有任何限制条件：

- 在纳沃伊自由工业经济区内可以根据所签订的协议和合同以外币进行结算和支付；
- 可以自由兑换货币向常驻乌兹别克斯坦共和国内的其他经营主体支付货款、劳务费和服务费；

• 针对进出口商品利用方便的支付、结算条件和方式进行支付和结算。

纳沃伊自由工业经济区各入驻企业的地位根据纳沃伊自由工业经济区行政管理委员会的决议来确定。

依据乌兹别克斯坦共和国内阁 2009 年 4 月 9 日颁布的第 105 号决议所核准的规程来选择投资项目和注册登记纳沃伊自由工业经济区入驻企业。

（二）安格连特别工业区

安格连特别工业区是根据 2012 年 4 月 13 日颁布的第 УП－4436 号乌兹别克斯坦共和国总统令成立的。

安格连特别工业区占地面积 1.45 万公顷，横跨安格连市和塔什干州阿汉加兰市以及这两座城市之间的部分区域。

成立安格连特别工业区的主要目的是创造有利条件以吸引国内外投资建设现代化高科技生产项目，从而生产具有高附加值、竞争能力强的产品，综合、有效利用塔什干州的生产优势和资源优势，并在此基础上创造新的工作岗位并提高居民收入水平。

安格连特别工业区的运营期限为 30 年，其运营期限以后可以延长。在运营期限内，该特别工业区施行特殊的税收制度和关税优惠政策。

安格连特别工业区各入驻企业可以免缴所得税、法人财产税、社会基础设施配套和发展税、统一税费（针对小型企业）以及进口设备、配套工件和材料（根据内阁核准的清单来确定）的关税（清关费除外）。此种免税待遇享受期限视投资金额而定，其中包括：

• 30 万美元～300 万美元：免税 3 年；

• 300 万美元～1000 万美元：免税 5 年；

• 1000 万美元以上：免税 7 年。

除此之外，安格连特别工业区为各入驻企业接通工程管网，并将工程管网接入生产现场。

安格连特别工业区各入驻企业的地位根据安格连特别工业区行政管理委员会的决议来确定。

安格连特别工业区的优势之一是地理位置优越，该工业区紧邻乌兹别克斯坦多个大型城市：距离乌兹别克斯坦共和国首都塔什干市 80 公里，距离费尔干纳盆地各城市 240 公里。

除此之外，安格连特别工业区还有一个总面积 30 公顷的安格连国际物流中心，该物流中心可以容纳 300 多辆载重汽车。物流中心的货运业务量可达 400 万吨。

依据乌兹别克斯坦共和国内阁2012年10月3日颁布的第282号决议所核准的规程来选择投资项目和注册登记安格连市特别工业区的入驻企业。

塔什干州政府依据乌兹别克斯坦共和国内阁2013年8月26日颁布的第234号决议所核准的规程并根据安格连特别工业区行政管理委员会的决议保证为投资者提供建设企业用地。

（三）吉扎克市特别工业区

吉扎克市特别工业区是根据2013年3月18日颁布的第УП－4516号乌兹别克斯坦共和国总统令而成立的。

吉扎克市特别工业区位于吉扎克州吉扎克市辖区内，在锡尔河州锡尔河区设有分支机构。

成立吉扎克市特别工业区的主要目的是创造有利条件以吸引国内外投资建设现代化高科技生产项目，从而生产具有高附加值、竞争能力强的产品，综合、有效利用吉扎克州和锡尔河州的生产优势、资源优势，在此基础上创造新的工作岗位并提高居民收入水平。

吉扎克市特别工业区的运营期限为30年，其运营期限以后可以延长。在运营期限内，该特别工业区实行特殊的税收制度和关税优惠政策。

吉扎克市特别工业区各入驻企业可以免缴所得税、法人财产税、社会基础设施配套和发展税、统一税费（针对小型企业）以及进口设备、配套工件和材料（根据内阁核准的清单来确定）的关税（清关费除外）。此种免税待遇享受期限视投资金额而定，其中包括：

- 30万美元～300万美元：免税3年；
- 300万美元～1000万美元：免税5年；
- 1000万美元以上：免税7年。

除此之外，吉扎克市特别工业区为各入驻企业接通工程管网，并将工程管网接入生产现场。

吉扎克市特别工业区各入驻企业的地位根据吉扎克市特别工业区行政管理委员会的决议来确定。

依据乌兹别克斯坦共和国内阁2013年5月15日颁布的第130号决议所核准的规程来选择投资项目和注册登记吉扎克市特别工业区入驻企业。

除此之外，乌兹别克斯坦共和国布哈拉州、萨马拉州、费尔干纳州和花拉子模州还成立了4个新的自由经济区。

根据相关文件，乌尔古特市自由经济区、吉日杜万市自由经济区、浩罕市自由经济区和哈扎拉斯普市自由经济区的运营期限为30年，其运营期限以后可以延长。在运营期限内，这些自由经济区将实行特殊的税收制度和关税优惠政策。在自由经济区内将建立物流中心和海关站点。

2016 年 10 月末，乌兹别克斯坦共和国代总统沙夫卡特·米尔济约耶夫签署了一份针对自由经济区内现有和待建企业的关于关税、税收优惠和特惠待遇统一化的命令。根据该命令，自由经济区各入驻企业的优惠待遇享受期限为 3～10 年，视投资金额而定。

正如上文所述，乌兹别克斯坦共和国境内目前有 3 个自由经济区，分别为纳沃伊自由工业经济区（成立于 2008 年 12 月）、塔什干州安格连特别工业区（成立于 2012 年 4 月）、国家中部地区吉扎克市特别工业区（成立于 2013 年 3 月）。

在这些自由经济区内共投运了 50 个项目，总投资额为 3.95 亿美元，这些项目涵盖纺织、化工、制药、食品、电工、汽车制造、建材等生产行业。

图书在版编目(CIP)数据

上海合作组织固废管理与行业发展研究：中、吉、俄、乌篇 / 王玉娟等编著. -- 北京：社会科学文献出版社，2018.5
（上海合作组织环境保护研究丛书）
ISBN 978 - 7 - 5201 - 2408 - 9

Ⅰ. ①上… Ⅱ. ①王… Ⅲ. ①上海合作组织 - 固体废物处理 - 国际合作 - 研究 - 中、吉、俄、乌 Ⅳ. ①X705

中国版本图书馆 CIP 数据核字（2018）第 048764 号

上海合作组织环境保护研究丛书
上海合作组织固废管理与行业发展研究
——中、吉、俄、乌篇

编　　著 / 王玉娟　国冬梅　李　菲　谢　静 等

出 版 人 / 谢寿光
项目统筹 / 周　丽　王楠楠
责任编辑 / 王楠楠　楚洋洋

出　　版 / 社会科学文献出版社 · 经济与管理分社（010）59367226
地址：北京市北三环中路甲 29 号院华龙大厦　邮编：100029
网址：www. ssap. com. cn
发　　行 / 市场营销中心（010）59367081　59367018
印　　装 / 三河市东方印刷有限公司

规　　格 / 开 本：787mm × 1092mm　1/16
印 张：17.75　字 数：311 千字
版　　次 / 2018 年 5 月第 1 版　2018 年 5 月第 1 次印刷
书　　号 / ISBN 978 - 7 - 5201 - 2408 - 9
定　　价 / 98.00 元